U0158502

自律走行ロボットの制御技術 モーター制御からSLAM技術まで
正木良三　科学情報出版株式会社　2018

著者简介

正木良三

曾就职于SunDAS、茨城大学工学部非常勤讲师。

1978年吴工业高等专门学校电气工学科毕业；1982年长冈技术科学大学研究生院电气电子系统工程硕士毕业，进入株式会社日立制作所，在日立研究所从事电机控制技术、混合能源汽车等方面的研发；2004年进入株式会社日立产机系统，负责非晶电机、机器人技术的开发与产业化；2017年退休；2018年独立。

所属学会：电气学会、汽车技术学会、测量与自动控制学会。

自主移动机器人控制技术

——从电机控制到SLAM技术

〔日〕正木良三　著
梁瑞林　译

科学出版社
北　京

图字：01-2022-3325号

内 容 简 介

本书主要介绍移动机器人的分类、直流电机及其控制、控制理论概述、移动机器人控制技术、SLAM技术、用SLAM技术构建自主移动机器人控制系统等。内容由浅入深，既介绍了不同控制方法的优缺点，又针对不同的控制方法提出有待研究的课题。

本书可供无人化工厂、无人驾驶车辆（包括汽车和叉车等）制造、自动控制系统、无人服务系统、大型物流场所的设计人员、操作人员、决策人员参考，也可以作为高等院校相关专业学生的教材。

图书在版编目（CIP）数据

自主移动机器人控制技术：从电机控制到SLAM技术/(日)正木良三著；梁瑞林译. —北京：科学出版社，2022.9

ISBN 978-7-03-072780-0

Ⅰ.①自… Ⅱ.①正… ②梁… Ⅲ.①移动式机器人－程序设计 Ⅳ.①TP242

中国版本图书馆CIP数据核字（2022）第135351号

责任编辑：杨 凯 / 责任制作：魏 谨
责任印制：师艳茹 / 封面设计：张 凌
北京东方科龙图文有限公司 制作
http：//www.okbook.com.cn

科 学 出 版 社 出版
北京东黄城根北街16号
邮政编码：100717
http：//www.sciencep.com
三河市春园印刷有限公司 印刷
科学出版社发行各地新华书店经销

*

2022年9月第 一 版　　开本：787×1092 1/16
2022年9月第一次印刷　　印张：13 3/4
字数：263 000

定价：68.00元

（如有印装质量问题，我社负责调换）

译者序

目前，我国人工智能产品的产值、产量、专利申请数已居世界前列，不过许多人工智能产品的质量还有待提高。本着知己知彼、师人所长的目的，翻译了正木良三先生撰写的《自主移动机器人控制技术》一书，希望能为我国的人工智能发展贡献自己的微薄之力。实际上，不仅我们关注着国外人工智能的发展动态，其他国家也在关注着我们，而且关注程度丝毫不逊于我们对他们的关注。本书参考文献［16］就是日本搜集中国先进技术发展动态的一个典型例证。“知己知彼，百战不殆”，既然人家如此认真地探究我们这些方面的研究现状，那么我们是不是也应当认真地了解一下他们在这些方面的技术发展呢。

机器人是人工智能的一个重要分支，移动机器人在整个机器人领域中占有很大比例。说到机器人或者移动机器人，可能有不少人会在大脑中虚拟出具有一个脑袋、两只眼、两只胳膊、两条腿的人体形象的机器。其实这是一种错觉，机器人未必具有人体形象。机器人的定义应当是，能够自主或者半自主工作的智能机器。机器人一词译自Robot，源自科幻文学作品。1920年，捷克作家卡雷尔·凯佩克（Karel Capek）创作了科幻剧《罗萨姆的万能机器人》，把捷克语中的“奴隶”一词“Robota”写成“ROBOT”，作为万能机器人的名字。不成想，若干年后梦想成真，工程技术人员真的制作出了这类机器，于是这个科幻作品中的名词“ROBOT”一跃变成了这类智能机器的通用名词“Robot”。其实，大多数的机器人根本就不具备、也不需要具备人体的形象。本书所介绍的移动机器人，就根本看不到人体的形象，不过它们却是机器人中的一个大类。在研发和制作过程中，为了使这类机器人便于移动，一般给它们安装上4个轮子，更多的人习惯于把这类移动机器人称为无人驾驶车辆。在无人化工厂的车间里、大型物流仓库里，大多采用在地面铺设磁条，通过磁传感器读取磁条信息进行引导的引导式移动机器人。在不便设置引导物的场合，移动机器人需要自己一边生成地图、一边移动，这就是本书将要重点介绍的自主移动机器人。

本书可为那些准备学习移动机器人控制技术的学生、希望了解移动机器人工作原理的求知者、打算详细了解自主移动机器人是如何进行控制的技术人员，以及计划将引导式移动机器人改造为无引导式自主移动机器人的技术工作者，提供技术上的指导与帮助。

目　录

第1章
绪　论

本书所要介绍的移动机器人，是具有多个车轮、能够自主移动到目的地的车载机器人。由于自动导引车（automated guided vehicle，AGV）具有同样的功能，因此也将其纳入本书一并讲述。为了方便起见，本书将地面或内部设置了引导物（用于检测机器人所处位置）的机器人称为引导式移动机器人，地面或内部没有设置引导物的机器人称为无引导式移动机器人。另外，无引导式移动机器人中，周围环境不设置引导物，而靠其本身检测出自身位置的移动机器人，称之为自主移动机器人。

1.1　本书编写目的

说到机器人，曾几何时，专指工业机器人，它们仅活跃于工厂厂区内，给大众一种隔岸观火的感觉。时至今日，机器人已经逐渐普及到触手可及的程度。在如此众多的机器人之中，多关节型机器人和人形机器人的结构更为复杂，为了驱动它们，需要有很高的技术和解析能力。关于那些多关节机器人和人形机器人，市面上已经出版了大量的技术书籍和科普读物，它们都为机器人的研究和普及做出了贡献。尤其是米田等人执笔的丛书“机器人创造设计”[1,2]，说是机器人技术人员必读之书也不为过。

像引导式移动机器人和自主移动机器人那样的车载机器人，即使是小学生，也都能够单独进行操控或者组装。于是，给人们一种错觉，作为一种控制技术，移动机器人在理论上好像比较通俗易懂，在学术上没有再进行新的研究和开发的必要了。但现实状况是，在关于机器人的技术书籍与科普读物之中，虽然介绍了最简单的机器人结构，给出了移动机器人的组装方法、结构、工作原理等，但是大多数都没有深入介绍控制方法等内容。

对此，作者深深感觉到，有必要针对那些试图自己制作自主移动机器人的技术人员或者计划将引导式移动机器人无引导化的技术人员，编写一部从移动机器人的基础知识到控制技术的系统性技术书籍。即使是由简单的控制理论构成的移动机器人，也有必要进行深入的理论探讨以寻求真相。衷心希望读者能够利用本书所讲的知识，构建更加复杂的控制系统。

本书读者对象是想学习控制技术的学生、想理解移动机器人工作原理的求知者、已熟悉引导式移动机器人的设计者或者设备负责人、想了解如何控制自主移动机器人的技术人员等。

实际上，在从事引导式移动机器人研究的技术人员中，也许会出现这样那样的疑问，譬如“为什么对按照控制理论移动的机器人进行定位，需要花费时间？”“为什么提高响应速度，会产生过电流？”“为什么引导式移动机器人后退时，会脱线？”，等等。对于这类“为什么”的问题，一般回答起来比较简单，然而面对动作比较复杂的引导式移动机器人，往往不知如何下手。遇到此类问题时，如果能够从本书得到答案，作者将会感到非常荣幸。

1.2 本书的结构

本书由以下章节构成：第2章按照不同分类方法将各种移动机器人进行归类；第3章介绍驱动移动机器人必不可少的电机；第4章是控制理论概述；第5章归纳自主移动机器人控制技术；第6章概述自主移动机器人中不可欠缺的SLAM技术；第7章是灵活运用SLAM技术，构建一个自主移动机器人的实际例子。

第2章归纳整理几种常见的移动机器人，分门别类地介绍移动机器人沿着路径移动时的引导方式，以及使机器人移动的驱动方式。对于几种主要的驱动方式，在分别介绍其原理的同时，还导出了它们的理论方程式。在技术层面上，本章内容相对简单，机器人初学者和非专业人士可以先阅读本章；对机器人有一定了解的人士，可以从第3章读起。另外，在企业中，研究开发者在制定机器人研究方向的时候，或者设计者开发机器人产品的时候，可以与决策者、用户等相关人员一起，一边参考第2章内容，一边讨论，我认为这样做将会是非常有效的。

第3章讲的是驱动移动机器人的电机及其控制技术。在机器人运动的时候，无疑是其内部的电机在起作用，但是在考虑机器人的整体动作时，许多人往往把电机和电机的控制部分忘得一干二净。其实，机器人按照设定计划完成各种预定动作时，电机的特性是一个不可忽视的问题。许多发生故障的场合，往往都是因为没有着眼于电机，使问题解决得太慢。要想清楚认识这类问题的实质，对电机的基本特性要有一个最基本的了解。

第4章是控制理论概述，以独特的视角归纳控制技术，指出实际应用线性控制理论时需要注意的事项。希望读者能够认识到，在被称为古典控制的一个输入、一个输出的反馈控制系统中，具有多个反馈的多重反馈控制可以通过限制器自动切换控制系统。

第5章是移动机器人控制技术，在解释常见基本控制方法的同时，指出了相关的研究课题，并列举了各课题对应的定位控制方法。这些方法适用于需要高速移动与精确定位的半导体制造设备等的工作台控制。

第6章是关于SLAM技术的介绍。SLAM技术近年来突飞猛进，采用基于激光扫描仪的SLAM技术的自主移动机器人已经商品化。因此，在这里解释其工作原理的同时，还介绍了作者开发的仅使用激光扫描仪的位置检测方法。

第7章是应用实例，介绍利用SLAM技术获得信息，并以此实现机器人自主移动的方法，并对灵活运用AGV组件的方法、跟踪移动轨迹的方法进行说明。

第2章
移动机器人的分类

2.1　按照引导方式进行分类

在日本工业标准JIS D6801-1994《无人搬运系统用语》中，将无人搬运车按照引导方式进行了分类[3]。本书将无人搬运车替换成了移动机器人，并按照引导物的有无和引导方式的不同进行了分类，如图2.1所示。

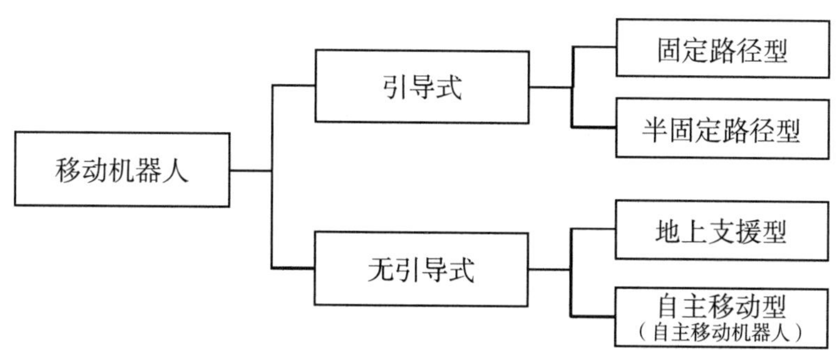

图2.1　按照有无引导物和引导方式的不同对移动机器人进行的分类

表2.1对各种类型的移动机器人的概况进行了说明。另外，表2.1中有下划线的位置，是表示这里的叙述与日本工业标准JIS D6801-1994的规定不一致，属于本书自己的表述方式，以提醒读者注意。

表 2.1　移动机器人的分类概况

分　类		简　介
引导式		通过在引导路面（地板）上设置连续或断续引导物来引导移动的方式
	固定路径型	通过在引导路面（地板）上设置连续引导物来引导移动的方式
	半固定路径型	通过在引导路面（地板）上设置断续引导物来引导移动的方式
无引导式		路面（地板）不设置引导物，靠检测自身或路径来移动的方式
	地上支援型	不依赖引导物，利用地面上方的引导装置检测自身位置或路径的移动的方式
	自主移动型	不使用引导物，用搭载的传感器检测自身位置或路径的移动的方式

可以看到，移动机器人按照引导物的有无，可以分为引导式机器人和无引导式机器人。

引导式移动机器人是通过在其移动的地面或者地面内部设置引导物，引导机器人移动的。这种引导式移动机器人又可以根据引导物设置的连续与否进行区分，其中连续设置引导物的机器人称为固定路径型引导式移动机器人，断续设置引导物的机器人称为半固定路径型引导式移动机器人。

固定路径型引导式移动机器人，由于在引导路径上设置了连续的引导物，因此依靠机器人体内安装的传感器可以读取引导物的位置，从而检测出机器人与引导物之间的距离。根据检测出的距离，就可以让机器人沿着引导物形成的路径，在预设的移动指令的指示下自动地完成移动。

半固定路径型引导式移动机器人，是在引导路径上断续设置引导物，进行不连续引导。在引导物间距比较短，即引导物几乎连续的场合下，仅在地面上设置引导物，即可使机器人移动。如果引导物的长度比较短、相邻引导物的间距比较长，则除了引导物之外，还必须在机器人体内设置能够测量或者推算移动量的传感器来共同完成机器人的移动。例如，就像后面所说的陀螺引导那样，以机器人体内的传感器为基础，检测出机器人的位置，再依靠设置在地面上的引导物进行机器人位置矫正，这种情况下通常被归类为引导式移动机器人，另外，由于在地面上断续设置了引导物（磁性标记），所以被归类为半固定路径型引导式移动机器人。

另一方面，无引导式移动机器人，由于不是通过引导物来判断前进路径，而是一边检测自己的位置（或者说检测移动路径），一边移动的，因而就没有必要去考虑地面的材质以及移动环境对地面的影响。这种无引导式移动机器人又可以分为地上支援型移动机器人和自主移动型机器人。

地上支援型移动机器人，是没有在地面或地面内部设置引导物，而将引导装置布置在地面的上方，对照这些引导装置检测出自己的位置或移动路径，从而进行移动。因此只要引导装置能够确确实实地被移动机器人检测到，就可以比较容易地实现自动移动。但是在操作者站立于移动机器人移动路径附近或者在引导装置的附近临时放置其他物品的场合下，往往会出现移动机器人检测不到引导装置所处位置的情况。与将引导装置安装在地面上相比，地上支援型移动机器人与引导装置之间的距离较远，出于降低干扰发生概率的考虑，对机器人的工作场地有着严格要求。

自主移动机器人是一种不在地面设置引导物，也不在地面上方安装引导装置，而是利用机器人本身搭载的传感器，检测自身位置或者移动路径而移动的机器人。

★专栏：凡是无人驾驶的自动行驶的车辆，都可以称为AGV吗？

现在日本生产的无人搬运车90%以上都是引导式，符合日本工业标准JIS规格所规定的无人搬运系统标准，因此，可以把它们称为AGV。如上所述，在日本工业标准JIS规格中，把自主移动型无引导式机器人也定义成了AGV。

在当今的使用环境，即使是自主移动型无引导式机器人，也基本上都是在预设路径或者预设路径附近移动，大多被应用在与引导式相同的环境。因此，也可以把自主移动机器人看作AGV。

但是，今后自主移动机器人将会成为主流，如果机器人能够根据实时状况选择移动路径或自己设定路径，那么我认为还是称之为移动机器人更为贴切。因此，随着移动机器人技术的发展，日本工业标准JIS规格及其用语，也许有必要进行修订了。

2.1.1 引导方式

在地面或地面内部设置引导物进行引导的方式如表2.2所示。其中，固定路径型引导方式有磁引导、光学引导、电磁引导等；半固定路径型引导方式，除了陀螺引导之外，还有磁引导、光学引导。现在生产出来的现代机器人大多数都是引导式。另外，即使在无引导式的场合，为了提高位置判断的精度和对移动路径的支援，有时候也同时采用引导式。下面对各种引导方式进行逐一说明。

表 2.2 引导方式的分类

		磁引导	光学引导	电磁引导	陀螺引导
按照有无引导物分类		引导式	引导式	引导式	引导式
按照引导方式分类		固定路径型 / 半固定路径型	固定路径型 / 半固定路径型	固定路径型	半固定路径型
原　理		地面或内部铺设磁带或磁棒，根据磁通检测偏离幅度	地面铺设反光带，用光照射，根据反射光检测偏离幅度	地板下埋设的引导电线中流过电流，根据拾取线圈中感应电压的高低检测偏离幅度	通过陀螺仪传感器求姿势角，根据移动距离数据计算位置。用埋于地板下的磁标记进行位置修正
简　图（侧视图）		磁传感器 磁　带	光传感器 反光带	磁传感器 电磁感应线	距离数值 磁标记 陀螺仪传感器
性能	定位精度	◎：精度 ±10mm 以下	◎：精度 ±10mm 以下	◎：精度 ±10mm 以下	◎：精度 ±10mm 以下
	检测稳定性	○：可稳定监测（但强磁场下不行）	△：需常清理反光带污物及粉尘，受外部光线影响	○：可稳定监测（但强磁场下不行）	○：可稳定监测（但强磁场下不行）
费用	检测用的传感器	○：价格低（长距离时成本会很高）	◎：反光带价格低	◎：价格低	◎：价格低
	施　工	△～○：铺设费时间	△～○：铺设费时间	×：需要埋设施工	△：需埋设磁标记
	维　护	△～○：有时会脱落	△～○：有时会脱落，需要清扫	○：容易（但断线时需要施工）	○：容易
	布局变更	△：重新铺贴（有时需要消磁）	○：重新铺贴	×：埋设工期长	△：需要重新埋设磁标记

续表 2.2

	磁引导	光学引导	电磁引导	陀螺引导
适用范围（有可能出现的麻烦）	・金属表面和强磁场中不可使用 ・不适用于复杂路径 ・易脱落的地面不便于使用	・不可在车间内行走 ・不适用于复杂路面 ・不适用于有照度变化的环境，多用于货架移动系统	・金属表面和强磁场中不可使用 ・不适用于复杂路径 ・因为需要埋线施工，所以不适用于对清洁度要求较高的场所	・除了无法检测磁性的场合外，都可配置磁标记。适用范围广
采用率	90% ~ 95%（2013 年 ~ 2017 年）[4, 5]	4%（2013 年）[5]	1990 年前多用于 AGV，现已很少使用	—
文献等	［4］日本産業車両協会：平成 29 年無人搬送車システム納入実績 ［5］矢野経済研：AGV 市場 2014	［5］矢野経済研：AGV 市場に関する調査結果 2014 ［6］日立ニュースリリース 2015	［7］津村：計測と制御．解説 1987 ［8］柏原：電学論 D. 解説 1994	［9］住友重機械ニュースリリース 2001

1. 磁引导

这种引导方式是利用机器人内部搭载的磁传感器，检测地面上沿引导路径设置的磁条产生的磁通，从而获取机器人与路径间的距离。如果引导物是磁棒的话，需要将其埋设于地面内部；而在磁条的情况下，只要将其贴在地面即可，因此采用磁条操作起来会更容易一些。所以可以说，在磁引导方式中多考虑采用磁条引导方式，这种方式与其他引导方式相比性价比更高。根据日本产业车辆协会发布的数据，日本生产的AGV、移动机器人之中，2017年度大约91%都采用磁引导方式。这使得采用磁引导方式的机器人在各种各样的环境中得到了广泛的应用。

必须注意的是，在金属地面以及在地面附近有干扰磁场或者在地下存在带磁性物质的时候，不能采用磁引导方式。另外，在地面粘贴的磁条易于脱落的场合，以及叉车等车辆或操作者经常通行的场合，需要经常确认磁条有没有脱落。

移动路径变更时，务必拆除掉原有的磁条，重新进行铺设。在地面有剩磁存在的情况下，重新铺设磁条之前，必须进行消磁处理。因此，移动机器人的移动环境发生改变时，必须事先考虑变更移动路径所需要的处理时间。

2. 光学引导

光学引导是在引导路径的地面贴上容易反射光的反光带，光线照射到反光带后，光学传感器就可以检测出反光带的反射光，由此检测出光学传感器与路径之间的距离。一般来说，反光带比磁条更便宜，传感器与引导物加在一起的硬件成本比其他引导方式更具优势。

污染、粉尘、垃圾往往会使光学传感器接收不到反射光，必须时刻注意清洁反光带。另外，外部光线往往也会造成传感器出现某些误动作，因而有时候必须屏蔽外来光的入射。与磁条一样，还必须考虑反光带有时候会从地面脱落下来的可能性。正是由于这些原因，尽管引导物价格便宜，光学引导所占的比例一直停留在百分之几的水平。

最近，这种引导方式被用于大型物流中心的分拣系统，因其能够整体搬运储物架而备受关注，因而采用这种系统的案例不断增加。基于该系统特点，应用在除搬运机器人以外其他任何移动物体与操作人员都不能介入的场合时，大多采用每隔几米就贴有可供读取位置信息的二维码的光学引导方式。

3. 电磁引导

电磁引导是一种在地面内部预先埋设引导线，使交流电流流过，产生磁场，利用拾波线圈等磁传感器获得感应电压，由此检测出移动路径。其特点是用比较简单的传感器就可以完成。因此，20世纪90年代以前，这种电磁引导是被采用最多的引导方式[7]。

但是，由于这种引导方式需要预先施工埋设电线，工期较长，因而成为引入这种引导方式的最大障碍。如果采用这种引导方式，改变移动路径时，需要在生产现场挖沟埋设引导线，不得不长时间停止生产，而且还会产生粉尘。对于必须保持清洁度的无尘室等设备，不适合采用电磁引导方式。另外，在电磁引导中，如果电线不形成闭环状态，就无法形成电流，这也是本引导方式存在的一个问题。因此，2000年以后电磁引导逐渐被磁引导取代，现在已经不怎么采用了。

4. 陀螺引导

搭载陀螺仪传感器的移动机器人，可以高精度地测量偏离方向的角速度，通过将陀螺仪传感器测量到的角速度积分，就可以计算出移动机器人的角速度。陀螺引导的基本原理是，利用安装在车轮上的编码器获得的里程信息计算出移动距离，再通过陀螺仪传感器获取角度，得出机器人的位置与角度。但是，如果通过积分计算角度信息所需时间较长的话，则角速度的轻微偏移也会产生很大影响。里程信息也会因为车轮的滑动而产生误差，所以有必要在地面上设置标识物，以便在各个位置进行位置矫正。标识物多采用磁性标识。因此，这种引导方式归类为半固定路径型引导方式。

除了磁性标识的埋设工程之外，陀螺引导比较容易实施，因此很多AGV厂家都采用这种引导方式。在狭窄通道中移动或需要节省仓库空间时常采用这种方式，能够提高仓库的储存效率。

2.1.2　地上支援型引导方式

使用引导式移动机器人时，需要在地面上进行施工或作业，不适合忌讳粉尘等的清洁环境。在强磁场环境以及金属地面等场合，也很难引入引导式移动机器人。将引导装置布置在移动路径周围的地面上方，检测机器人本身的位置或者移动路径的地上支援型引导方式可以很好地解决上述问题。这种方式的特点是不受地面材质与状态的影响。

表2.3给出了几种主要的地上支援型引导方式，下面对这些方式进行简要介绍。

表 2.3　地上支援型引导方式的分类

		激光引导	视觉引导	超声波引导	GPS 引导
按照有无引导物分类		无引导式	无引导式	无引导式	无引导式
按照引导方式分类		地上支援型	地上支援型	地上支援型	地上支援型
原　理		环境内设置多个反光板，通过测量照射到反光板上的激光，算出位置	地板不设标志物，读取天花板或墙壁上的二维码判断位置	超声波雷达根据发射波与路标反射回波间的时间差，计算出位置与角度	在室外使用时，可根据 4 个以上 GPS 卫星信号，测量所处位置
概略图（侧视图）		反光板 激光扫描仪	二维码 摄像机	路标 超声波雷达	卫星 接收机
性能	定位精度	◎：精度 ± 5mm ~	◎：几十毫米 ~	△ ~ ○：精度（σ）± 50mm、8Hz	×：IMES 方式精度低
	检测稳定性	○：需考虑移动物体遮挡激光	△：为免受杂乱光干扰，需遮窗户	△：需要研究将探测距离增加到 10m 以下	○：会受高楼反射电磁波的影响
费用	检测装置与传感器	△：传感器昂贵	○：比较低价	○：低价	○：比较低价
	施　工	△：安装调整反光板	○：设置二维码	△：设置多个路标	○：无需设置物
	维　护	○：只需检查反光板	○：容易	○：容易	○：无需维护
	场所变更	△：重新调整反光板	○：重贴二维码	△：需改设路标	○：仅需重设路径
适用范围（困境）		·需确认反光板有效性，将其置高处较好 ·狭窄场所难以使用	·取决于二维码解读能力	·维护路标环境很重要	·适于室外使用 ·室内时可使用 IMES 与之对应
采用比例		2% ~ 7%[4]	—	—	—
文献等		［4］日本産業車両協会：平成 29 年無人搬送車システム納入実績 ［10］三菱ロジ：プレスリリース 2017	［11］松下：明電時報 Vol335,No.2,2012	［12］田 畑：SICE 論文集 Vol48,No.1,2012	［13］日立産機システム ホームページ：製品情報＞ ICHIDAS シリーズ

1. 激光引导

激光引导是在环境内的墙壁或者固定物体的表面上设置多个反光板，移动机器人上搭载的激光扫描仪发射激光，照射到这些反光板，通过检测反射回来的激光，就可以得出机器人与反光板之间的距离和角度，根据由此而得到的多个到反光板的距离和角度，就可以采用几何学的方法计算出机器人的位置和角度。这种引导方式的特点是，如果能够检测出移动机器人的位置和角度，就能够比较容易地实现机器人的自主移动。

一般而言，AGV的定位需要位置检测精度在±10mm以内，激光引导满足这样的要求是没什么问题的。在这类引导方式中，有的产品在产品说明里就明确表示实现了±5mm的精度。

激光引导存在的主要问题就是反光板的设置场所问题。机器人搭载的激光扫描仪往往需要能够扫描到多个反光板，能不能把这些反光板都安装在激光扫描仪视场状态良好的位置，需要多少块反光板才能够涵盖机器人的整个移动区域，这些都是非常重要的问题。需要特别注意的是，必须避免现场操作人员和其他移动车辆进入机器人与反光板之间的位置，否则机器人会找不到反光板。

作为避免上述弊端的对策，大多将激光扫描仪设置在机器人的上部较高位置，并且把反光板安装在现场高处以便检测。在车身比较高的叉车等车辆上安装这种激光扫描仪相对简单，因此无人叉车实现商品化的例子比较多。

在场地比较开阔的欧美地区，容易提供激光扫描仪视场良好的环境，有利于采用激光引导。与其形成鲜明对比的是，在操作场地面积比欧美狭小的日本，激光引导采用的比例就明显少了很多。据日本产业车辆协会的统计，到2016年为止，日本在移动机器人中采用激光引导的比例仅有2%～3%，2017年上升到了6.7%[4]。

在这种引导方式下，如果遇到因为检测不到反光板，而无法检测出机器人自身的位置时，机器人会自动减速或者完全停止。

由于不需要在地面设置引导物，所以激光引导式移动机器人特别适用于须避免产生粉尘的食品、药品、化妆品等制造现场，以及半导体工业的超净工作间。另外，像租赁来的仓库那类不允许自己进行地面施工的场所，也是这种引导方式适用的对象。

2. 视觉引导

视觉引导是在墙壁或者天花板上设置特定的标记，供机器人搭载的摄像机读取，从而获取摄像机位置。前面所讲的用于整体搬运储物货架的系统，在形态上曾经被归类为光学引导，但从技术层面而言，它与视觉引导是一样的。

视觉引导中的标记，有若干种提案，其中使用最多的是在水平方向和垂直方向都存有信息的二维码。二维码与条形码相比，其能够容纳的信息量显著增加，而且使用方便。

这种标记如果设置在地面上，虽然存在容易脱落的问题，但是只要没有太大影响，就可以稳定地获得位置信息。如果将标记设置在墙壁或天花板上进行图像识别，会存在其他问题。例如，将其设置在墙壁上，它就要像激光引导那样，必须配置能够始终读取标记的装置，这就有了怎么确定作业场地的问题。另外，为了使引导过程不受过往的操作人员和来往车辆的影响，必须考虑标记设置的高度问题。如果将标记设置在天花板上，虽然在标记与读取装置之间进入遮挡物体的可能性减小，但是对于到天花板之间的距离、照明度等问题都必须事先进行评估。另外还有，外来的杂散光会影响标记读取的性能，因此为了能够稳定地读取位置信息，需要将窗户遮挡起来，以阻挡外来光线的射入。

尽管视觉引导被认为是一种比较容易实现的方式，但是也存在图像读取失败时应当采取什么方法应对的问题。由于这些原因，依靠单一的视觉引导方式达到实用化的案例还不多[11]。

3. 超声波引导

在移动机器人中，虽然经常利用超声波传感器探测障碍物，但是将超声波作为检测机器人所处位置的主要检测手段和引导手段的实用化案例却不是很多。由于近年来采用超声波引导的移动机器人在开发之中，因此在这里也简单做些介绍[12]。

田畑等人开发的移动机器人采用的引导方式，由设置的标记和机器人上搭载的相控阵超声波雷达组成，并按照下述的操作顺序实现探测。

（1）目标标记的探测：利用相控阵超声波雷达进行波束扫描，发送目标标记ID。

（2）目标标记的响应：在收到与该特定单元相对应的ID时发送响应信号。

（3）标记位置的测算：接收到响应信号的超声波雷达，依照接收到响应信号所需的时间，测算出标记与超声波雷达之间的相对位置与角度。

在机器人移动的情况下，目标标记不断变更，通过持续测算超声波雷达的位置和角度，就可以沿着预定的路径移动了。

与激光扫描仪等方式相比，超声波引导具有成本低的优势。但是，它还存在许多诸如测量距离的扩展、测量精度的提高等实用化方面的问题，有待今后的研究开发。

4. GPS引导

全球卫星定位系统（global positioning system，GPS）已经在汽车导航中广泛普及，移动机器人如果是在室外移动，GPS完全有能力作为其引导方式。只要能够收到3个以上GPS卫星发出的信号，另外再有一台GPS接收机，在任何地方都可以检测出自己的位置。当能够接收到4个以上GPS卫星发出的信号时，检测出的自己位置精度就能够得到确保。但是，在接收不到GPS信号的地方，以及容易受到无线电波反射影响延时的环境下，定位精度会有所降低。这也是其需要应对的课题之一。

最近，日本调整了准天顶卫星系统（quasi-zenith satellite system，QZSS）的应用体系，从2018年开始，QZSS对日本地区提供的定位服务变为4星体系，而在亚洲和大洋洲地区平时仍然只能接收3个卫星的信号。通过GPS与QZSS的一体化利用，就能够得到高精度的定位。该系统应用的初衷是作为GPS的补充，期待定位精度可以提高一个等级。估计室外运行的移动机器人的引导方式，会将GPS引导纳入。至于来往于室外与室内的大范围活动的移动机器人，可以将GPS引导与其他引导方式并用。但是，为了实用化，还有必要继续进行进一步的研究开发。

5. 其他地上支援型引导方式

除了上面介绍过的地上支援型引导方式之外，还有其他形式，下面我们对它们进行简单说明。

（1）室内通信系统（indoor messaging system，IMES）。IMES是利用与GPS/QZSS具有相同特性的射频无线电波，进行室内外的无缝对接定位。这是由日本宇宙航空研究开发机构JAXA综合利用这些信号而开发的专门用于日本的一种技术。该系统在室内配置模拟卫星（light suede），通过接收机接收模拟卫星发射的无线电波，由此提取出位置信息。但是，无线电波在室内会产生多次反射，如果想采用与GPS相同的计算方法进行定位，在这里就行不通了。因此，这种方式未必适用于像移动机器人这样的要求高精度定位的用途。将GPS和IMES

相互组合，利用它们无线电频率相同的特点，实现室内外无缝对接定位，是一种速度最快又直观的定位方法。而要想让室内信息系统提高到像准天顶卫星系统那样的定位精度，还需要有一个跨越式的突破。

（2）超宽带（ultra wide band，UWB）。UWB所使用的主无线电波带宽是7.25GHz～10.25GHz。因为它用的是纳秒（10^{-9}秒）数量级的短脉冲，所以UWB被认为比Wi-Fi和IMES更优秀，能够进行几十厘米精度的定位。但是，它和IMES一样，都会受到墙壁和物体反射的无线电波的影响，不增设无线电波发射机，很难实现稳定的高精度定位。它还没有达到可以适用于移动机器人的实用化程度。

至于更多的地上支援型引导方式，还有采用RFID（radio frequency identification）等方法，其实用化值得期待。希望有这方面需求的读者，关注它们的开发状况。

2.1.3　自主移动型无引导方式

自主移动型无引导方式是在移动机器人的周围环境中不设置任何引导物，仅依靠机器人本身搭载的传感器检测自身的位置或者移动路径。当听到“行走机器人”“移动机器人”等词汇时，人们都会联想到自主移动型无引导机器人，不过，作者在本书中为了避免与有引导的移动机器人之间产生概念混淆，特取其狭隘的含义，专门称之为“自主移动机器人”。

表2.4按照实用化的先后次序列举了几种主要的自主移动机器人的分类方式。不过不管是哪一种类型的自主移动机器人，它们都是以同步定位与地图构建（simultaneous localization and mapping，SLAM）为基础的。SLAM的含义是，移动机器人利用测量环境得到的信息构建地图（mapping）的同时，进行同步定位（localization）。从理论上来讲，可以认为，移动机器人即使处于未知环境状态，它也能够构建该场地的地图，不进行任何事先的准备，这种自主移动型无引导方式的机器人，也可以对自己所处的位置进行定位。以在未知环境移动为前提，研究如何进行系统构建在学术上是有意义的。但是，所谓未知环境，不确定因素太多，要完成一个能够应对真实环境的系统，有一定困难。

因此，对于要求其能够完成某些预先设定的功能和性能的产业领域来说，在未知环境下工作的移动机器人应当采取不同的方法与之适应。下面就是在产业领域中，以灵活运用移动机器人为前提，利用SLAM技术的三种方法。

表 2.4　自主移动机器人的分类方式

		二维 SLAM 方式	图像处理与三维模型比较方式	三维 SLAM 方式
按照有无引导物分类		无引导方式	无引导方式	无引导方式
按照引导方式分类		自主移动型	自主移动型	自主移动型
原　理		用激光扫描仪测得许多距离数据生成地图。核对地图与数据同步定位	将由三维模型数据得出的二维信息与摄像比较导出根文件，自主移动	根据立体摄像机摄得的图像生成环境三维地图，并推算摄像机位置姿态
概略图（侧视图）			摄像 →（比较）←三维模型	
性能	定位精度	◎：精度（3σ）± 10mm ~	○：精度 ± 20mm 以下（监测 250ms 以内）	—
	检测稳定性	○：移动物体接近时也可检测（若被众多移动物体包围则会检测失败）	△：状态与 CAD 数据不同时的性能需研究	—
费用	传感器	△：传感器昂贵	○：传感器低价	○：传感器低价
	施　工	○：需先设定地图与路径	○：需要三维 CAD 数据	—
	维　护	○：核对地图	△：需防止现场状态偏离 CAD	—
	场所变更	○：需变更地图与设定路径	○：需变更三维 CAD 数据	—
适用范围（难于采用场合）		·适于生产车间，成本低 ·若无固定标志物，则无法检测 ·斜坡道路需要注意	·适用于危险管理区、冷库等需要无人化的应用场所	—
采用比例		采用数目在增加中	—	—
文献等		[14] 槙：日本ロボット学会誌 Vol.33、215 [15] 村田機械ニュースリリース 2016.5.10	[16] 経産省中国産業局 報告書：平成 21 年度戦略的基盤技術高度化支援事業	[17] モルフォ プレスリリース、2017.9.1 [18] コンセプト ホームページ

1. 二维SLAM方式

移动机器人在工厂内部搬运货物时，基本上可以将有限的范围（例如占地、厂房内等）设定为它的移动区域。因此，以在已知的有限范围内移动为前提来构建系统是一种现实的想法。关于移动路径可以从预先设定的单一路径或多条路径中选择。

二维SLAM方式具有代表性的方法是采用二维激光扫描仪，近年来经过开发，已经有数个厂家将移动机器人制作成了自主移动型，并已经商品化。今后可以想象得到，这种方式的采用比例会急剧增加。二维SLAM方式的普及，不仅会加速搬运自动化，而且伴随着物联网（internet of things，IoT）的发展，可以期待生产系统、物流系统等多个系统整体自动化的突飞猛进。

采用商品化的二维激光扫描仪的SLAM方式一般通过下面所述两个步骤来完成处理：

〔步骤1〕：利用目的物到激光扫描仪的距离数据构建地图。

〔步骤2〕：将激光扫描仪获取的距离数据与上述地图相比照，如果数据一致，则定位搭载传感器的移动机器人所处的位置。

严格地说，这种方法的地图构建与定位不是同时进行的，将这种方式归类为SLAM，未必贴切。有关SLAM技术，将在第6章进行详细说明。

2. 图像处理与三维模型比较方式

这是一种根据摄像机获取的图像信息，推断移动机器人所处位置的方法，由于它采用的是比激光扫描仪便宜的摄像机，因此它的实用化值得期待。目前已经提出了若干方案，作为其中的一个例子，我们介绍一下正在研发中的，通过将摄像机的图像与三维模型数据相比较，进行位置判断的方法[16]。

具体地讲，就是用三维计算机辅助设计（computer aided design，CAD）软件制作出目标仓库内的三维模型，然后将从该模型空间任意位置和角度观察的三维模型变换成二维模型的图像数据，摄像机获取图像后，与前面所得到的图像数据进行比对，抽取图像的特征量，从而推算出移动机器人的位置与角度。而且，采用多部摄像机以相同的方法获取图形信息，可以有效地提高定位精度，定位精度可以达到±20mm以下。

采用这种方式需要尽量避免摄像机获取图像时受到外界干扰，所以可以考虑先从人工作业困难的危险物品管理区和冷库搬运等无人化操作需求比较强烈的领域开始实用化。

3. 三维SLAM方式

三维SLAM方式是使用基于近红外激光的三维距离图像传感器或者利用不同位置的2台摄像机的视差进行定位的立体摄像机获取三维数据构建三维地图的同时，定位传感器或者摄像机的位置。

采用立体摄像机的Visual SLAM方式已经达到实时动作的水平，在电视实况转播的图像处理等部分领域中开始实用化。通过利用图像中的特征点、线信息、图形信息等，可以确保信息的实时性，实现定位的高精度化[17]。

2.2 按照驱动方式的不同进行分类

本节是按照驱动方式的不同对移动机器人进行分类。关于主要的驱动方式，概述其工作原理的同时，导出控制移动机器人时所需的驱动方式的基本公式。因此，首先定义了其移动平面的坐标系。虽然这些在技术层面是一些浅显易懂的内容，但要想充分掌握本书中所讲的控制方式，需要先理解坐标系是如何定义的。

表2.5是将移动机器人按照主要的驱动方式进行分类的分类表。根据其动作原理的不同，大致上划分为两轮差速驱动方式、前轮操舵方式、四轮操舵方式、采用麦克纳姆轮或全向轮等特殊结构车轮的驱动方式等多种类型。

表 2.5　移动机器人的主要驱动方式

方　式	结　构	特　点	适用实例
两轮差速驱动		结构比较简单 2 只电机	适用于多数移动机器人
前轮操舵 前轮驱动 （单轮驱动并操舵）		2 只电机 后退时可以转小圈	叉车主要驱动方法之一
前轮操舵 前轮驱动 （带有差动结构）		2 只电机	前置后驱（Front Engine Rear Drive，FR）汽车
四轮操舵 两轮驱动		可进行横向移动、原地旋转等各种移动方式。 6 只电机	可有效适用于狭窄通道移动的机器人。能够不改变车体方向进行移动
麦克纳姆轮驱动		可进行横向移动、原地旋转等各种移动方式。 4 只电机	同上

图标说明			
	非驱动固定轮		非驱动自由轮
	固定驱动轮		非驱动操舵轮（单轮）
	带有差动结构的驱动轮		驱动操舵轮
	非驱动链式操舵轮（2 轮）		麦克纳姆轮驱动（1）
			麦克纳姆轮驱动（2）

2.2.1 坐标系的定义

为了解释上面各种驱动方式的工作原理，使用二维的平面坐标系。在图2.2中，将垂直相交的X_1轴与Y_1轴交叉的原点O作为坐标中心的坐标系定义为全局坐标系。在图2.2(a)中，把在全局坐标系里坐标为(x_R, y_R)的点作为原点，将X_1轴逆时针旋转θ_R的角度作为X_R轴，与X_R轴垂直相交的坐标轴作为Y_R轴，构成的坐标系定义为坐标系$\boldsymbol{R}$。在本书接下来的内容中，把这个坐标系$\boldsymbol{R}$称为机器人坐标系。也就是说，机器人的旋转中心就是机器人坐标系的原点，机器人的直进方向就成了X_R轴。因而，如图2.2(b)所示，机器人的位置(x_R, y_R)以及角度θ_R用矢量$\boldsymbol{R}$来表示。

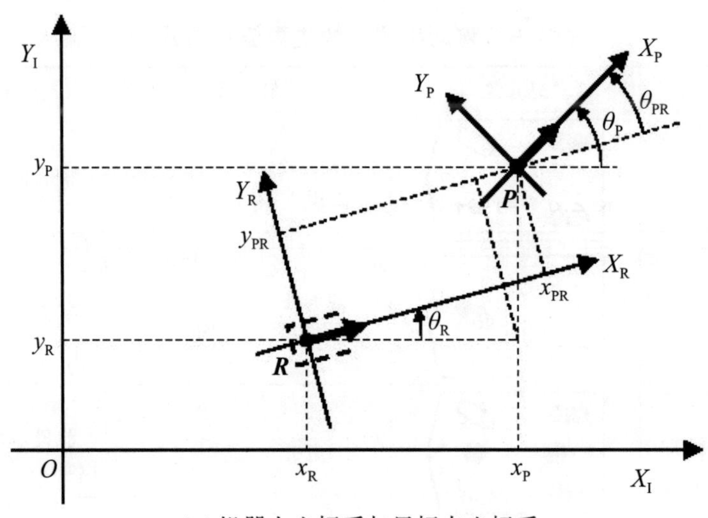

(a)机器人坐标系与目标点坐标系

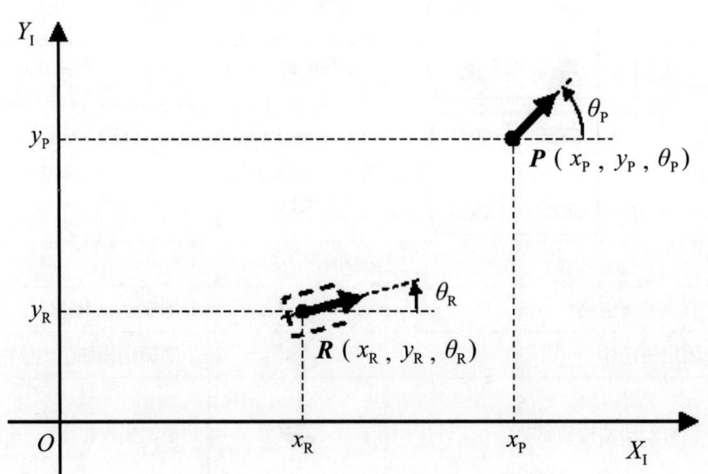

(b)移动机器人 $\boldsymbol{R}$ 与目标点 $\boldsymbol{P}$ 的矢量

图2.2　坐标系的定义

同样，把在全局坐标系里坐标为(x_P, y_R)的点作为原点，将X_1轴逆时针旋转θ_P的角度作为X_P轴，与X_P轴垂直相交的坐标轴作为Y_P轴，构成的坐标系定义为坐标系$\boldsymbol{P}$。这个坐标系$\boldsymbol{P}$主要是用于描述移动机器人在目标路径上经过的点与停止的点。

而在机器人坐标系$\boldsymbol{R}$中，目标点就表示为$\boldsymbol{P}_R$，其位置坐标就变成了(x_{PR}, y_{PR})，其角度变成了θ_{PR}。反过来，在目标点$\boldsymbol{P}$的坐标系中，移动机器人$\boldsymbol{R}$的坐标就变成了(x_{RP}, y_{RP})，其角度变成了θ_{RP}，之所以将下标中的P和R颠倒，是为了明确这是从目标点$\boldsymbol{P}$坐标的角度来观察移动机器人所处的位置，与此同时，在目标点坐标系$\boldsymbol{P}$中移动机器人的标识也由$\boldsymbol{R}$变成了$\boldsymbol{R}_P$。

另外，在机器人坐标系中显示的目标点$\boldsymbol{P}_R$，在全局坐标系中就被表示为移动机器人$\boldsymbol{R}$、目标点$\boldsymbol{P}$。

关于这些符号及其含义的定义集中表示于表2.6。

表 2.6 与坐标有关的名称、符号及其含义

分 类	名 称	符 号	内 容
坐标系	全局坐标系	$\boldsymbol{O}$	以相互垂直的X_1轴与Y_1轴的原点O为基准的坐标系
	本地坐标系	$\boldsymbol{A}$	这是一个以全局坐标系中的任意点$A(x_A, y_A)$为原点，将X轴旋转θ_A角度作为X_A轴，与X_A垂直的轴作为Y_A轴，构成的坐标系。以下面定义的单位矢量$\boldsymbol{R}$、$\boldsymbol{P}$、$\boldsymbol{G}$、$\boldsymbol{S}$为原点的坐标系分别称为机器人坐标系$\boldsymbol{R}$、目标点坐标系$\boldsymbol{P}$、起点坐标系$\boldsymbol{S}$、终点坐标系$\boldsymbol{G}$
单位矢量	移动机器人（矢量）	$\boldsymbol{R}$	以全局坐标系中移动机器人旋转中心(x_R, y_R)为原点，移动机器人面对的方向（角度θ_R）为X_R轴、与X_R轴垂直的方向为Y_R轴的坐标系中，由其原点指向X_R轴的单位矢量，简称为移动机器人$\boldsymbol{R}$
	目标点（矢量）	$\boldsymbol{P}$	以全局坐标系中目标路径上的目标点(x_P, y_P)为原点，沿目标路径的方向（角度θ_P）为X_P轴、与X_P轴垂直的方向为Y_P轴的坐标系中，由其原点(x_P, y_P)指向X_P的单位矢量，简称为目标点$\boldsymbol{P}$
单位矢量	起点（矢量）	$\boldsymbol{S}$	移动机器人$\boldsymbol{R}$开始移动的点，其矢量的位置与角度分别为(x_S, y_S)、θ_S，称为起点$\boldsymbol{S}$
	终点（矢量）	$\boldsymbol{G}$	移动机器人$\boldsymbol{R}$停止移动的点，其矢量的位置与角度分别为(x_G, y_G)、θ_G，称为终点$\boldsymbol{G}$
下标	矢量	$\boldsymbol{B}_A$	从本地坐标系$\boldsymbol{A}$观察到的矢量$\boldsymbol{B}$表示为$\boldsymbol{B}_A$
	位置与角度	x_B y_B θ_B x_{BA} y_{BA} θ_{BA}	从全局坐标系观察到的单位矢量$\boldsymbol{B}$的位置与角度表示为$(x_B, y_B, \theta_B)^T$。从本地坐标系$\boldsymbol{A}$观察到的单位矢量$\boldsymbol{B}_A$的位置与角度表示为$(x_{BA}, y_{BA}, \theta_{BA})^T$。例如$(x_{PR}, y_{PR})$表示从全局坐标系观察到的目标点$\boldsymbol{P}$的位置，$\theta_{RP}$是从目标点坐标系观察到的移动机器人$\boldsymbol{R}$的角度

虽然图2.2对于这些坐标系之间的关系显示得比较直观，但是用式（2.1）~式（2.3）更容易理解：

$$x_{PR}=\cos\theta_R\cdot(x_P-x_R)+\sin\theta_R\cdot(y_P-y_R) \tag{2.1}$$

$$y_{PR}=-\sin\theta_R\cdot(x_P-x_R)+\cos\theta_R\cdot(y_P-y_R) \tag{2.2}$$

$$\theta_{PR}=\theta_P-\theta_R \tag{2.3}$$

如果将这上述关系式用矩阵表示，则

$$\begin{bmatrix} x_{PR} \\ y_{PR} \\ \theta_{PR} \end{bmatrix}=\begin{bmatrix} \cos\theta_R & \sin\theta_R & 0 \\ -\sin\theta_R & \cos\theta_R & 0 \\ 0 & 0 & 1 \end{bmatrix}\left(\begin{bmatrix} x_P \\ y_P \\ \theta_P \end{bmatrix}-\begin{bmatrix} x_R \\ y_R \\ \theta_R \end{bmatrix}\right) \tag{2.4}$$

式（2.4）也可以写为

$$\boldsymbol{P}_R=\boldsymbol{C}(\theta_R)\cdot(\boldsymbol{P}-\boldsymbol{R}) \tag{2.5}$$

其中，全局坐标系中的目标点$\boldsymbol{P}$、移动机器人位置$\boldsymbol{R}$、从机器人坐标系中所看到的目标点$\boldsymbol{P}_R$，用矩阵描述则分别为

$$\boldsymbol{P}=[x_P\ y_P\ \theta_P]^T，\boldsymbol{R}=[x_R\ y_R\ \theta_R]^T，\boldsymbol{P}_R=[x_{PR}\ y_{PR}\ \theta_{PR}]^T$$

矩阵$\boldsymbol{C}(\theta_R)$则可以定义为下面的旋转坐标转换矩阵：

$$\boldsymbol{C}(\theta_R)=\begin{bmatrix} \cos\theta_R & \sin\theta_R & 0 \\ -\sin\theta_R & \cos\theta_R & 0 \\ 0 & 0 & 1 \end{bmatrix} \tag{2.6}$$

其中，$[\ ]^T$表示的是转置矩阵。例如，矩阵$\boldsymbol{R}=[x_R\ y_R\ \theta_R]^T$就意味着是矩阵

$$\boldsymbol{R}=\begin{bmatrix} x_R \\ y_R \\ \theta_R \end{bmatrix}$$

在全局坐标系中的目标点$\boldsymbol{P}$、移动机器人位置$\boldsymbol{R}$，从移动机器人的角度来看，或者说在移动机器人坐标系中就变成了$\boldsymbol{P}_R$，于是就有了式（2.7）~式（2.9）的换算关系：

$$x_P=x_R+\cos\theta_R\cdot x_{PR}-\sin\theta_R\cdot y_{PR} \tag{2.7}$$

$$y_P=y_R+\sin\theta_R\cdot x_{PR}+\cos\theta_R\cdot y_{PR} \tag{2.8}$$

$$\theta_P=\theta_R+\theta_{PR} \tag{2.9}$$

式（2.7）~式（2.9）同样可以用矩阵表示为式（2.10）：

$$\begin{bmatrix} x_{P} \\ y_{P} \\ \theta_{P} \end{bmatrix} = \begin{bmatrix} x_{R} \\ y_{R} \\ \theta_{R} \end{bmatrix} + \begin{bmatrix} \cos\theta_{R} & -\sin\theta_{R} & 0 \\ \sin\theta_{R} & \cos\theta_{R} & 0 \\ 0 & 0 & 1 \end{bmatrix} \begin{bmatrix} x_{PR} \\ y_{PR} \\ \theta_{PR} \end{bmatrix} \tag{2.10}$$

将该式归纳起来，可以写成如下形式：

$$\boldsymbol{P} = \boldsymbol{R} + \boldsymbol{C}(\theta_{R})^{-1} \cdot \boldsymbol{P}_{R} \tag{2.11}$$

这里的$\boldsymbol{C}(\theta_{R})^{-1}$是$\boldsymbol{C}(\theta_{R})$的逆矩阵，具有如下的形式：

$$\boldsymbol{C}(\theta_{R})^{-1} = \begin{bmatrix} \cos\theta_{R} & -\sin\theta_{R} & 0 \\ \sin\theta_{R} & \cos\theta_{R} & 0 \\ 0 & 0 & 1 \end{bmatrix} \tag{2.12}$$

按照逆矩阵的定义，矩阵$\boldsymbol{C}_{R}$与逆矩阵$\boldsymbol{C}_{R}^{-1}$的积，应当等于单位矩阵$\boldsymbol{I}$，即

$$\boldsymbol{C}(\theta_{R}) \cdot \boldsymbol{C}(\theta_{R})^{-1} = \boldsymbol{I} = \begin{bmatrix} 1 & 0 & 0 \\ 0 & 1 & 0 \\ 0 & 0 & 1 \end{bmatrix} \tag{2.13}$$

接下来我们考察移动机器人的运动。在这里需要提请读者注意的是伴随着移动机器人的运动，移动机器人坐标系$\boldsymbol{R}$本身也在运动。

图2.3表示移动机器人的位置随着时间的变化而发生改变。将时刻t与时刻$t+\Delta t$的移动机器人矢量分别用$\boldsymbol{R}(t)$和$\boldsymbol{R}(t+\Delta t)$表示，那么用公式表示则为

$$\boldsymbol{R}(t) = [x_{R}(t) \quad y_{R}(t) \quad \theta_{R}(t)]^{T} \tag{2.14}$$

$$\boldsymbol{R}(t+\Delta t) = [x_{R}(t+\Delta t) \quad y_{R}(t+\Delta t) \quad \theta_{R}(t+\Delta t)]^{T} \tag{2.15}$$

从图2.3(a)中可以看到，经过Δt的时间间隔，移动机器人的变化量，即其差量，可以用下式表示：

$$\boldsymbol{R}(t+\Delta t) - \boldsymbol{R}(t) = \begin{bmatrix} x_{R}(t+\Delta t) - x_{R}(t) \\ y_{R}(t+\Delta t) - y_{R}(t) \\ \theta_{R}(t+\Delta t) - \theta_{R}(t) \end{bmatrix} \tag{2.16}$$

但是，从这个公式中看不明白让移动机器人如何移动为好。

于是，我们就考察图2.3(b)所示的t时刻的移动机器人的坐标系。在t时刻的移动机器人坐标系$\boldsymbol{R}$中，经过Δt时间后，移动机器人$\boldsymbol{R}(t+\Delta t)$与$\boldsymbol{R}(t)$之间的变化量，也就是差量$\Delta\boldsymbol{R}$为

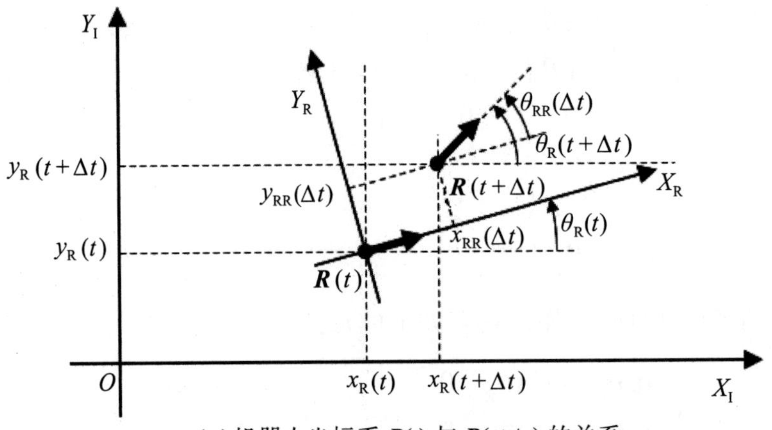

(a) 机器人坐标系 $\boldsymbol{R}(t)$ 与 $\boldsymbol{R}(t+\Delta t)$ 的关系

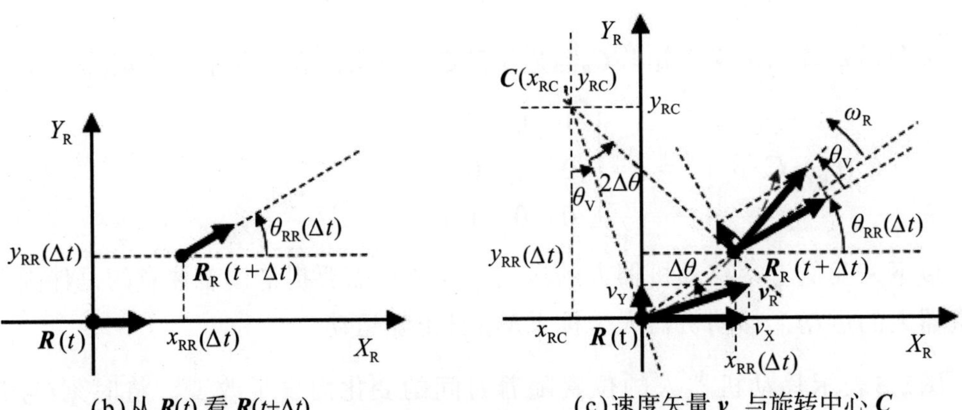

(b) 从 $\boldsymbol{R}(t)$ 看 $\boldsymbol{R}(t+\Delta t)$　　(c) 速度矢量 $\boldsymbol{v}_R$ 与旋转中心 $\boldsymbol{C}$

图2.3　机器人坐标系的移动

$$\Delta \boldsymbol{R} = \boldsymbol{R}_R(t+\Delta t) = [x_{RR}(\Delta t) \quad y_{RR}(\Delta t) \quad \theta_{RR}(\Delta t)]^T \tag{2.17}$$

如果对应于时间的X_R轴方向变化率、Y_R轴方向变化率，以及角度变化率，分别称之为前进速度v_X、横向移动速度v_Y、旋转角速度ω_R，那么就可以把它们分别描述为：

$$v_X = \lim_{\Delta t \to 0}(x_{RR}(\Delta t)/\Delta t) \tag{2.18}$$

$$v_Y = \lim_{\Delta t \to 0}(y_{RR}(\Delta t)/\Delta t) \tag{2.19}$$

$$\omega_R = \lim_{\Delta t \to 0}(\theta_{RR}(\Delta t)/\Delta t) \tag{2.20}$$

如果用前进速度v_X与横向移动速度v_Y的矢量和表示机器人的移动速度$\boldsymbol{v}_R$，则

$$\boldsymbol{v}_R = v_X + jv_Y = |\boldsymbol{v}_R| \cdot \exp(j\theta_V) \tag{2.21}$$

式中，j是一个虚数，代表与X_R轴垂直的Y_R轴方向的单位矢量；移动速度$\boldsymbol{v}_R$的绝对值可以由下式算出，是一个表示移动速度的标量：

$$v = |\boldsymbol{v}_R| = \sqrt{v_X^2 + v_Y^2} \tag{2.22}$$

移动速度$\boldsymbol{v}_R$的方向，通常为移动机器人移动时移动轨迹的切线方向。因此，如图2.3(c)所示，移动机器人的旋转中心$\boldsymbol{C}(x_{RC}, y_{RC})$可以按照下述方法求出。

首先求出其旋转时的曲率半径r：

$$r = |\boldsymbol{v}_R| / \omega_R \tag{2.23}$$

由此可以分别利用下面两个公式计算出x_{RC}和y_{RC}：

$$x_{RC} = -r \cdot \sin\theta_V \tag{2.24}$$

$$y_{RC} = r \cdot \cos\theta_V \tag{2.25}$$

通过以上的介绍可以知道，同时进行前进、平移，以及旋转的时候，即使速度、角速度保持不变，机器人照样可以进行各种各样的运动。通过下一节将要介绍的驱动方式，我们可以知道，有的机器人可以平移，有的不可以平移。表2.5中能够平移的驱动方式是四轮操舵、两轮驱动方式与麦克纳姆轮驱动方式。其他驱动方式是不能够平移的，也就是说$v_Y = 0$。

由此可见，有时需要在控制方法上下一番工夫，如果能够经常考虑借助旋转中心$\boldsymbol{C}$来掌控移动机器人的运动，那么需要复杂控制的移动机器人的运动也比较容易理解。

表2.7列举了与移动机器人运动有关的主要变量。

表 2.7 在数字公式中经常用到的移动机器人的符号

名 称	符 号	单 位	内 容
移动速度	v	m/s	移动机器人 $\boldsymbol{R}$ 的速度（标量）。$v_Y=0$ 时 $v_X=v=\|x\|$ 本书第 3 章以后的介绍中，都限定 $v_Y \equiv 0$
前进速度（后退速度）	v_x	m/s	X_R 轴方向的速度（当为负值时，称为后退速度）
横向移动速度	v_y	m/s	Y_R 轴方向的速度
旋转角速度	ω_R	rad/s	移动机器人的旋转角速度
曲率半径	r	m	移动机器人 $\boldsymbol{R}$ 的旋转圆弧半径
曲 率	$1/r$	m^{-1}	曲率半径的倒数
跨 度	T_r	m	左右车轮中央间的距离
轴 距	W_h	m	前后车轮间的距离

2.2.2　两轮差速驱动方式

图2.4是两轮差速驱动方式的一个例子。其左右两侧的后轮各由一台电机驱动，因而与其他驱动方式相比，结构比较简单。这种移动机器人仅通过两个车轮的旋转角速度，即驱动左右两侧车轮的电机角速度ω_{ML}和ω_{MR}，就能够控制移动机器人的移动速度v和旋转角速度ω_R。

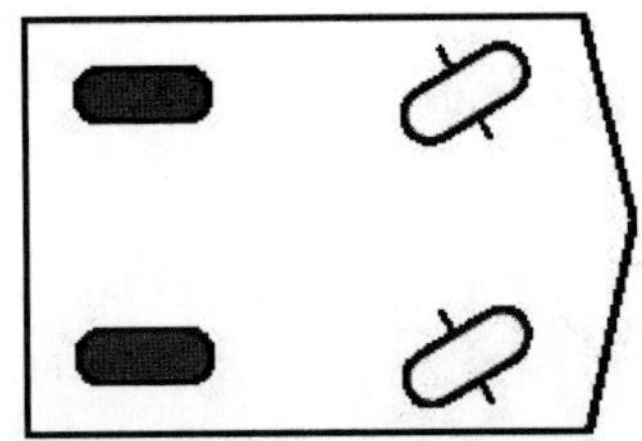

图2.4　两轮差速驱动方式

首先，我们将从侧面观察到的移动机器人状态示于图2.5。在该图中，假设车轮半径为r_W，那么左右车轮的速度v_L和v_R可以分别用下面的式子进行描述，

$$v_L = r_W \cdot \omega_{ML} \tag{2.26}$$

$$v_R = r_W \cdot \omega_{MR} \tag{2.27}$$

两轮差速驱动方式的原点是左右两个驱动轮之间的中心位置。由图2.6很容易理解该驱动方式的工作原理，即移动机器人是以与左右驱动轮轴保持一致的轴上的点为中心进行旋转的。

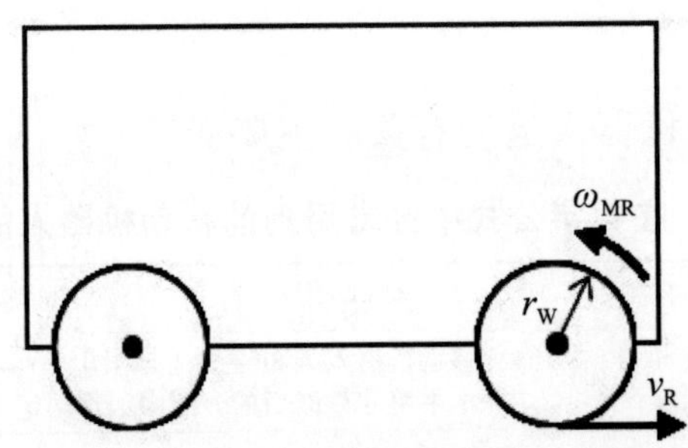

图2.5　电机角速度与车轮速度

假定轮距为T_r，则此时移动机器人的速度v与旋转角速度ω_R存在如下关系：

$$\omega_R = v/r = v_L/(r - T_r/2) = v_R/(r + T_r/2) \tag{2.28}$$

进而可以将曲率半径r（移动机器人到旋转中心$\boldsymbol{C}$的距离）展开为

$$r = (T_r/2) \cdot (v_R + v_L)/(v_R - v_L) \tag{2.29}$$

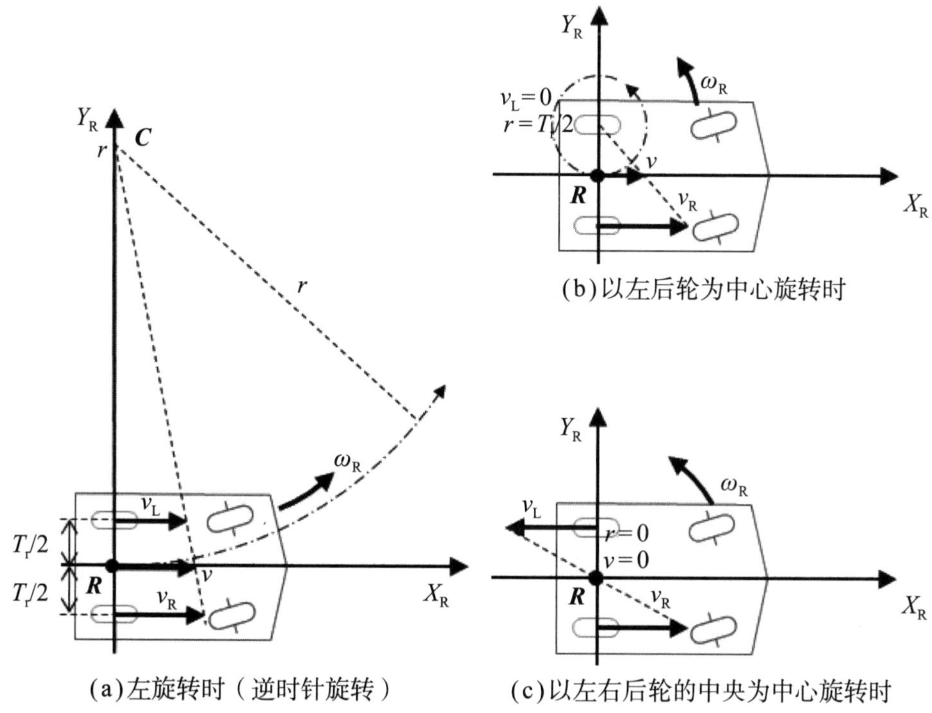

(a)左旋转时（逆时针旋转）

(b)以左后轮为中心旋转时

(c)以左右后轮的中央为中心旋转时

图2.6 两轮差速驱动方式的工作原理

当两轮差速驱动方式的横向移动速度$v_Y=0$时，移动机器人的移动速度v与其前进速度v_X相同。

将这些公式综合起来，利用式（2.30），就可以由左右车轮的速度v_L和v_R求得移动机器人的移动速度v和旋转角速度ω_R：

$$\begin{bmatrix} v \\ \omega_R \end{bmatrix} = \begin{bmatrix} 1/2 & 1/2 \\ 1/T_r & -1/T_r \end{bmatrix} \begin{bmatrix} v_R \\ v_L \end{bmatrix} \tag{2.30}$$

另外，逆时针旋转时，旋转角速度定义为正值；顺时针旋转时，旋转角速度定义为负值。该定义意味着，对于曲率半径r，为正值时移动机器人逆时针旋转，为负值时移动机器人顺时针旋转。

由图2.6(b)可知，如果$v_R>0$、$v_L=0$，那么移动机器人将以左后轮为中心进行旋转。由式（2.29）可以求出此时的曲率半径r：

$$r=T_r/2 \tag{2.31}$$

如图2.6(c)所示，如果$v_R=-v_L$，那么移动机器人将以左右后轮的中央点为中心进行旋转。整个移动机器人的曲率半径r和移动速度v为

$$r=0\,,\quad v=0 \tag{2.32}$$

如果左右驱动轮不是在机器人本体的后部而是配置在其中央部位的话，那么机器人将以机器人本体中心为旋转中心进行旋转，也就是原地旋转。如果将两个轮子的速度比设为$k_v=(v_R/v_L)$，那么式（2.29）就变成了

$$r=(T_r/2)\cdot(k_v+1)/(k_v-1) \tag{2.33}$$

由此可见，即使是从停止状态开始，在控制着让左右轮的速度比为一个恒定值的同时，将这两个轮子同时加速，也能够让移动机器人以所希望的曲率半径r进行运动，这也是这种两轮差速驱动方式的一个特征。

如上所述，这种驱动方式的特点是，通过控制左右车轮的速度，使移动速度v和旋转角速度ω_R同时达到目标值，可以比较容易地使移动机器人到达目的地。

为了能够更加深入地把握这种两轮差速驱动方式的特征，我们用图2.7和图2.8来考察它的特性。

图2.7显示的是使左车轮速度v_L = 1m/s，对应于右车轮速度v_R的移动速度v、曲率$(1/r)$、曲率半径r的特性。从中可以直观地看到，利用式（2.30）可以求得移动速度v。当右车轮速度v_R = 1m/s时，移动机器人直线前进；当右车轮速度v_R＞1m/s时，移动机器人逆时针（CCW）旋转；当右车轮速度v_R＜1m/s时，移动机器人顺时针（CW）旋转。右车轮速度v_R刚好为−1m/s时，它将在原地旋转；当右车轮速度v_R比−1m/s更小（更负）时，它将在顺时针旋转的同时后退。图2.7(c)的曲率与图2.7(d)的曲率半径成倒数关系。在右车轮速度v_R = 1m/s时，

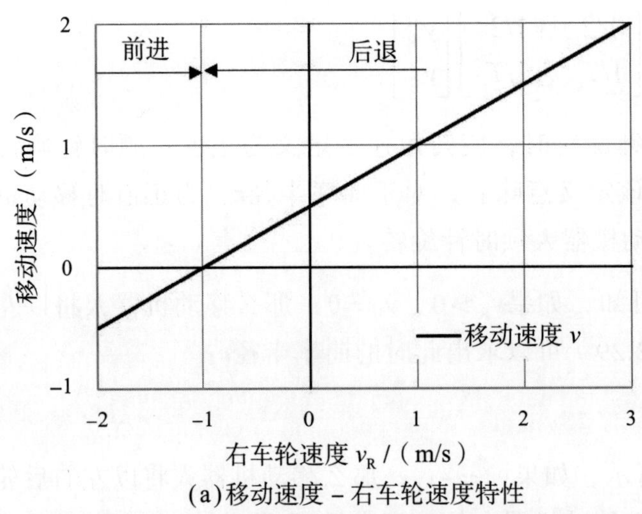

(a)移动速度－右车轮速度特性

图2.7　对应于右车轮速度为v_R的两轮差速驱动方式的动作特征1（左车轮速度v_L = 1m/s）

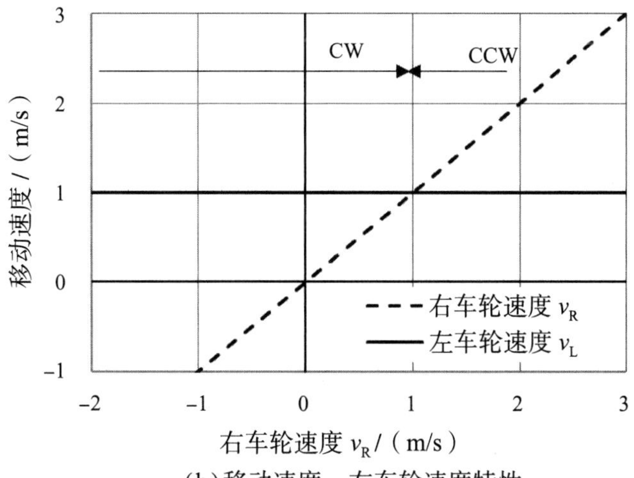

(b)移动速度 - 右车轮速度特性

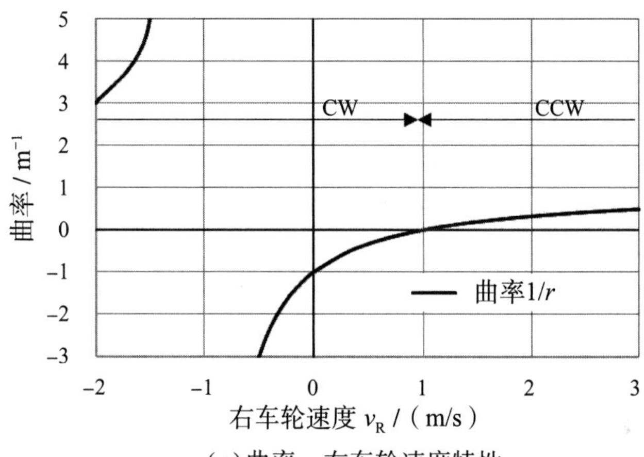

(c)曲率 - 右车轮速度特性

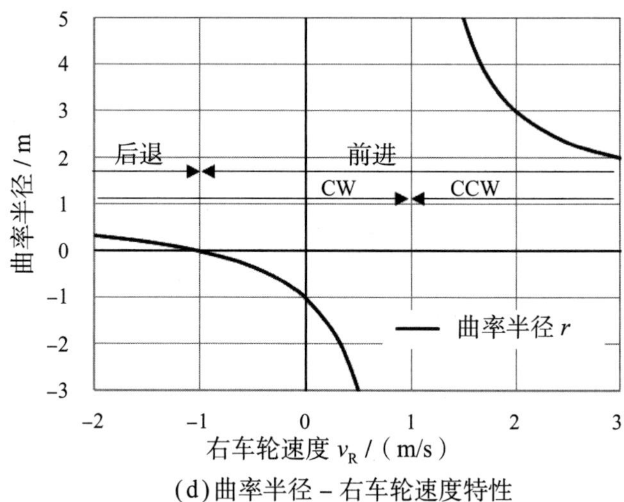

(d)曲率半径 - 右车轮速度特性

续图2.7

移动机器人处于直线前进状态，曲率半径无限大，曲率为0。如果用曲率来考虑的话，直线前进时的控制与旋转时的控制可以统一进行处理。如图2.7(c)所示，移动机器人前进状态下，当曲率$(1/r)$为正时，逆时针旋转，这意味着移动机器人的角度θ_R增加；当移动速度v为正、曲率$(1/r)$为负时，则顺时针旋转。但是，当右车轮速度v_R比-1m/s更小时，移动速度v就变成了负值，尽管曲率$(1/r)$仍然是正值，它还是顺时针旋转。对于这种现象，可以考虑如下。

曲率$(1/r)$为正，并不能决定移动机器人的旋转方向，它只能说明从机器人坐标$\boldsymbol{R}$来看，旋转中心（曲率半径r的中心点$\boldsymbol{C}$）位于x_R轴的左侧，即y_R轴的正方向上。利用这一特性，可以有效地构建移动控制系统。

图2.8显示的是使移动速度v = 1m/s，对应于右车轮速度v_R的左车轮速度v_L、

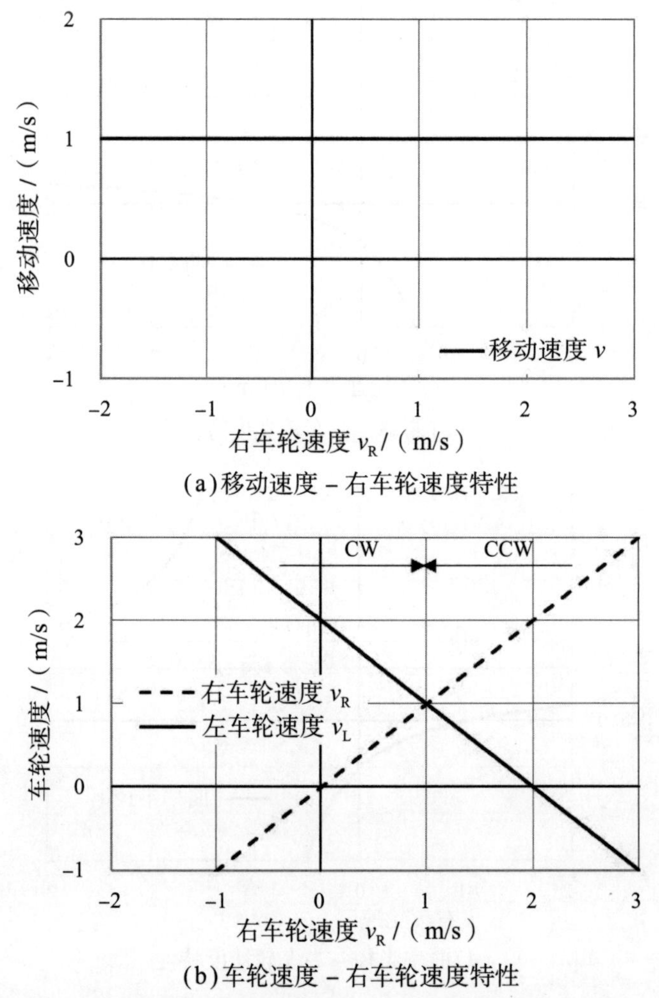

(a)移动速度 - 右车轮速度特性

(b)车轮速度 - 右车轮速度特性

图2.8　对应于右车轮速度为v_R的两轮差速驱动方式的动作特征2（移动速度v = 1m/s）

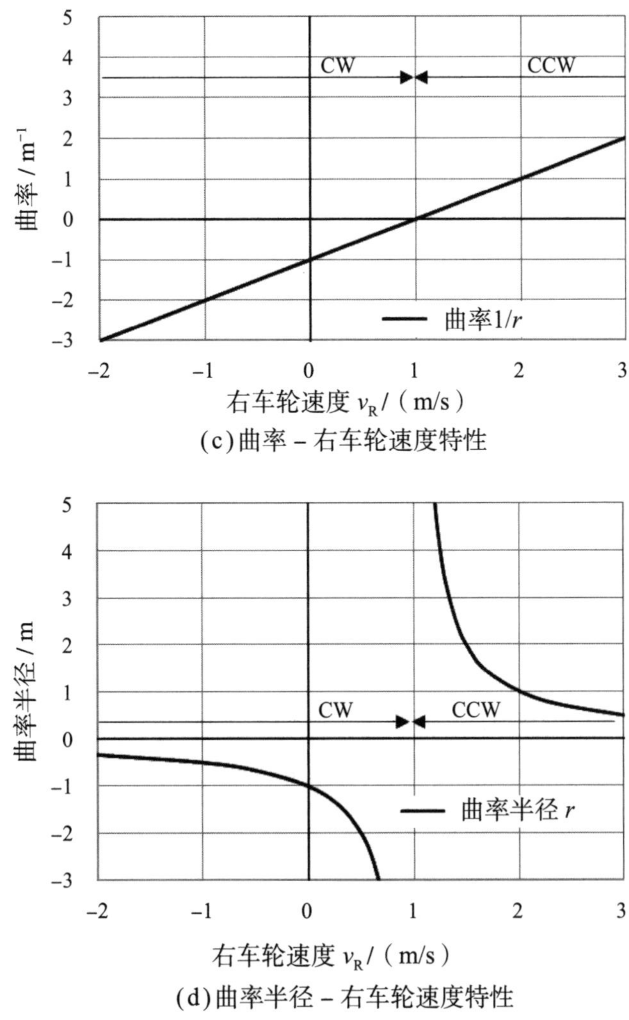

(c)曲率－右车轮速度特性

(d)曲率半径－右车轮速度特性

续图2.8

曲率(1/*r*)、曲率半径*r*的特性。为了使移动速度*v*保持不变，在使右车轮速度v_R增加的同时，必须使左车轮速度v_L减少。如图2.8(c)所示，曲率随着右车轮速度v_R的增加而线性增加。在图2.8(d)中，以右车轮速度$v_R = 1$m/s为轴，曲率半径*r*与右车轮速度v_R成反比例关系，这一特性从式（2.29）来看，就比较容易理解了。

一般来说，相比曲率(1/*r*)，曲率半径*r*更容易画成图像来理解，然而，在第7章的控制方法中，介绍的却是使用曲率(1/*r*)进行控制的方法。其原因如下：

（1）直线移动时，曲率半径*r*会变得无限大。

（2）直线移动时，曲率(1/*r*)为0；当移动路径是一条接近于直线的圆弧时，也就是曲率半径*r*越大，曲率(1/*r*)就越接近于0。

（3）在移动机器人前进的情况下，逆时针旋转时曲率$(1/r)$为正值，顺时针旋转时曲率$(1/r)$为负值。

像这样，使用曲率$(1/r)$，就能够对移动控制进行统一处理。而在后退的情况下，顺时针旋转时曲率$(1/r)$为正值，逆时针旋转时曲率$(1/r)$为负值，如果预先理解了这一点，则对构建控制系统非常重要。另外，关于原地旋转，作为其他的控制类别也需要如此处理。

2.2.3　前轮操舵、前轮驱动方式

图2.9示出了移动机器人中的前轮操舵、前轮驱动方式的结构图。该方式将操舵机构（转向机构）、操舵用的电机和驱动电机都集中在前轮，常用于后退时可以小幅度旋转的叉车。通常，在叉车中把有叉子的方向称为后部，没有叉子方向称为前部。虽然有4个轮子的和3个轮子的区别，但是它们都采用与前轮驱动车相同的驱动方法。

图2.9所示的具有3轮结构的移动机器人，一般操舵角为360°，也就是可以不受制约地操舵。与这种3轮结构相对应，4轮结构的前轮驱动车因为有连杆机构，操舵角的范围受到限制，相对于车辆的正面，不能在正交方向上操作舵角，这就是3轮与4轮的不同之处。

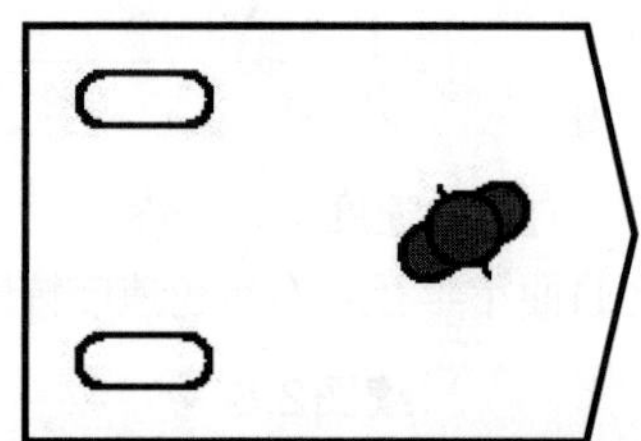

图2.9　前轮操舵、前轮驱动方式

前轮操舵、前轮驱动方式与两轮差速驱动方式一样，因为都是以与后轮车轴一致的轴上的点为中心进行旋转，因此将后轮轴上的中间的点设为原点$\boldsymbol{R}$。

下面我们通过图2.10导出驱动时的速度关系式。

假设前轮操舵角为θ_F，轴距为W_h，从原点到旋转中心的曲率半径为r，从前轮到旋转中心$\boldsymbol{C}$的距离为r_F，根据几何学的原理，下式成立：

$$r = W_h \cdot \cot\theta_F \tag{2.34}$$

$$W_h = r_F \cdot \sin\theta_F \tag{2.35}$$

旋转角速度θ_R可由下面的关系式得出：

$$\omega_R = v/r = v_F / r_F \tag{2.36}$$

根据以上的关系，如果给出前车轮速度v_F和操舵角θ_F，那么整个移动机器人的移动速度v和旋转角速度ω_R可以用矩阵表示为

$$\begin{bmatrix} v \\ \omega_R \end{bmatrix} = \begin{bmatrix} \cos\theta_F \\ \sin\theta_F / W_h \end{bmatrix} \begin{bmatrix} v_F \end{bmatrix} \tag{2.37}$$

利用式（2.37）考察图2.9驱动方式的特性，则曲率半径r为

$$r = v/\omega_R = W_h \cdot \cot\theta_F \tag{2.38}$$

由式（2.38）可知，不管移动速度如何，对于图2.9所示的驱动方式，只要给出操舵角θ_F，就可以求出曲率半径r，从而确定它的移动路径。

另外，在操舵角$\theta_F = 0$的情况下，旋转角速度$\omega_R = 0$，移动机器人就会沿直线前进。与此相对应的是，在操舵角$\theta_F = 90°$的情况下，就会变成

$$v = 0,\quad \omega_R = v_F / W_h$$

如图2.10(c)所示，它将以左右后轮的中间点（原点$\boldsymbol{R}$）为中心旋转。另外，

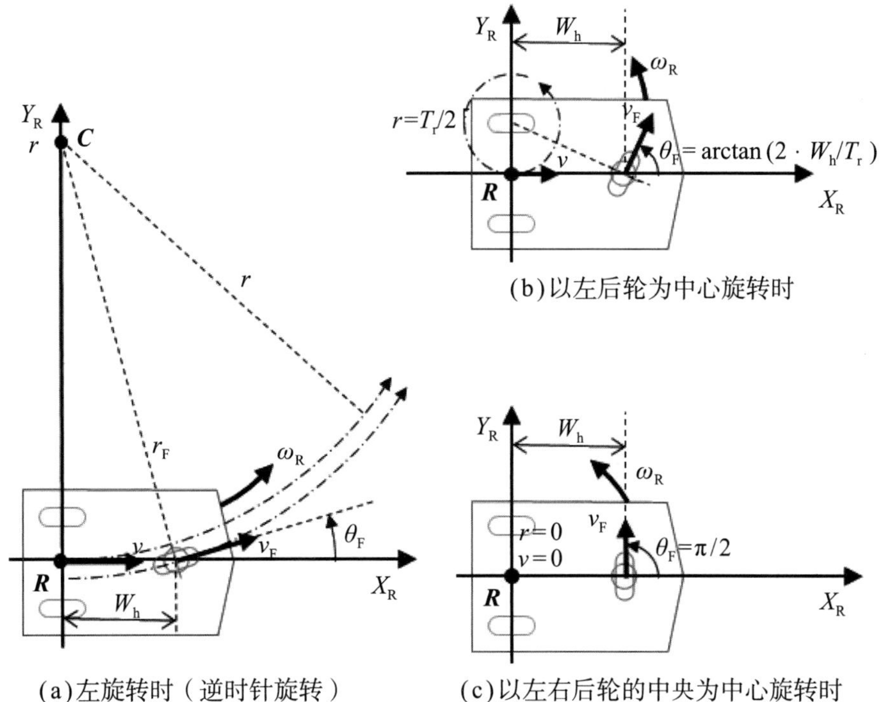

(b)以左后轮为中心旋转时

(a)左旋转时（逆时针旋转）

(c)以左右后轮的中央为中心旋转时

图2.10　前轮操舵、前轮驱动方式的工作原理

如图2.10(b)所示，令$r = T_r/2$，它就会以左后轮为中心进行旋转。将$r = T_r/2$代入式（2.38），则

$$\theta_F = \arctan(2 \cdot W_h / T_r) \tag{2.39}$$

如此一来，就可以像只需控制操舵角θ_F的两轮差速驱动方式那样来理解移动机器人的动作方式了。

此外，要想使操舵角θ_F达到所期望的角度，需要控制操舵电机的位置，这个过程是需要时间的。为了让移动机器人按照所希望的移动路径行走，必须在移动机器人出发之前，将操舵角θ_F设置到预定的角度，该过程所需要的时间在设计时必须要考虑进去。

在此，作为引导式移动机器人的引导方式，我们介绍一种目前采用比较多的方法。这种方法在原理上与前轮操舵、前轮驱动方式是相同的。

将图2.9的前轮操舵、前轮驱动结构置换为图2.4的两轮差速驱动方式，就变成图2.11。这种驱动方法的特点是，除了复杂的操舵结构外，采用了两轮差速结构单元，在狭窄的空间内汇集了操舵功能与驱动功能。

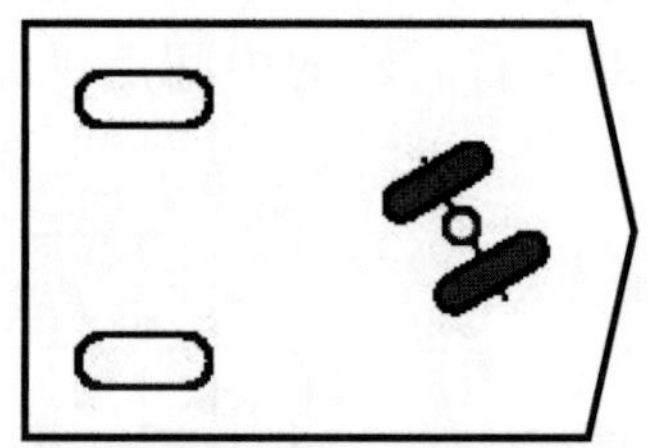

图2.11　前轮操舵、前轮驱动方式2

图2.12示出了前轮操舵、前轮驱动方式2的工作原理。它相当于，在两轮差速结构的前轮单元中，如果右前轮和左前轮的速度分别为v_R、v_F，那么整个前轮的平均速度v_F就相当于图2.10所示的前轮速度了。

$$v_F = (v_R + v_L)/2 \tag{2.40}$$

前轮单元可以考虑仅根据左右车轮的驱动状态来确定图2.10中操舵角θ_F的方法。

如果前轮单元的操舵角处于θ_F状态，那么移动机器人的曲率半径r如前所述，可以由式（2.38）求出。此时前轮曲率半径r_F可以用式（2.35）计算出来。而移动速度v和旋转角速度ω_R则可以通过式（2.37）计算。此时通过式（2.40）可计算出前轮速度v_F。到此为止，其特性几乎与图2.10相同。

下面介绍如何根据前轮单元的两轮差速结构，控制其操舵角θ_F。假定前轮单元的轮距为T_r，那么其角速度ω_W可以采用与式（2.30）同样的方式进行计算：

$$\omega_W = (v_R - v_L)/T_r \tag{2.41}$$

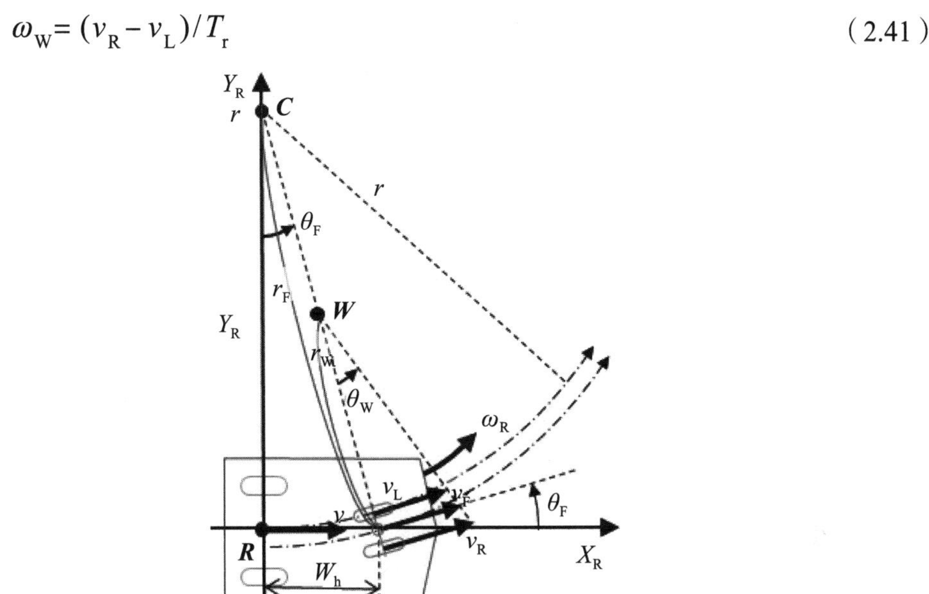

图2.12　前轮操舵、前轮驱动方式2的工作原理

于是，我们可以求出其曲率半径r_W：

$$r_W = v_F/\omega_W = (v_R + v_L)T_r/[2(v_R - v_L)] \tag{2.42}$$

前轮的旋转中心$\boldsymbol{W}$则如图2.12所示。如此一来，曲率半径r_W就可以利用左右前轮的速度v_R和v_L进行任意的控制。因此，如图2.12所示，以$\boldsymbol{C}$点为中心的移动机器人的前轮曲率半径r_F与以$\boldsymbol{W}$点为中心的移动机器人的前轮单元曲率半径r_W未必一致，这一点是必须留意的。

当r_F与r_W一致时，前轮单元的角速度ω_W（$= v_F/r_W$）与移动机器人的角速度ω_R（$= v_F/r_F$）相同，因此前轮单元操舵角θ_F不变，为一个恒定值。由此，移动机器人能够以$\boldsymbol{C}$点为中心稳定地以圆弧状旋转。

反过来，当r_F与r_W不同时，前轮单元的角速度ω_W与移动机器人的角速度ω_R不再一致，前轮单元操舵角θ_F将变为如下形式：

$$\mathrm{d}\theta_F/\mathrm{d}t = \omega_W - \omega_R = (v_R - v_L)/T_r - (v_R + v_L)\sin\theta_F/(2W_h) \tag{2.43}$$

根据这个公式我们可以知道，利用左右前轮的速度v_R和v_L，可以控制操舵角θ_F。

该驱动方式可以把驱动部件非常紧凑地集中起来，因此作为引导式移动机器人（AGV）的组件，目前已经实用化。

2.2.4　前轮操舵、带有差动结构的后轮驱动方式

图2.13(a)是前轮操舵、带有差动结构的后轮驱动方式的结构例子。通过操舵电机经由操舵机构操舵前轮。另外，驱动电机向差动机构输出驱动动力来驱动左右后轮。该驱动方式与发动机前置后轮驱动（front engine rear-drive，FR）、发动机后置后轮驱动（rear engine rear-drive，RR）是一样的。其操舵方式和驱动方式分别由两个轮子构成，由此决定了它的移动轨迹。

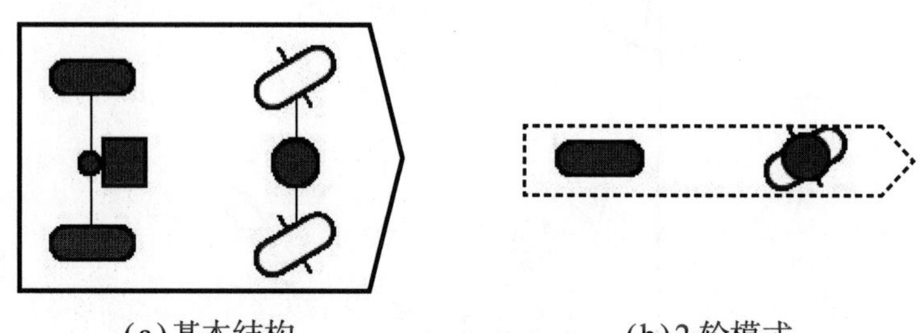

(a)基本结构　　(b)2 轮模式

图2.13　前轮操舵、带有差动结构的后轮驱动方式

驱动电机的转矩τ_M、旋转角速度ω_M以及输出功率P_M之间的关系如下所示：

$$P_M = \tau_M \cdot \omega_M \tag{2.44}$$

它是以电机转矩τ_M驱动后轮的，不过，由于它是一种差动结构，所以左右后轮分别产生的驱动力F_L和F_R与驱动力F相同。设车轮半径为r_W，差动结构的减速比为n，则其驱动力为

$$F = F_L = F_R = \tau_M / (n \cdot r_W) \tag{2.45}$$

另外，差动结构中的旋转角速度ω_M与左右后轮的车轮速度v_L、v_R之间的关系如下所示：

$$v_L + v_R = (n \cdot r_W)\omega_M \tag{2.46}$$

驱动电机产生的输出功率P_M通过差动结构分解为左后轮输出功率P_L与右后轮输出功率P_R。在没有损耗的前提下，可由式（2.44）~式（2.46）得出，于是下述公式成立：

$$P_M = \tau_M \cdot \omega_M = F \cdot (n \cdot r_W) \cdot (v_R + v_L) / (n \cdot r_W) = F_L v_L + F_R v_R = P_L + P_R \tag{2.47}$$

接下来，使用图2.14（a）说明前轮为2轮时的前轮操舵方式。左前轮和右前轮可以通过操舵连杆机构以略微不同的角度进行操舵。该图的旋转中心$\boldsymbol{C}$，与两轮差速驱动方式以及前轮操舵、前轮驱动方式一样，位于与后轮车轴一致的直线上。与左前轮和右前轮相关的操舵角θ_{FL}与θ_{FR}可通过下式求得：

$$\theta_{FL} = \arctan[W_h/(r - T_r/2)] \tag{2.48}$$

$$\theta_{FR} = \arctan[W_h/(r + T_r/2)] \tag{2.49}$$

并以此操舵角推动操舵连杆机构。据此，在车轮不产生横向滑动的情况下，移动机器人能够以旋转中心$\boldsymbol{C}$为中心进行平滑旋转。由于使用了连杆机构，从物理学的角度来讲，图2.13那种前轮操舵、带有差动结构的后轮驱动方式的操舵角θ_{FL}与θ_{FR}，与图2.9的前轮操舵、前轮驱动方式有所不同，它们会受到

$$-\pi/2 < (\theta_{FL},\ \theta_{FR}) < \pi/2 \tag{2.50}$$

的限制，无法进行以左右后轮中央为中心的旋转。

而移动机器人在以旋转中心$\boldsymbol{C}$为中心、以速度v旋转的场合下，其旋转角速度ω_R与左后轮速度v_L以及右后轮速度v_R之间的关系如下所示：

$$\omega_R = v/r = v_L/(r - T_r/2) = v_R/(r + T_r/2)$$

因此，左后轮输出功率P_L与右后轮输出功率P_R分别如式（2.51）和式（2.52）所示，稍微不同，这一点非常重要。

$$P_L = F_L \cdot v_L = F \cdot v \cdot (r - T_r/2)/r \tag{2.51}$$

$$P_R = F_R \cdot v_R = F \cdot v \cdot (r + T_r/2)/r \tag{2.52}$$

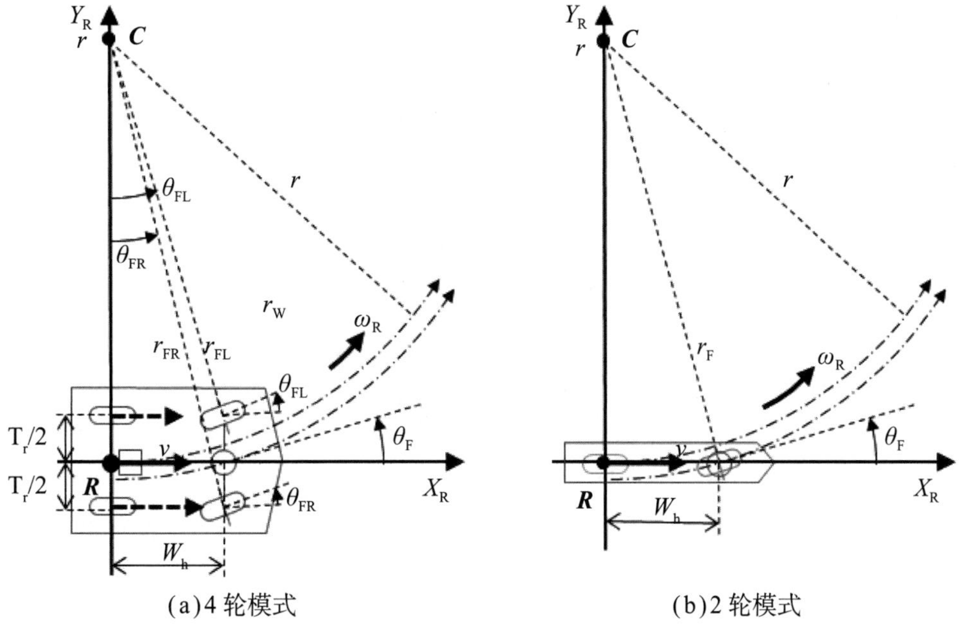

图2.14 前轮操舵、带有差动结构的后轮驱动方式的工作原理

在理解以上内容的基础上，为了简化，在这里用图2.14(b)的2轮模式替换图2.14(a)。具体的替换方法在图2.14进行了说明。图2.14(b)所示的前轮操舵角θ_F可用下式表示：

$$\theta_F = \arctan(W_r / r) \tag{2.53}$$

其大小可以近似认为等于左右轮操舵角θ_{FL}与θ_{FR}的平均值。

$$\theta_F \approx (\theta_{FL} + \theta_{FR})/2 \tag{2.54}$$

至于其操舵角θ_F和旋转中心$\boldsymbol{C}$的关系，图2.14与图2.10并没什么不同，是完全一样的。不过，需要提醒的是，即使驱动轮的速度相同，图2.14与图2.10的移动机器人旋转角速度ω_R也不相同。也就是说，在图2.10的场合下，如果给出了前轮驱动轮的速度v_F，那么它的旋转角速度ω_R为

$$\omega_R = v_F / r_F \tag{2.55}$$

图2.14场合下的旋转角速度ω_R，在后轮驱动轮的速度为v时，则为

$$\omega_R = v / r \tag{2.56}$$

由此可见，即使$v_F = v$，由于$r_F \neq r$，从式（2.55）和式（2.56）得到的旋转角速度ω_R的大小也是不同的。

在后轮驱动方式中，电机一边运转，一边将旋转力和横向滑动的力施加在前轮上。因此，应该认识到，$\theta_F = \pi/2$时，仅有横向滑动的力加在前轮上。

2.2.5　4轮独立操舵、2轮独立驱动方式

图2.15是4轮独立操舵、2轮独立驱动方式。

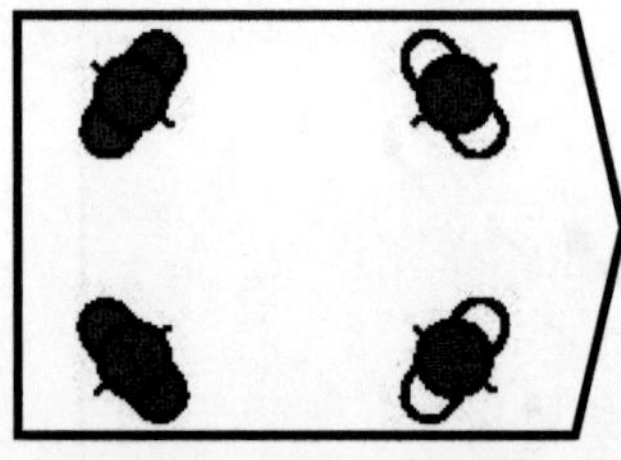

图2.15　4轮独立操舵、2轮独立驱动方式

为了能够操舵4个轮子，配置了4个独立的操舵电机，并且配备了能够驱动两个车轮的驱动电机。

图2.16示出了采用这种方式移动的工作原理。让其沿着直线移动时，前进

模式、横向移动模式、斜向移动模式分别示于图2.16(a)、(b)、(c)。无论哪种模式，在使所有车轮向移动方向操舵后，向移动方向旋转驱动电机，移动机器人的车身方向不变，朝着所希望的方向移动。当要让移动机器人旋转时，只要操舵操舵电机，使全部车轮的方向都垂直于旋转中心$\boldsymbol{C}$，用驱动电机沿移动方向旋转即可。不仅可以像图2.16所示那样旋转，也可以实现特殊的旋转。例如，就像图2.16(d)那样，如果将移动机器人的中心位置设定为旋转中心$\boldsymbol{C}$，它就会进行原地旋转。还可以像图2.16(e)那样，将其正前方设定为旋转中心$\boldsymbol{C}$，这么一来，移动机器人就可以始终面向旋转中心$\boldsymbol{C}$进行旋转。

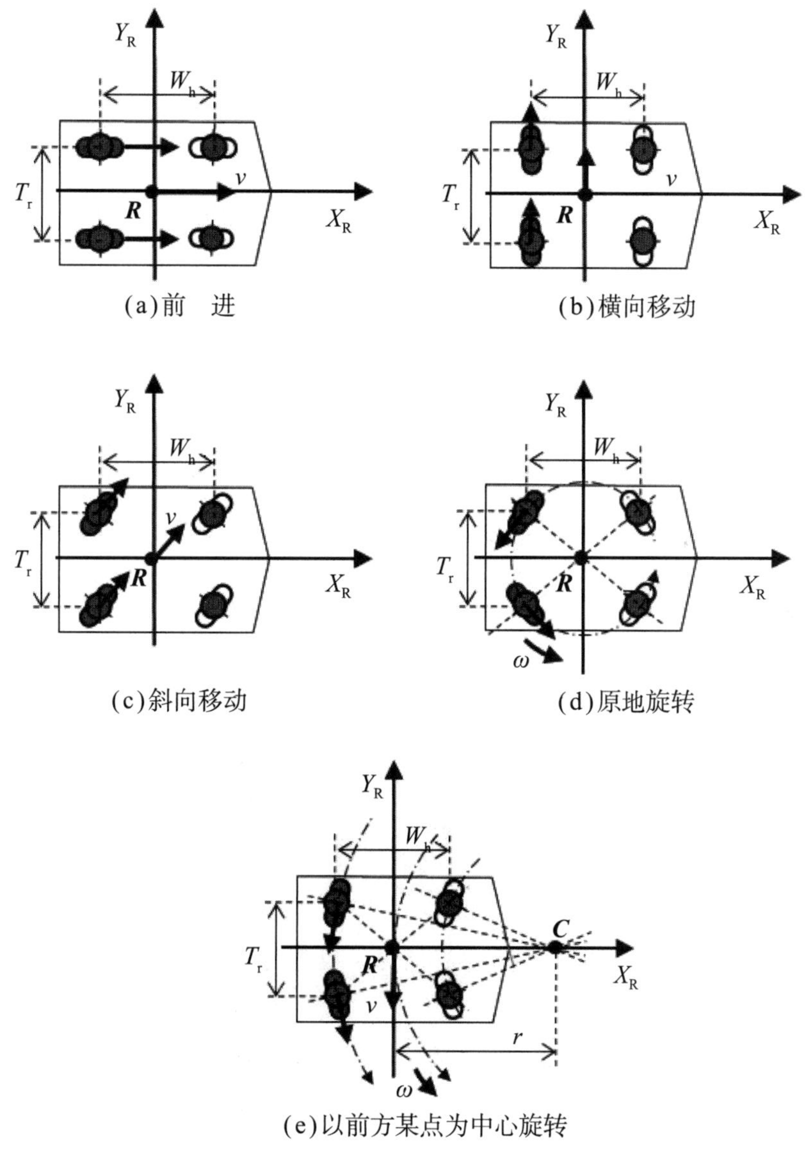

图2.16　4轮独立操舵、2轮独立驱动方式的工作原理

这样，就使得该驱动方式可以灵活选择移动机器人的移动方式，在采用前轮操舵方式无法旋转的狭窄通道上，采用这种驱动方式是有效的。

但是，这种驱动方式也有若干有待解决的课题。首先，它需要有6个电机，驱动系统的结构也很复杂，所以很难在成本方面说它有什么优越性。其次，为了切换驱动模式，需要暂时停止移动，因此切换驱动模式需要时间。此外，必须先通过操舵电机将各个车轮操舵到下一个模式之后，才可以开始移动。因此，采用这种驱动方式的移动机器人往往很难灵活动作。

2.2.6　麦克纳姆轮驱动方式

有一种特殊结构的车轮，配置了多个小型滚轮，如全向轮、麦克纳姆轮等。在此，我们介绍一下麦克纳姆轮驱动方式[19]，采用这种驱动方式的特点是，不用操舵车轮，就可以实现与四轮操舵方式同样的动作。

图2.17给出了麦克纳姆轮的俯视图、仰视图、左视图、右视图[20]。从该图可以看出，车轮的表面配置了多个与车轴成45°倾角的滚轮。滚轮能够以与车轴成45°倾角的轴为中心自由转动。下面我们来介绍一下，车轮旋转时，使移动机器人动作的驱动力。

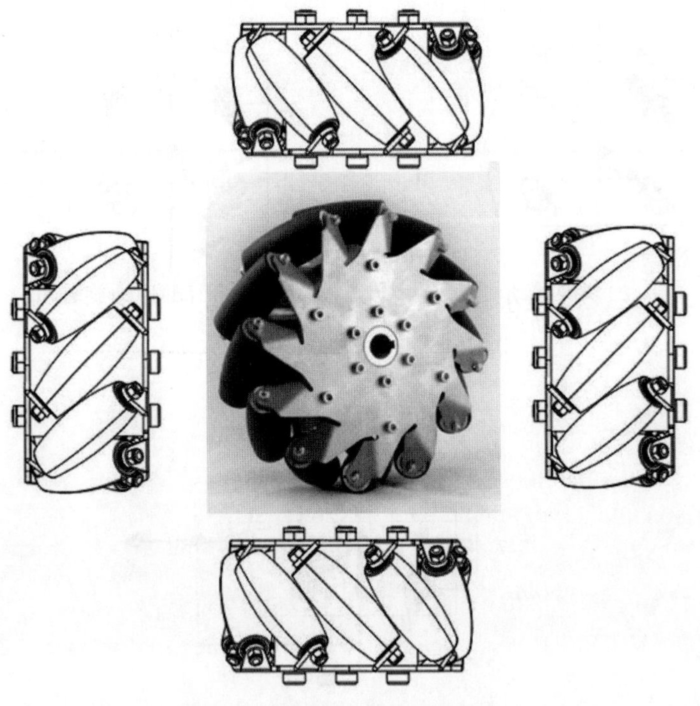

图2.17　麦克纳姆轮的结构

如图2.17所示，无论从哪个方向观察麦克纳姆轮，都具有相同的形状。但是，从上方观察时，如图2.18(b)所示，麦克纳姆轮接触地面的滚轮和俯视图的滚轮成90°。需要注意的是，这是一种上下翻转后的形状，它与从下往上观察时的仰视图是不同的。

在图2.17中，车轮如果顺时针旋转（在本书中称为正向旋转），那么与地面接触的车轮将受到地面的反作用力，产生驱动力F。如果将该驱动力F分解，那么它在与车轴成45°倾角的a轴方向的驱动力为F_a，在与a轴垂直方向的p轴方向的驱动力为F_p。由于滚轮可以自由旋转，因此F_p仅作为滚轮的旋转力，不能成为移动机器人的驱动力。因而，驱动移动机器人的力，就成了与地面接触的滚轮轴线方向上的力F_a。在本书中，如图2.18(c)所示，画上与俯视图相同方向的斜线，表示滚轮的倾斜方向。这时候必须注意，移动机器人的驱动力F_a的方向与图2.18(d)所示的斜线垂直。

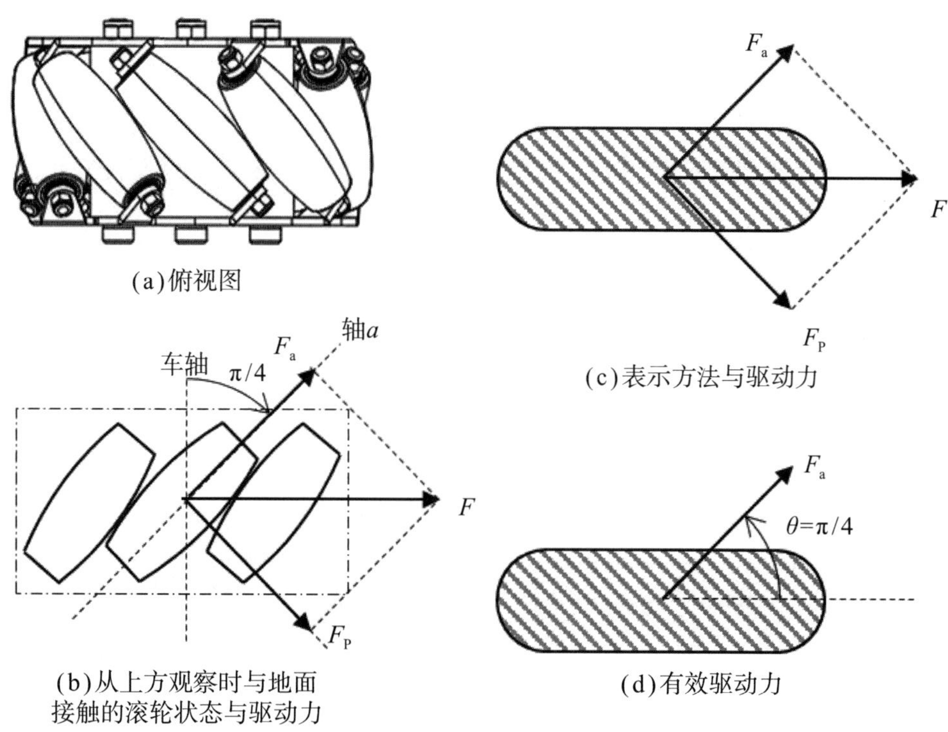

图2.18 麦克纳姆轮的驱动力

图2.19示出了麦克纳姆轮驱动方式的结构例子。从上方观察时，左前轮和右后轮的滚轮轴的方向相同（图2.19中右上方到左下方），与右前轮和左后轮的滚轮轴的方向成90°。

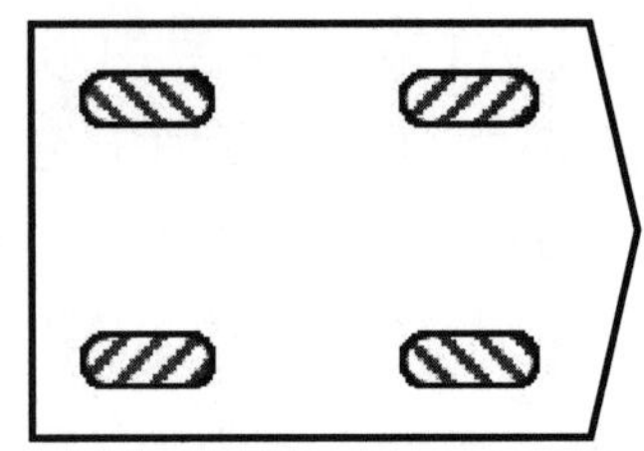

图2.19　麦克纳姆轮驱动方式

如图2.20所示，麦克纳姆轮驱动方式与4轮独立操舵、2轮独立驱动方式相同。在其前进的场合下，如图2.20(a-1)所示，全部车轮以一定的速度正向旋转。此时各车轮驱动机器人的力如图2.20(a-2)所示。将它们的驱动力合成，则其方向与X_R轴的方向一致，也就是成为一个前进方向的矢量。因此，移动机器人的速度矢量$\boldsymbol{v}$也在X_R轴的方向上。

为了使移动机器人能够横向移动，可以像图2.20(b-1)那样，使一条对角线上的两个车轮都正向旋转，另一条对角线的两个车轮反向旋转，而且全部车轮都保持相同的速度。由此在各个车轮上分别产生图2.20(b-2)那样的驱动力，从而使移动机器人沿Y_R轴方向移动。

为了在不改变移动机器人姿势的情况下，使其斜向移动，只要使右前轮和左后轮以相同的速度正向旋转，就会按照图2.20(c-1)、(c-2)所示的样子，对车辆进行预期的控制了。

关于原地旋转，可以像图2.20(d-1)、(d-2)那样，让右前轮和右后轮按照一定的速度正向旋转，左前轮和左后轮以相同的速度反向旋转。

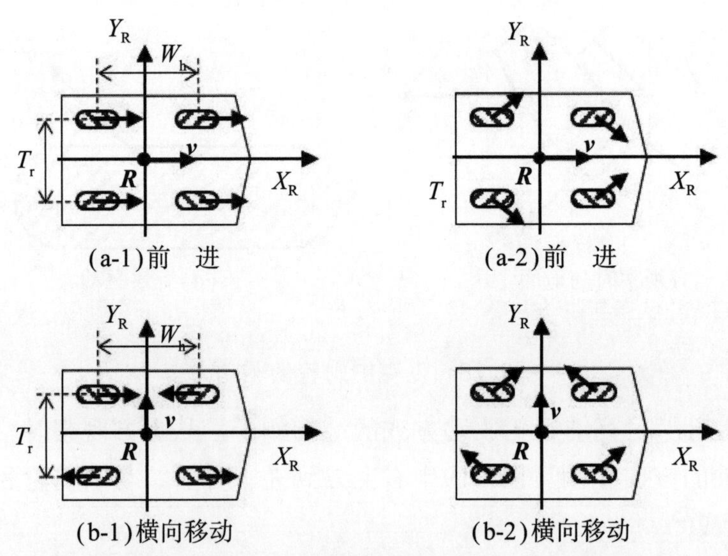

图2.20　麦克纳姆轮驱动方式的工作原理

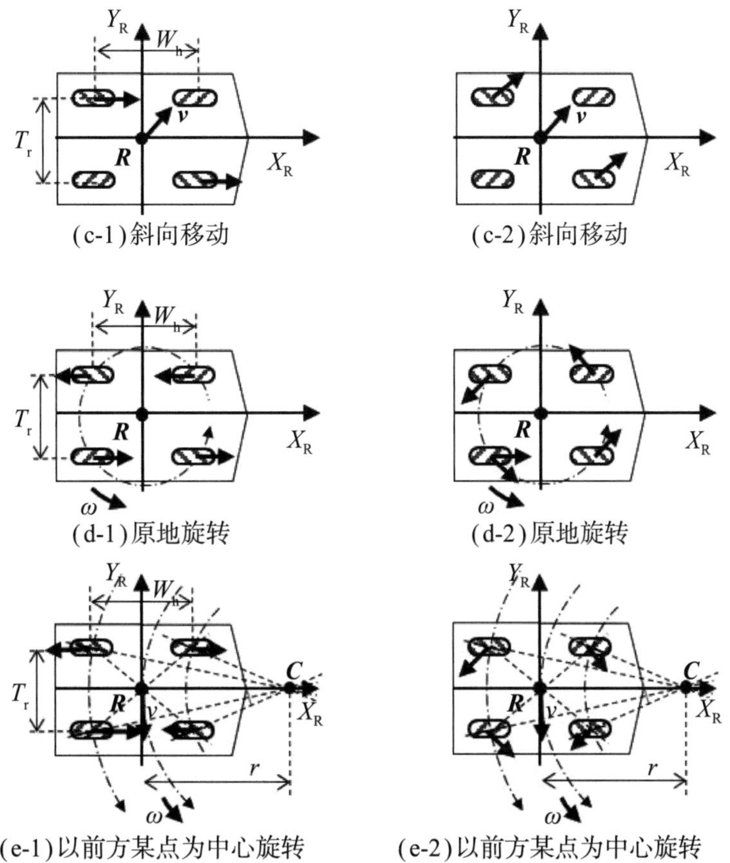

(c-1)斜向移动　(c-2)斜向移动

(d-1)原地旋转　(d-2)原地旋转

(e-1)以前方某点为中心旋转　(e-2)以前方某点为中心旋转

续图2.20

如图2.20(e-1)、(e-2)所示，与前面介绍的4轮独立操舵、2轮独立驱动的方式相同，移动机器人始终面向正前方的旋转中心***C***进行旋转，这是通过将图2.20(b-1)的横向移动和图2.20(d-1)的原地旋转进行组合控制来实现的。

由此可以看出，这种方式能够以相对简单的控制进行复杂的动作，适用于在狭窄通道和复杂路径上移动的场合。但是，其车轮形状复杂，如何提高麦克纳姆轮、全向轮的可靠性和寿命，降低成本，是普及这种方式的移动机器人必不可少的研究课题。期待这种方式能够在今后得到实用化。

2.3　按照用途进行的分类与移动机器人的实例

图2.21按照用途的不同，展示了各种有代表性的移动机器人。根据各厂商官方公开的信息以及技术说明书，将自主移动机器人的主要性能指标汇总于表2.8。

作为自动搬运货物的机器人，有货物搭载型机器人、台车牵引型机器人、台车潜伏式机器人。这些机器人通过增加连接机构，可以相互间简单地改变搬运形态。此外，还有由台车潜伏式机器人独自进化形成的系统——货架搬运物流系

(a)

图2.21　按照用途分类的具有代表性的移动机器人

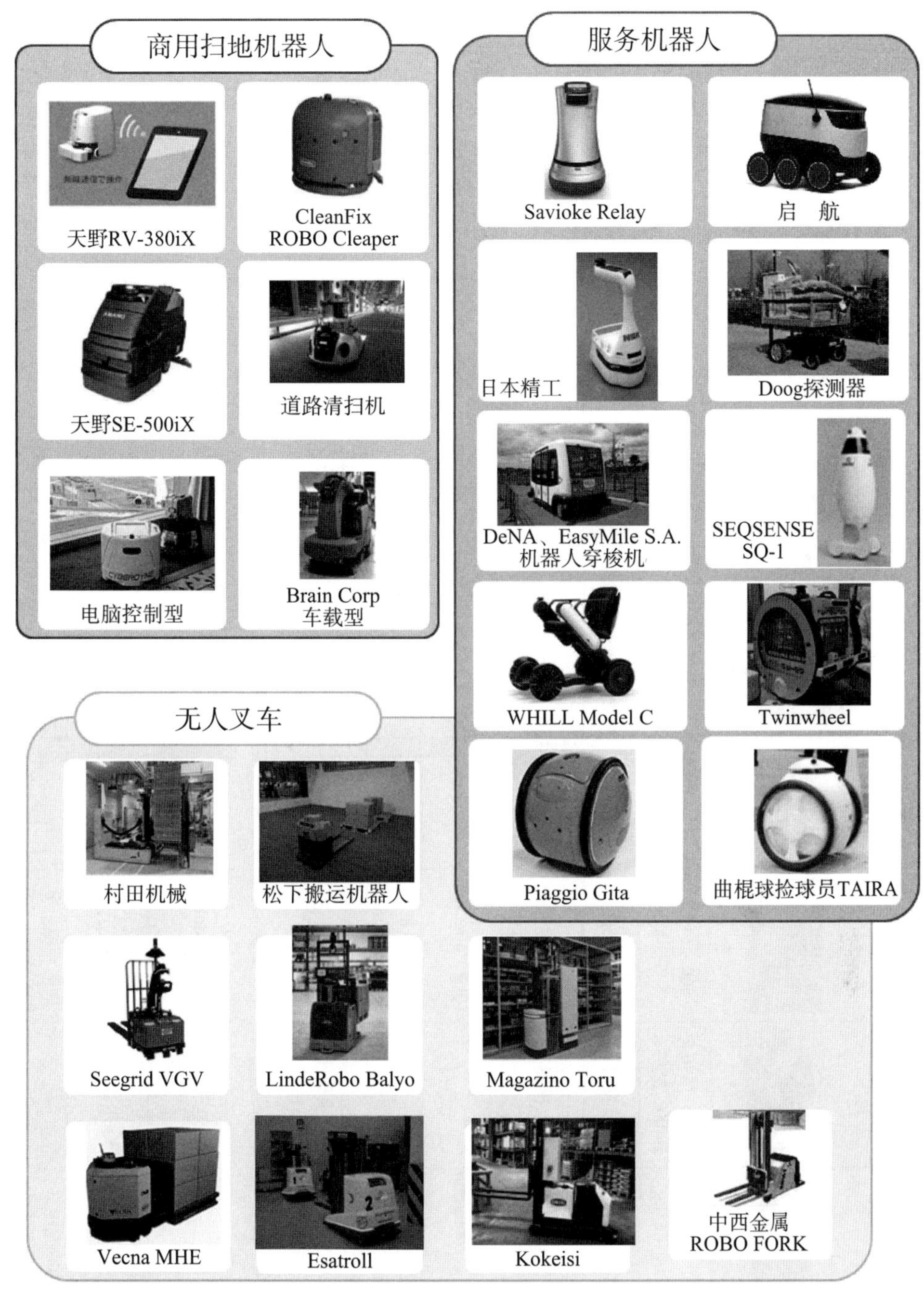

(b)

续图2.21

统；实现物品取出、转载、搬运的无人叉车；商用扫地机器人、机械臂搭载型机器人、服务机器人等。下面按照用途进行详细介绍。

表 2.8　具有代表性的自主移动机器人的主要性能指标

厂　家		欧姆龙	日本电产符号	大边	田边工业	村田机械	日立产机系统	KKS	Savioke（法国）	日立机械设备	KUKA
机器人名称型号		Pionner LX[21]	S-Cart（2015 年）[22]	AI 搬运机器人[23]	WYN-200[24]	amano SE-500EX[25]	Lapi（2012 年）[26]	AGS（2017 年）[27]	Relay[28]	HiMoveRo（2016 年）[29]	KMR iiwa（可动式成套设备）[30]
外　观											
尺寸重量		480×690×H370、60kg	630×790×H200、65kg	1230×1550×H400、550kg	800×540×H300	650×1408×H960、310kg	640×735×H700、127kg	800×890×320H、230kg	640×735×H700、127kg		1190×720×H700、400kg
传感器		激光扫描仪、编码器、陀螺仪	激光扫描仪	毫米波发射机等	激光扫描仪	激光扫描仪	激光扫描仪	激光扫描仪＋磁传感器	Wi-Fi 三维摄像机	激光扫描仪	激光扫描仪＋编码器
位置绘测方式		二维地图匹配（200×200m）	二维地图匹配	单眼摄像机	二维地图匹配	二维地图匹配	二维地图匹配	二维地图匹配＋磁感应混合方式	二维地图匹配	二维地图匹配	
性能	搬运重量及速度	60kg、30m/min	100kg、60m/min	700kg、42m/min（无负荷）	10kg、50m/min	40m/min	300kg、55m/min	1,000kg、30m/min	—	30m/min	机械臂可搬动14kg、4km/h
	爬坡与台阶	—	爬坡 3% 以下、台阶 5mm	—	斜度 4°（8%）、凹凸 5mm	7%	爬坡 5° 台阶 10mm	—	—	—	—
	驱动方式	两轮差速 ϕ120	两轮差速（200W×2）ϕ120、辅助轮 ϕ50	可原地旋转、全方位移动	可陀螺状旋转	200W 电机 ×2	两轮差速、台车牵引轮 ϕ150	—	—	—	麦克纳姆轮 ϕ250
	位置精度	15mm	±30mm、±3°	—	±15mm	—	±10mm	±3mm（磁感应）	—	±10mm	搭载（可选）相对定位功能时 ±1mm
	工作时间电池	13 小时，24V，60A·h	8 小时，25.9V，47.5A·h，Li	24 小时工作	8 小时，24V，船舶用（密封）	DC12V，160A·h×2	8 小时	CD24V，46A·h 铅（密封式）	—	铅电池	锂离子电池
	充电时间方式	3.5 小时（5：1 比）	1 小时充电，可非接触充电	无线充电	插座充电，非接触充电（op）	11 小时充电	电池交换式	自动充电	—	电池交换式	—
备　注		—	有搭载 1t 型	平板电脑操作障碍物自动检测	—	—	—	日本关西 2017 展览盛会展出	截至 2017 年 40 多家公司引人	16 年新闻发布会	—

1. 货物搭载型移动机器人

将货物放在移动机器人的上部平台上的搬运方式，是引导式移动机器人广泛采用的最基本方法。为了能够完全自动地搬运货物，需要在装卸场所（目的地）或者移动机器人顶部设置装卸用的装置等。一般说来，考虑到自动装卸时的定位性能，精度需要控制在 ± 10mm以下。

2. 台车潜伏式移动机器人

潜入装载了零件和产品等货物的台车下部的间隙，连接台车或升降后开始移动，机器人不需要自己移动货物，仅通过连接台车即可实现搬运。这种方式的优点是，移动机器人自动搬运与人工搬运可以并用，搬运系统可根据商用规模灵活应对。

为了能够潜入台车的下方，该移动机器人的车身较低，是扁平状的低重心型。在货物搭载型移动机器人的基础上，安装与台车连接的部件，也可以成为台车潜伏式移动机器人。

3. 台车牵引型移动机器人

通过连接部件连接带有脚轮的台车，牵引台车搬运货物。可以将其看作台车潜伏式机器人的一种变形。采用这种方式时，货物的重量由台车支撑，因此它能够搬运较重的货物。台车牵引型的情况下，没有必要限制移动机器人的高度。但是，其旋转时的曲率半径比其他移动机器人都要大，很难在狭窄的通道上移动，这一点必须留意。

在工厂内，经常能看到驾驶人员操纵作业车将装有货物的车辆连接起来移动的场景，将来如果能够确保系统的安全性，可以预见台车牵引型移动机器人将取代上述工作。

4. 无人叉车

由于叉车既能装卸货物又能搬运货物，所以如果能够将其自动化，就能构建一个便利性、通用性高的自动搬运系统。能够替代驾驶人员操作叉车的自由移动的自主移动型无引导式无人叉车便应运而生。虽然在实际使用时需要考虑货物的位置、周围环境以及安全性等问题，但是人们仍然对它的普及抱有很大的期待。

5. 商用扫地机器人

清扫地面的商用扫地机器人已经开始引入公共设施。不过由于其工作特点，大多都工作于夜间。以商用扫地机器人的引入为契机，可以预见，今后在我们身边的公共设施中会出现更多的自主移动机器人。

6. 货架搬运物流系统

大型物流中心正在积极引入能够将装载货物的货架分类并自动搬运到作业场所的货架搬运物流系统。与工作人员将货物搬运到货架并进行整理的传统方法相比，工作效率提高了3 ~ 4倍。

如上所述，该系统大多采用在地面贴上二维码的光学引导方式，有时也会采用基于SLAM技术的引导方式。

7. 服务机器人

在机场和大型销售中心等场所，引导式机器人已经随处可见。在酒店，为了提高客房服务和行李搬运等用户体验，自主移动机器人开始活跃起来。引入移动机器人可有效替代门童，缩减成本，但机器人无法满足人类之间的相互接触，高质量的服务还是需要由接待人员和大堂经理来完成，现在已经到了必须考虑人和机器人共存的时代。

8. 机械臂搭载型机器人

已发布的搭载机械臂和机械双手的移动机器人产品化的案例虽然不多，但其潜在需求还是很高的。今后，预计这类产品会增多，但单纯的组合没有任何优势。因此，期待能够构建移动机构与机械臂机构的协调系统，例如，在移动的同时进行机械臂作业、通过移动机构的灵活运用使机械臂结构简单化等。

第3章
直流电机及其控制技术

与多关节机器人等相比，本书介绍的自主移动机器人的控制相对简单，但为了追求稳定的移动轨迹和优秀的定位性能，需要充分掌握驱动机器人的电机以及控制电机的方法。然而有关控制技术，即使是具有较高知识水平的技术人员，有时候也未必充分理解电机和电机控制的重要性。

电机以及电机控制比较容易理解，但在考虑机器人控制时，请务必理解作为副回路而存在的电机控制等构成的控制系统。

本章将要介绍的是用于驱动机器人的直流电机及其电机控制的基本控制方法。另外，除了直流电机以外，还有使用交流电源的交流电机。但灵活运用坐标变换，交流电机的处理方式与直流电机相同，所以本章省略交流电机的介绍。

3.1 直流电机的工作原理与结构[31]

图3.1示出了直流电机的结构。在由N极与S极所包围的空间中，配置上由线圈（电动机芯子）绕制而成的转子。直流电压V通过电刷和换向器施加到线圈上时，线圈中就会有电流i流过。N极到S极之间会产生磁场B，磁场B会对流过电流i的线圈产生驱动力。其状态如图3.1(b)所示。根据左手定则，左侧的线圈就会被磁场施加一个向下的力F，右侧的线圈会被磁场施加一个向上的力F，从纸面上看，它就会做逆时针方向旋转。用线圈绕制而成的转子，在驱动线圈的力的作用下，就会产生一个驱动电机的转矩τ。

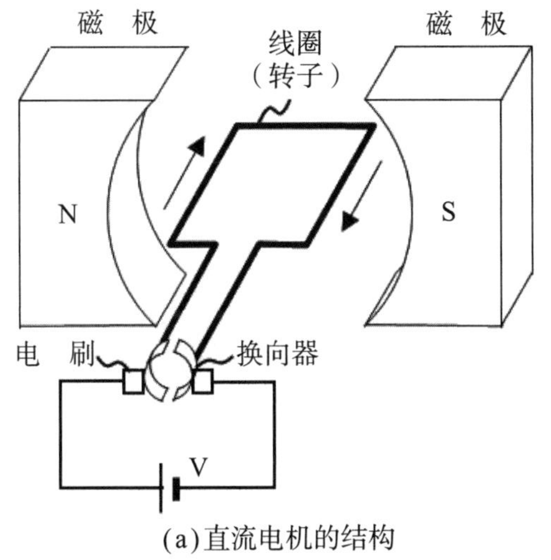

(a)直流电机的结构

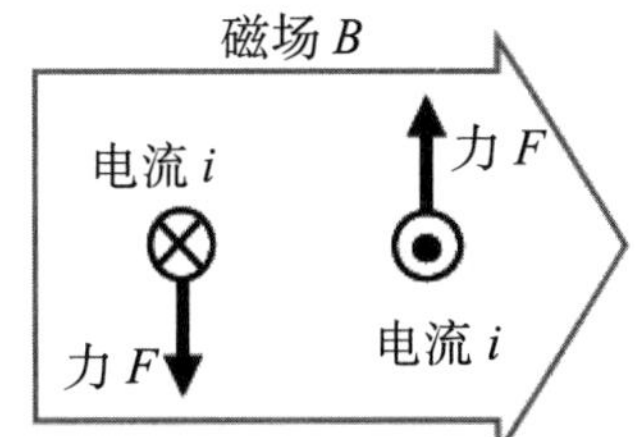

(b)磁场B、电流i与力F的关系

图3.1 直流电机的原理

当图3.1中的转子转动超过1/4圈时，换向器与电刷接触，极性发生改变，线圈中的电流又往相反方向流动，由此使得电机不停地旋转。

以上只是原理的介绍，实际情况下，还需要在直流电机线圈的绕制方法、换向器与电刷的关系方面下一番工夫。因此，无论转子的角度如何，只要电流相同，就能产生几乎相同的电机转矩τ，从而形成旋转结构。

3.2 直流电机的基本特性

对于直流电机的基本特性，可以通过图3.2的等效电路来说明。

给直流电机施加电压V（V），转子（线圈）中就会流过电流i（A），转子中具有电阻R（Ω）和电感L（H），因此电流的特性受到影响。另外，电流i一旦流过，电机就会开始旋转，对应于电机的转速ω_M（rad/s），将会产生反电动势E_0（V）。如果将它们之间的关系用公式表示，则会变为下式的形式：

$$V = R \cdot i + L \cdot \mathrm{d}i/\mathrm{d}t + E_0 \tag{3.1}$$

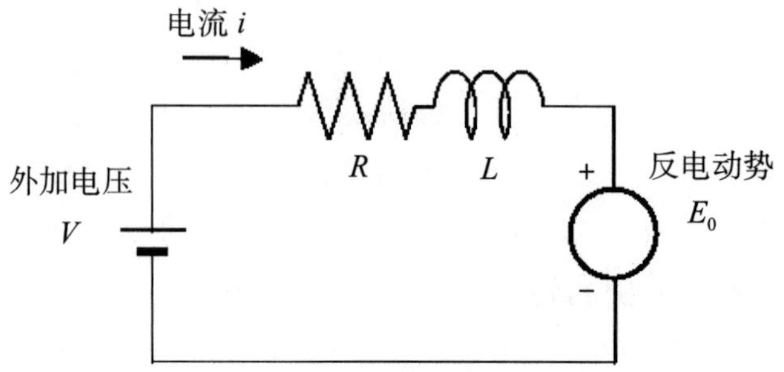

图3.2　直流电机的等效电路

电流i（A）与电机转矩τ_M（N·m）之间构成下述的正比关系：

$$\tau_M = K_T \cdot i \tag{3.2}$$

如果电机的惯性系数为J_M（kg/m^2），电机的摩擦系数为B_M（N·m·s/rad），那么电机的转速ω_M（rad/s）与电机的转矩τ_M之间的关系则由下式给出：

$$\tau_M = J_M \cdot \mathrm{d}\omega_M/\mathrm{d}t + B_M \cdot \omega_M + \tau_L \tag{3.3}$$

式中，τ_L（N·m）是负载转矩。

另外，电机速度ω_M（rad/s）与反电动势E_0（V）之间的关系如下：

$$E_0 = K_\omega \cdot \omega_M \tag{3.4}$$

综合式（3.1）~式（3.4），用方框图表示则示于图3.3。这个直流电机的方框图，属于电机控制方面的基本特性，需要充分掌握。

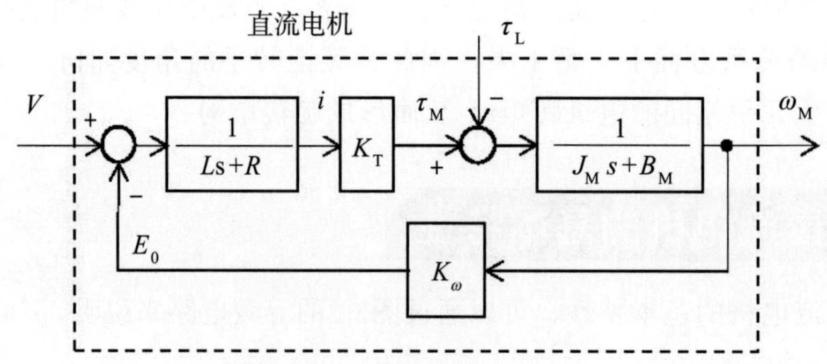

图3.3　直流电机的方框图

在图3.3的方框图中，输入电压为V、电机转速为ω_M时，可以计算出传递函数。在负载转矩$\tau_L = 0$时，传递函数$H(s)$可以用下式表示：

$$H(s) = \omega_M / V = K_T / [K_T K_\omega + (L_s + R)(J_M s + B_M)] \tag{3.5}$$

在该式中，当$s \to 0$时，可以求出电机的转速ω_M相对于外加电压V的恒定特性：

$$H(s) = K_T / (K_T K_\omega + R \cdot B_M) \tag{3.6}$$

如果电机线圈的电阻R和电机摩擦系数B_M都很小，也就是不等式$K_T K_\omega >> R \cdot B_M$成立，那么上式就变为

$$H(s) \approx 1 / K_\omega \tag{3.7}$$

这就是说，当电机处于无负载状态时，基本上可以认为，电机转速ω_M与外加电压V的大小近似成正比。

由此可知，在需要电机加速时，只需要提高外加电压就行了；在需要减速时，只要降低外加电压就行了，换句话说就是，仅仅通过调整外加电压的高低，就能够很好地控制电机的速度。

但是请记住，这只是电机工作在稳定状态时的特性，构建高速响应的自主移动机器人的控制系统时不予推荐。其原因如下，当需要提高移动机器人的控制性能时，下述问题将愈发凸显：

（1）响应速度无法提高。如果为了实现高速响应，而急剧改变外加电压，往往会产生过电流现象。

（2）如果存在负载转矩，就会达不到预期的速度。往往会由于负载的急剧变化，造成速度的急剧降低和过电流。

（3）随着负载状态的不同，响应特性会发生变化，有时候会出现无法确保恒定特性的现象。

出于上述原因，利用下述章节中将要介绍的具有电流反馈控制以及速度反馈控制的电机，对实现高性能自主移动机器人来说非常重要。一般说来，伺服电机的价格稍高，但具有电流控制和速度控制，能够确保高速响应特性，因此建议使用。

不过，在伺服电机中，也存在像图3.3那种没有反馈控制结构的直流电机。因此，在制作高性能移动机器人而选择伺服电机时，一定要留心这一点，不要选择没有反馈控制结构类型的直流电机。

3.3 电流控制

为了利用直流电机控制移动机器人，需要采用响应性能优异的伺服电机。下面我们对这种响应性能优异的伺服电机最基本的电流反馈控制方法进行说明。

为了实现伺服电机的优异特性，一般进行电流反馈控制、速度反馈控制。

图3.4示出了直流电机电流反馈控制系统的方框图。

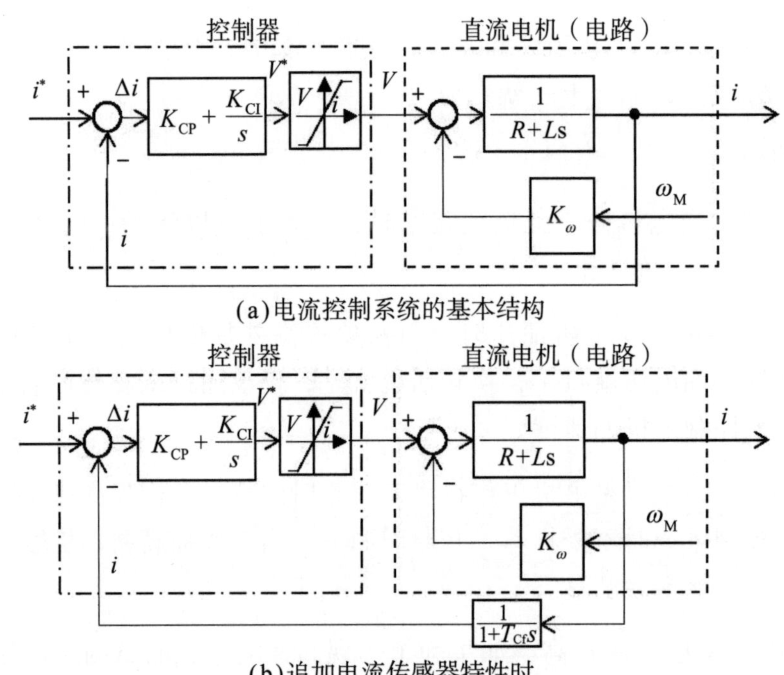

图3.4　电流控制系统的方框图

该图中虚线内的方框图是直流电机的部分电路结构，它与图3.3中所示的从外加电压V的位置到电流i的位置的图形是相同的。电路（RL回路）中流过的电流大小，取决于从外加电压V中，减去与电机转动过程中所产生的与转速ω_M成正比的反电动势的差值。

另外，在点划线所示的一侧方框中，形成了电流反馈控制。对于电流指令i^*，是将电流传感器检测到的电流i反馈回去，计算出差分电流Δi。进行比例积分控制时，如图3.4(a)所示，通过将其乘以与差分电流Δi成正比的增益K_{CP}，得到电压指令，进行比例控制；另外将其乘以积分增益K_{CI}，得到积分电压指令，进行积分控制。比例控制的输出与积分控制的输出之和，就是电压指令V^*。为了使直流电机在其额定电压所规定的范围内驱动，控制器的输出端插入电压限制器，然后将计算出的外加电压V施加到直流电机。在如此构成的控制系统中，相对于指令电流i^*，如果实际电流偏小，控制系统就可以控制其电压升高，从而将电流控制为与电流指令i^*几乎一致的电流。控制系统的响应特性几乎取决于比例增益K_{CP}。

在这里，我们给出一个表示与电流指令i^*相对应的电流i的响应性的函数$H_C(s)$。

首先，我们来考虑积分增益K_{CI}为0的场合，此时电流指令i^*与电流i之间具有如下关系：

$$H_C(s)=L(i/i^*)=\frac{[K_{CP}/(R+K_{CP})]}{1+[L/(R+K_{CP})]\cdot s}=\frac{G_C}{1+T_C\cdot s} \tag{3.8}$$

式中，G_C表示电流控制系统的增益，T_C表示电流控制系统的时间常数，它们分别定义如下：

$$G_C=K_{CP}/(R+K_{CP}) \tag{3.9}$$

$$T_C=L/(R+K_{CP}) \tag{3.10}$$

在这些公式之中，通过增大电流控制比例增益K_{CP}的方式，电流i可以通过时间常数T_C的响应接近于电流指令i^*。如果设$K_{CP}>>R$，则传递函数的增益G_C为：

$$G_C\approx 1-R/K_{CP} \tag{3.11}$$

另外，可以把因电机转速ω而产生的反电动势看作是对控制的一种外来干扰。我们在这里对它进行评价。在与电机转速ω_M相对应的电流达到i的过程中，其传递函数$H_{Cd}(s)$由下式给出：

$$H_{Cd}(s)=L(i/\omega_M)=\frac{[K_\omega/(R+K_{CP})]}{1+T_C\cdot s} \tag{3.12}$$

通过增大电流控制的比例增益K_{CP}，电机转速ω_M的影响从K_ω/R大幅降低至$K_\omega/(R+K_{CP})$，电流i几乎可以控制在电流指令i^*上。为了消除反电动势的影响，在交流电机控制的场合下，也可以采用对反电动势补偿的前馈控制。但是，笔者认为，伺服电机没有必要那样做。

另外，需要注意的是，如图3.4(b)所示，在检测电流的时候，电流传感器会呈现出什么样的特性。例如，就像图中所显示的那样，当电流传感器的特性用时间常数T_{Cf}的一阶滞后系统表示时，与电流控制系统的时间常数T_C相比，T_{Cf}必须能够小到对电流控制系统的传递函数没有影响的程度。即便是深谙控制的技术专家，也存在对传感器的特性考虑不足的情况，需要留意这一点。

接着我们来考察比例积分控制的场合。假设积分增益$K_{CL} \neq 0$，则相对于电流指令$i*$的电流i的传递函数$H_C(s)$可计算如下：

$$H_C(s) = L(i/i^*) = \frac{1 + T_{CC} \cdot s}{(1 + T_C \cdot s) T_{CI} \cdot s + (1 + T_{CC} \cdot s)} \tag{3.13}$$

上式中的参数T_C、T_{CC}、T_{CL}，分别由下式给出：

$$T_C = L/R、T_{CC} = K_{CP}/K_{CI}、T_{CI} = R/K_{CI}$$

在式（3.13）中，为了使零点与极点保持一致，需要考虑设计比例增益与积分增益的关系。也就是，设$T_{CC} = T_C$，将式（3.13）变形为下式的简单一阶滞后传递函数：

$$H_C(s) = L_P(i/i^*) = \frac{1}{1 + T_{CI} \cdot s} \tag{3.14}$$

如上所述，如果能够根据电机常数设定控制增益，就能够构建优秀的电流控制系统。

一般来说，掌握上述电流控制系统知识已经足够了，但在具体操作时，有必要预先知道哪些地方可能存在陷阱。

在这里，电机的参数值会随着运转状态、环境状态的不同而变化。众所周知，电阻值R会随着周围温度的不同而变化，电感量L会随着负载状况（负载转矩）的不同而变化。因此，有必要讨论这些参数变动时的特性。

现在我们来研究电机的电路参数变化时，具体来讲就是电感由L变化到$L+\Delta L$时，电流控制系统的传递函数所受到的影响。

假设

$$T_C = (L + \Delta L)/R = T_{CC} + \Delta T$$

式（3.13）就可以变换成如下形式：

$$\begin{aligned} H_C(s) = L(i/i^*) &= \frac{1 + T_{CC} \cdot s}{[1 + (T_{CC} + \Delta T)s]\, T_{CI} \cdot s + (1 + T_{CC} \cdot s)} \\ &= \frac{1 + T_{CC} \cdot s}{1 + (T_{CI} + T_{CC}) \cdot s + T_{CI}(T_{CC} + \Delta T)s^2} \end{aligned} \tag{3.15}$$

在该式中，如果将传递函数$H_C(s)$的分母表示为$(1+T_α)(1+T_β)$的形式，则下式成立：

$$T_α+T_β=T_{CI}+T_{CC} \tag{3.16}$$

$$T_α+T_β=T_{CI}(T_{CC}+ΔT) \tag{3.17}$$

在$ΔT$比T_{CC}足够小的情况下，可以取$T_α≈T_{CI}+δ$、$T_β≈T_{CC}-δ$，其结果

$$T_α+T_β≈(T_{CI}+δ)(T_{CC}-δ)=T_{CI}(T_{CC}+ΔT) \tag{3.18}$$

可以将其展开如下：

$$δ^2-(T_{CC}-T_{CI})δ+T_{CI}\cdot ΔT=0 \tag{3.19}$$

$$δ=[(T_{CC}-T_{CI})/2]\ \{1±[1-4T_{CI}\cdot ΔT/(T_{CC}-T_{CI})^2]^{1/2}\} \tag{3.20}$$

使用麦克劳林展式求得2个近似解。利用其中的负解，可以求得如下的$δ$值；如果选择正解，则$T_α$和$T_β$的解仅相反，导出结果相同。

$$\begin{aligned}&δ≈[(T_{CC}-T_{CI})/2]\ [4T_{CI}\cdot ΔT/(T_{CC}-T_{CI})^2]/2\\&\therefore δ≈T_{CI}\cdot ΔT/(T_{CC}-T_{CI})\end{aligned} \tag{3.21}$$

由此，$T_α$和$T_β$可以用下面的近似公式进行计算：

$$T_α≈T_{CI}+δ=T_{CI}+T_{CI}\cdot ΔT/(T_{CC}-T_{CI}) \tag{3.22}$$

$$T_β≈T_{CC}-δ=T_{CC}-T_{CI}\cdot ΔT/(T_{CC}-T_{CI}) \tag{3.23}$$

利用这些时间常数，就可以将式（3.15）的传递函数$H_C(s)$改写为如下的形式：

$$H_C(s)=L(i/i^*)=\frac{1+T_{CC}\cdot s}{(1+T_α\cdot s)(1+T_β\cdot s)} \tag{3.24}$$

接下来，当式（3.24）给出的传递函数$H_C(s)$作为电流控制特性时，电流指令$i^*=1$的步进响应可计算如下：

$$\begin{aligned}i(t)&=L^{-1}[H_C(s)\cdot(1/s)]=L^{-1}\left[\frac{1+T_{CC}\cdot s}{(1+T_α\cdot s)(1+T_β\cdot s)\cdot s}\right]\\&=L^{-1}\left(\frac{k_1}{s}+\frac{k_2T_α}{1+T_α\cdot s}+\frac{k_3T_β}{1+T_β\cdot s}\right)\end{aligned} \tag{3.25}$$

式中的k_1、k_2、k_3分别由下式给出：

$$k_1 = 1$$
$$k_2 = -1 - T_{CI}\Delta T / [(T_{CC} - T_{CI})^2 - 2T_{CI}\Delta T]$$
$$k_3 = T_{CI}\Delta T / [(T_{CC} - T_{CI})^2 - 2T_{CI}\Delta T]$$

于是，进行拉普拉斯变换，就可以计算电流$i(t)$相对于电流指令i^*的步进响应：

$$i(t) = [u(t) + k_2 e^{-t/T_\alpha} + k_3 e^{-t/T_\beta}] \cdot i^* \tag{3.26}$$

在式（3.26）中，请注意右侧的第3项。

首先，该式右侧第3项的增益k_3与因电机常数变化而产生的参数ΔT成正比。当电机常数变化大于10%时，不能忽视该影响。

其次，比例控制与积分控制的增益比T_{CC}（$=K_{CP}/K_{CI}$）被设计成与电机常数所决定的时间常数$T_C=L/R$一致。表示右侧第3项收敛性的时间常数T_β近似于T_{CC}，比电流控制系统的响应时间常数T_α大很多。这意味着本来不希望影响响应特性的右侧第3项，降低了电流控制系统的收敛性。

需要注意的是，作为控制对象的电机常数，有时候变化比较大，此时在比例积分控制中进行零点与极点的抵消控制，往往会影响到响应的收敛性。

再就是，有必要考虑电流控制系统所起的作用。在稳定状态下，电流i与指令电流i^*一致时或者与电流成正比的电机转矩τ_M处于所规定的稳定值时，可以有效地施加积分控制。但是，作为速度控制系统的一部分，在考虑副回路电流控制系统的情况下，如上所述，响应特性特别是收敛性会受到影响，有可能降低速度控制系统的特性。

综上所述，在电流控制系统的设计中，最重要的是，在留意检测电流特性的同时，不采用积分控制，通过增大电流控制系统的比例增益，提高响应特性，使电流与电流指令保持一致。通过设计这样的电流控制系统，可以防止电压限制器产生的过电压、使电流指令i^*在最大电流范围内而导致的过电流，从而有效降低控制对象的常数变化带来的影响。

本书在后续章节中，将以仅采用比例增益的电流控制系统为基础，进行说明。

3.4 速度控制

图3.5所示的方框图是将图3.4所示的电流控制作为局部反馈系统内置其中，

反馈电机转速ω_M的速度控制系统。此时可求出相对于速度指令ω^*，电机转速达到ω_M时的传递函数$H_S(s)$。另外，如图3.5(a)所示，在决定电流指令i^*的速度控制系统的输出部位，一般都设计有限制电流最大值和最小值的限制器。有了这种限制器，不用担心电机过电流，可以安心地设计控制系统。

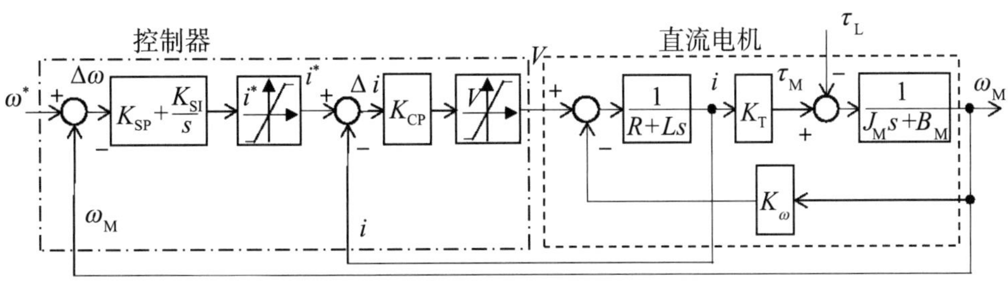

(a)电流控制系统的基本结构

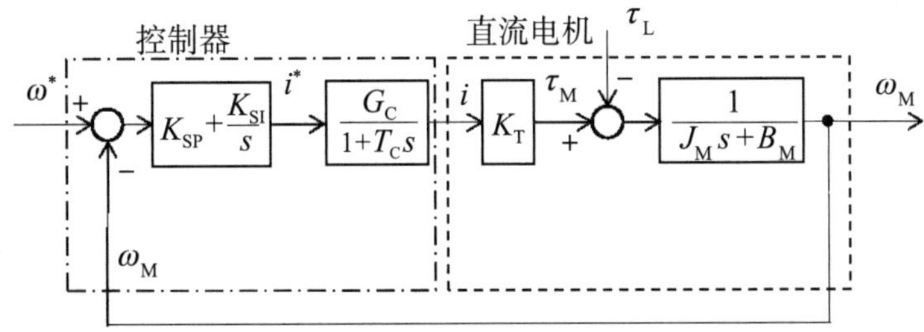

(b)追加电流传感器特性时

图3.5 速度控制系统的方框图

在该电流控制系统的方框图中，利用式（3.8）给出的传递函数，可以将图3.5(a)变换为图3.5(b)。在图3.5中，对于速度控制系统的增益，仍然需要用速度比例增益K_{SP}和速度积分增益K_{SI}进行比例积分控制。在这里，取$K_{SI}=0$，即仅进行比例控制的情况下，可以计算出传递函数$H_S(s)$：

$$
\begin{aligned}
H_S(s) &= \frac{K_{SP}G_C K_T}{K_{SP}G_C K_T+(1+T_C s)(B_M+J_M s)} \\
&= \frac{K_{SP}G_C K_T}{J_M T_C s^2+(B_M T_C+J_M)s+K_{SP}G_C K_T+B_M}
\end{aligned}
\tag{3.27}
$$

式中的T_S、G_S和T_C'分别由下式给出：

$$T_S=(B_M T_C+J_M)/(K_{SP}G_C K_T+B_M)$$
$$T_C'=J_M T_C/(B_M T_C+J_M)$$
$$G_S=K_{SP}G_C K_T/(K_{SP}G_C K_T+B_M)$$

将它们的结果代入式（3.27），可以使式子变成下面的样子：

$$H_S(s)=\frac{G_S}{(T_C'\cdot s+1)T_S\cdot s+1} \tag{3.28}$$

设$T_C<<J_M / B_M$，则可以近似得到

$$T_C'\approx T_C \tag{3.29}$$

由此将式（3.28）中的传递函数变形如下：

$$H_S(s)=\frac{G_S}{(T_{S1}s+1)(T_{S2}s+1)} \tag{3.30}$$

比较式（3.28）与式（3.30），下面两式成立：

$$T_S=T_{S1}+T_{S2} \tag{3.31}$$

$$T_C'\cdot T_S=T_{S1}\cdot T_{S2} \tag{3.32}$$

一般情况下，与速度控制系统的响应时间常数T_S相比，电流控制系统的响应时间常数T_C的设计目标约为1/5～1/10。因此，接近T_C的时间常数T_C'大约为T_S的n倍（$n<1$），用公式表示就是

$$T_C'=nT_S \tag{3.33}$$

将它与式（3.31）和式（3.32）联立，则

$$T_{S1}=[(1-a)/2]T_S \tag{3.34}$$

$$T_{S2}=[(1+a)/2]T_S \tag{3.35}$$

式中的a由下式给出：

$$a=(1-4n)^{1/2} \tag{3.36}$$

在式（3.36）中，当$n>1/4$时，会有2个虚根，因此控制系统是振荡的。由此可见，为了实现无振荡的稳定速度控制系统，至少必须满足$n\leqslant 1/4$。另外，在作为控制对象的电机摩擦系数B_M等参数变动的情况下，响应时间常数也会变化，在$n=1/4$的状态下，控制系统的极为2个虚根。也就是，由于参数的变化，控制系统会产生振荡。因而，为了给设计留有余地，最好控制在$n\leqslant 1/5$的水平。

在这种状态下的传递函数$H_S(s)$之中，相对于电机转速指令ω^*的电机转速ω的步进响应可以由拉普拉斯逆变换求得：

$$\omega(\mathrm{t}) = L^{-1}[H_S(s)\cdot(1/s)] = L^{-1}\left[\frac{G_S}{(1+T_{S1}\cdot s)(1+T_{S2}\cdot s)\cdot s}\right]$$
$$= L^{-1}\left(\frac{k_1}{s} + \frac{k_2 T_{S1}}{1+T_{S1}\cdot s} + \frac{k_3 T_{S2}}{1+T_{S2}\cdot s}\right) \quad (3.37)$$

式中的k_1、k_2、k_3分别由下式给出：

$$k_1 = G_S$$

$$k_2 = 0.5\,G_S\left(\frac{1}{\sqrt{1-4n}} - 1\right)$$

$$k_3 = -0.5\,G_S\left(\frac{1}{\sqrt{1-4n}} + 1\right)$$

于是，相对于电机转速指令ω*的电机转速ω的步进响应则为

$$\omega(t) = [k_1 u(t) + k_2 e^{-t/T_{S1}} + k_3 e^{-t/T_{S2}}]\cdot\omega^* \quad (3.38)$$

当然，这显示了速度控制系统的二阶滞后特性，在式（3.38）中支配速度控制系统响应特性的主要是第3项。也就是说，时间常数$T_{S2}\{[1+(1-4n)^{1/2}]T_{S2}\}$决定了速度控制系统的响应特性。又由于$T_S \approx T_C/n$，因此在电流控制系统的时间常数$T_C$恒定的时候，$n$值的数值应当取得尽可能地大，因为$n$取得大的时候$T_S$就会变小。

于是，速度时间常数T_S与电流时间常数T_C的比值n，如前所述，最好设定为

$$1/10 \leqslant n(=T_C/T_S) \leqslant 1/5 \quad (3.39)$$

关于这一点，从理论上可以得以说明。

经过如此设定，在考虑速度控制系统的特性时，可以不顾及电流控制系统的响应时间常数T_C，只要考虑时间常数T_S的一阶滞后系统就行了。也就是说，如果从处理速度控制系统的时间感上进行考虑，可以取一个极端情况，设电流控制系统的时间常数取为0，就能够看到增益G_C的特性了。

注意，这不仅是速度控制系统与电流控制系统之间的关系，而且还是一般主反馈控制系统与内部的局部反馈控制系统之间的共同关系。因而，在将速度控制系统作为局部反馈的位置反馈系统的场合下，它们各自的响应时间常数分别为T_S、T_P时，选择

$$1/10 \leqslant T_S/T_P \leqslant 1/5 \quad (3.40)$$

可以说是比较理想的。

关于上述的速度控制，是在积分增益$K_{SI}=0$时进行讨论的。在这种场合下，即使速度比例增益K_{SP}设置得再大（也就是把T_S设定得很小），把速度控制系统的增益G_S变为$[K_{SP}G_CK_T/(K_{SP}G_CK_T+B_M)]$，随着电机摩擦系数$B_M$的增大，速度控制系统的增益$G_S$也只是从1开始稍微变小。因此，在稳定状态下，电机转速ω虽然仅比速度指令ω^*小一点点，但也意味着电机转速ω与速度指令ω^*不一致。而且，在负载转矩$\tau_L\neq 0$时，电机转速ω受的影响会更严重些。

设定速度积分增益K_{SI}，可以通过速度控制系统使稳定状态下的电机转速ω与速度指令ω^*相一致。

但是，像移动机器人那样，以高精度定位为目标的场合下，不一定需要设定速度控制积分增益K_{SI}，即使取$K_{SI}=0$，通常也没什么问题。

要想提高响应性，需要将速度比例增益K_{SP}设定得大一些，使得T_S变小。不过，就像在电流控制系统中介绍过的那样，速度传感器检测特性应该是一个比T_S小得多的时间常数。

这种控制系统一般存在于要求高速响应的伺服电机等电机控制系统中，理解这一点是很重要的。

第4章
控制理论概述

上一章介绍了电机控制的最基本的思考方法。本章要介绍的是将控制方式扩展时所必需的最小限度的控制理论。

首先，概述多变量控制理论中最简单的状态反馈控制。其次，在多变量控制理论中，介绍将控制设计论进行理论扩展的补偿极限型控制器，以及实际应用这些理论时应当注意的点。在此基础上，考察了内置局部反馈控制结构的多重反馈控制技术。

4.1 状态反馈控制[32,33]

下面简要介绍一下半个世纪以前就被人们所熟知的线性多变量控制理论。

首先，导出这种线性多变量控制理论的状态方程式和输出方程式。我们把图4.1所示的由电机M驱动的负载L作为控制对象来考虑。上一章，我们已经介绍过电机的方程式，这里为了简化起见，假设具有惯性力矩J_M（kg・m^2）的电机产生τ_M（N・m）的电机转矩。也就是说，从作为对象的控制系统的时间感觉来看，高速进行电流控制，能够瞬间输出与电机电流成正比的电机转矩τ_M。

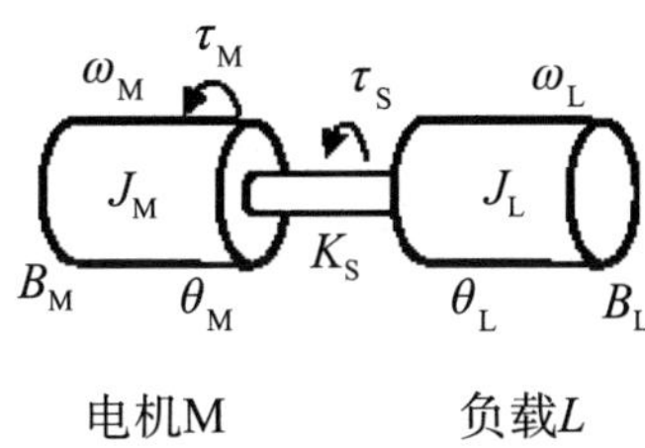

图4.1　电机与负载

如果电机转速为ω_M（rad/s）、电机的摩擦系数为B_M（N・m・s/rad）、轴的转矩为τ_s（N・m），那么此时它们具有如下关系：

$$\tau_M = J_M \cdot d\omega_M / dt + B_M \cdot \omega_M + \tau_S \tag{4.1}$$

其中，轴旋转而产生的轴转矩τ_s可以用下式表示：

$$K_S \cdot (\omega_M - \omega_L) = d\tau_S / dt \tag{4.2}$$

$$\tau_S = J_L \cdot d\omega_L / dt + B_L \cdot \omega_L \tag{4.3}$$

式中，K_s（N・m/rad）表示电机轴的刚性系数，J_L（kg・m^2）是负载的惯性力矩，ω_L（rad/s）是负载转速，B_L（N・m・s/rad）是负载的摩擦系数。

如果这些公式用方框图表示，则如图4.2所示。这里的s表示拉普拉斯变换因子。据此，可以将式（4.1）~式（4.3）改写为式（4.4）~式（4.6）。

$$d\omega_M / dt = -(B_M / J_M) \cdot \omega_M - (1/J_M)\tau_S + (1/J_M)\tau_M \tag{4.4}$$

$$d\tau_S / dt = K_S \cdot \omega_M - K_S \cdot \omega_L \tag{4.5}$$

$$d\omega_L / dt = (1/J_L)\tau_S - (B_L / J_L) \cdot \omega_L \tag{4.6}$$

这里，将该控制对象的输入$\boldsymbol{u}$设为电机转矩τ_M，输出$\boldsymbol{y}$设为负载的转速ω_L，

影响输出$\boldsymbol{y}$的控制系统内部的变量称为状态变量$\boldsymbol{x}$。在本例中，ω_M、τ_S、ω_L都是状态变量。在这种情况下，将式（4.4）~式（4.6）归纳为矩阵的形式，则如下所示：

$$\mathrm{d}\boldsymbol{x}/\mathrm{d}t = \boldsymbol{Ax} + \boldsymbol{Bu} \tag{4.7}$$

$$\boldsymbol{y} = \boldsymbol{Cx} + \boldsymbol{Du} \tag{4.8}$$

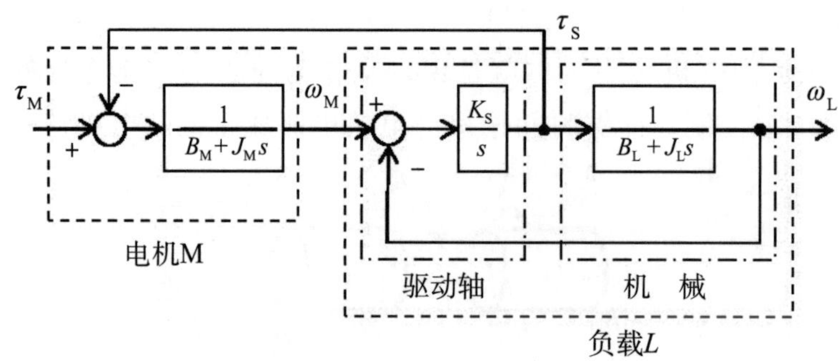

图4.2　电机与负载的方框图

在这里，状态变量$\boldsymbol{x}$、输入$\boldsymbol{u}$、输出$\boldsymbol{y}$、矩阵$\boldsymbol{A}$、$\boldsymbol{B}$、$\boldsymbol{C}$、$\boldsymbol{D}$分别如下所示：

$$\boldsymbol{x} = [\omega_M \quad \tau_S \quad \omega_L]^T$$

$$\boldsymbol{u} = [\tau_M]$$

$$\boldsymbol{y} = [\omega_L]$$

$$\boldsymbol{A} = \begin{bmatrix} -B_M/J_M & -1/J_M & 0 \\ K_S & 0 & -K_S \\ 0 & 1/J_L & -B_L/J_L \end{bmatrix}$$

$$\boldsymbol{B} = [1/J_M \quad 0 \quad 0]^T$$

$$\boldsymbol{C} = [0 \quad 0 \quad 1]^T$$

其中，$[\ ]^T$是转置矩阵。

式（4.7）表示的是进行控制时，控制对象的状态变量$\boldsymbol{x}$将如何变化，称为状态方程式。式（4.8）被称为输出方程式，是在状态变量$\boldsymbol{x}$中，将能够从外部观察到的状态变量表示为输出$\boldsymbol{y}$。在图4.1的系统中，矩阵$\boldsymbol{A}$、$\boldsymbol{B}$、$\boldsymbol{C}$、$\boldsymbol{D}$全部仅由常数构成，这样的控制系统被称作线性控制系统。用方框图表示这种线性控制系统，则如图4.3所示。在图4.2所示的系统中，虽然$\boldsymbol{D} = 0$，但在进行一般控制的系统中，即使输入$\boldsymbol{u}$不会直接成为输出$\boldsymbol{y}$，也没有什么问题。出于这种原因，下面我们就来专门处理$\boldsymbol{D} = 0$（零向量）的系统。

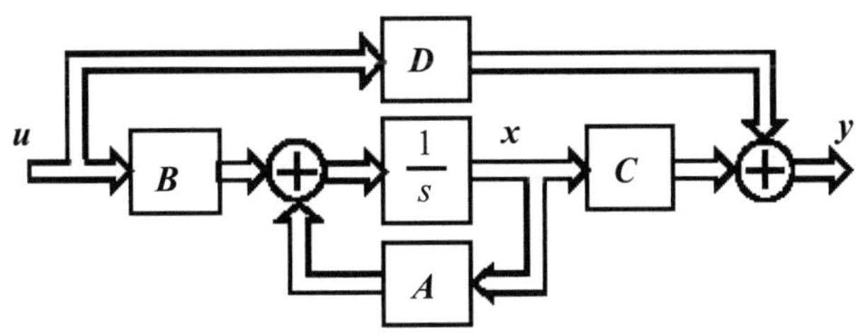

图4.3 线性系统及其负载的方框图

状态方程式（4.7）、输出方程式（4.8）是由式（4.1）~式（4.3）变换整理而来，这意味着是同一个系统，乍一看好像是无用的。当然，状态方程式、输出方程式的导出还是很有实际意义的，通过分析矩阵$\boldsymbol{A}$、$\boldsymbol{B}$、$\boldsymbol{C}$，就可以统一把握控制对象的特性。这里，虽然省略了详细说明，但是可以根据矩阵$\boldsymbol{A}$、$\boldsymbol{B}$、$\boldsymbol{C}$预先检查从输出$\boldsymbol{y}$来观测控制对象状态变量$\boldsymbol{x}$的能观性、通过输入$\boldsymbol{u}$来控制状态变量$\boldsymbol{x}$达到预定值的能控性。截至目前，介绍多变量控制技术的文献有很多，如果想详细了解这方面的内容，请参考文献［32］，［33］。

接下来我们解释一下状态反馈控制。在确认了控制对象的能控性的系统中，通过反馈所有状态变量，可以将控制系统的所有极值设定为任意值。

图4.4示出的是反馈控制系统的方框图。该反馈控制系统是，将传感器测量到的控制对象的状态变量$\boldsymbol{x}$，乘以反馈增益$\boldsymbol{F}$，得到反馈量；将指令$\boldsymbol{v}$乘以前馈增益$\boldsymbol{G}$，得到前馈量；然后将这两个馈量之和作为输入$\boldsymbol{u}$，进行控制。于是，其反馈输入$\boldsymbol{u}$就可以由式（4.9）给出：

$$\boldsymbol{u}=\boldsymbol{F}\boldsymbol{x}+\boldsymbol{G}\boldsymbol{v} \tag{4.9}$$

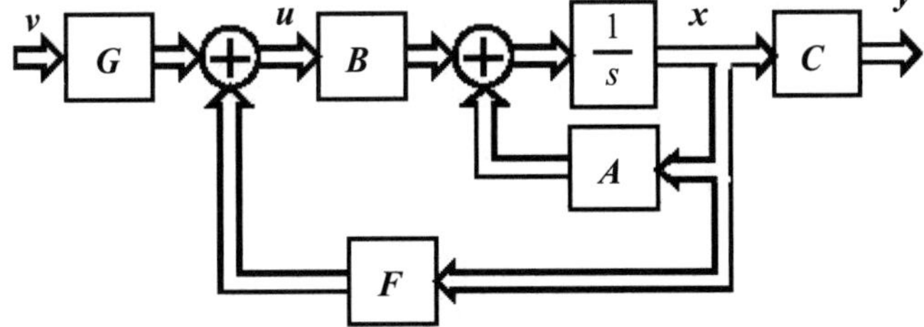

图4.4 反馈控制系统的方框图

此时，对于图4.2的控制对象，进行状态反馈控制的方框图变为了图4.5的样子。其中，指令$\boldsymbol{v}$、反馈增益$\boldsymbol{F}$、前馈增益$\boldsymbol{G}$分别为

$$\boldsymbol{v}=[\omega_{\mathrm{L}}^{*}],\quad \boldsymbol{F}=[f_1\ \ f_2\ \ f_3],\quad \boldsymbol{G}=[g]$$

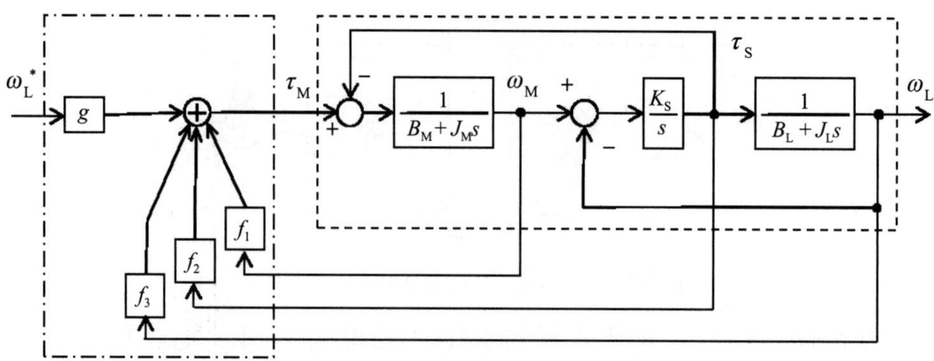

图4.5　电机与负载的状态反馈控制

在这里，对应于指令v的输出y的响应特性，可以通过展开式（4.7）~式（4.9）的方式求得。其中，取$\boldsymbol{D}=0$。首先，将式（4.9）代入式（4.7），经变形得

$$(s\boldsymbol{I}-\boldsymbol{A})\boldsymbol{x}=\boldsymbol{B}(\boldsymbol{F}\boldsymbol{x}+\boldsymbol{G}\boldsymbol{v})$$
$$(s\boldsymbol{I}-\boldsymbol{A}-\boldsymbol{B}\boldsymbol{F})\boldsymbol{x}=\boldsymbol{B}\boldsymbol{G}\boldsymbol{v}$$

接下来，用式（4.8）的状态变量$\boldsymbol{x}$置换上式，得到

$$\boldsymbol{y}=\boldsymbol{C}\boldsymbol{x}=\boldsymbol{C}(s\boldsymbol{I}-\boldsymbol{A}-\boldsymbol{B}\boldsymbol{F})^{-1}\boldsymbol{B}\boldsymbol{G}\boldsymbol{v}$$

对应于指令v的输出y的传递函数$H(s)$则变成下式：

$$H(s)=\boldsymbol{y}/\boldsymbol{v}=\boldsymbol{C}(s\boldsymbol{I}-\boldsymbol{A}-\boldsymbol{B}\boldsymbol{F})^{-1}\boldsymbol{B}\boldsymbol{G} \tag{4.10}$$

其中，$\boldsymbol{I}$是单位矩阵，即

$$\boldsymbol{I}=\begin{bmatrix}1 & 0 & \cdots & 0\\ 0 & 1 & \ddots & \vdots\\ \vdots & \ddots & \ddots & 0\\ 0 & \cdots & 0 & 1\end{bmatrix}$$

图4.5中相对于速度指令ω^*的负载速度ω的传递函数$H(s)$可以通过式（4.10）求出：

$$\begin{aligned}H(s)&=\boldsymbol{C}(s\boldsymbol{I}-\boldsymbol{A}-\boldsymbol{B}\boldsymbol{F})^{-1}\boldsymbol{B}\boldsymbol{G}\\&=[0\ \ 0\ \ 1]\,\mathrm{adj}(s\boldsymbol{I}-\boldsymbol{A}-\boldsymbol{B}\boldsymbol{F})[g/J_M\ \ 0\ \ 0]^{\mathrm{T}}/\det(s\boldsymbol{I}-\boldsymbol{A}-\boldsymbol{B}\boldsymbol{F})\\&=\frac{[s+(1-f_2)K_S/f_3]\cdot f_3\cdot g/J_M^2}{\begin{aligned}&s^3+(B_M J_L+B_L J_M-J_L f_1)/(J_M J_L)s^2\\&+\{[K_S(J_M+J_L-J_L f_2)+B_M B_L-B_L f_1]/(J_M J_L)\}s\\&+[(B_M-f_1-f_3)+B_L(1-f_2)]K_S/(J_M J_L)\end{aligned}}\end{aligned} \tag{4.11}$$

这里，传递函数$H(s)$的极值ω_1、ω_2、ω_3如下设定：

$$H(s)=\frac{\omega_{10}\cdot\omega_{20}\cdot(s+\omega_{30})}{(s+\omega_1)(s+\omega_2)(s+\omega_3)} \tag{4.12}$$

则反馈增益f_1、f_2、f_3，以及前馈增益g可按照下面几个式子取值：

$$f_1=-J_M(\omega_1+\omega_2+\omega_3)+B_M+B_L(J_M/J_L) \tag{4.13}$$

$$\begin{aligned}f_2=&1-[(\omega_1\omega_2+\omega_2\omega_3+\omega_3\omega_1)J_M/K_S]\\&+B_L(B_M-f_1)/(J_L\cdot K_S)+(J_M/J_L)\end{aligned} \tag{4.14}$$

$$f_3=-\omega_1\omega_2\omega_3 J_M J_L/K_S+B_L(1-f_2)+B_M-f_1 \tag{4.15}$$

$$g=\omega_{10}\omega_{20}J_M^2/f_3 \tag{4.16}$$

传递函数$H(s)$的零点ω_{30}按照下式计算：

$$\omega_{30}=(1-f_2)K_S/f_3 \tag{4.17}$$

由此可知，通过反馈所有状态$\boldsymbol{x}$，传递函数$H(s)$的极值ω_1、ω_2、ω_3可以任意设定。

在状态$\boldsymbol{x}$中，有时有一部分状态不能直接通过传感器检测，此时如果确认了控制系统的能观性，则可以通过输出$\boldsymbol{y}$和能够检测出的状态$\boldsymbol{x}$，来推定无法检测的那部分状态$\boldsymbol{x}$。推定状态的推定值$\boldsymbol{q}$，收敛于状态$\boldsymbol{x}$。如此一来，即使$\boldsymbol{x}$的值有一部分检测不出，也可以同状态反馈控制一样，得到所希望的响应，传递函数$H(s)$的极值几乎可以任意设定。

需要注意的是，与基于反馈控制的传递函数相比，状态观测器的推断多多少少会慢一点。

★专栏：使用二次型评价函数的最优控制的问题

现代控制理论的提出已经过去几十年了，笔者通过学习控制理论受益匪浅，因而叩开了控制技术的大门。关于现代控制理论，已有众多文献出版，最优控制所介绍的方法大多采用二次型评价函数，其时间响应特性大多是超调的。在评价函数为二次型的情况下，从理论上讲，得出这样的响应是可以理解的。

像本书所描述的那样，在进行移动机器人定位控制的场合下，避免超调是其基本要求。另外，在设定的最高速度和最大转矩（驱动力）规格下，在基于最优控制的速度控制中，以最高速度进行驱动，其最高速度也容易超调。

也有人指出，最好不要选择二次型的函数作为评价函数，但是，笔者不知道除此之外还有什么其他的评价函数来解释最优控制。

在这里，希望研究控制技术的诸位同仁，务必找到一个不超调的评价函数，提出一个最优控制方案。

4.2　补偿极限型控制[34, 35]

前节已经讲过，作为控制对象的状态$\boldsymbol{x}$中，当由状态观测器推定若干状态并用于反馈控制时，控制系统的频率特性在反馈所有状态$\boldsymbol{x}$的状态反馈控制中是不同的。因此，田川先生提出了一种设计方法，对于确认了能控性和能观性的控制系统来说，即使在控制对象的状态中不能检测到一些状态，也可以设计出与反馈所有状态量的状态反馈控制相同的控制特性，这种方法称为“补偿极限型控制”，详见参考文献［35］。非常遗憾，这个名字似乎妨碍了田川先生这种优秀设计理论的普及，在这里笔者斗胆给大家介绍一下。

图4.6示出了采用补偿极限型控制器的控制系统方框图。实践已经证明，通过该控制系统，只要是在逻辑上可以实现的线性控制系统，都可以采取相同的程序进行设计。在这里，所谓“在逻辑上可以实现”，其含义是“不用微分器，仅依靠增益和积分器就可以实现”。即状态反馈控制、使用状态观测器的控制也包含在补偿极限型控制器之中。换句话说，所有的线性控制器本身都可以称为补偿极限型控制器。

状态方程和输出方程分别由式（4.7）和式（4.8）给出的控制对象（这里的$\boldsymbol{D}=0$，状态数取n）中，可以测量的状态$\bar{\boldsymbol{y}}$是m个输出$\boldsymbol{y}$与状态$\boldsymbol{x}$的线性组合，可以由下式给出。其中，假设输出$\boldsymbol{y}$只有1个。

$$\bar{\boldsymbol{y}}=\bar{\boldsymbol{c}}\boldsymbol{x} \tag{4.18}$$

式中，$\bar{\boldsymbol{c}}$是增益矩阵，$\bar{\boldsymbol{c}}\in\boldsymbol{R}^{m\times n}$。

控制系统的目的是，从指令$\boldsymbol{r}$到输出$\boldsymbol{y}$之间的传递函数$H_{\mathrm{ry}}(s)$与从外部干扰$\boldsymbol{q}$到输出$\boldsymbol{y}$之间的传递函数$H_{\mathrm{qy}}(s)$能够分别独立设计。在这里，仅针对传递函数$H_{\mathrm{ry}}(s)$进行说明。

在图4.6中，指令r与输出$\boldsymbol{y}$的偏差$\boldsymbol{\varepsilon}$作为参数输入p个积分器，因此该控制系统称为p型。例如，0型控制系统，其阶跃响应可能会产生稳态偏差；1型控制系统，其阶跃响应的稳态误差为0；2型控制系统，其斜坡响应的稳态偏差为0。

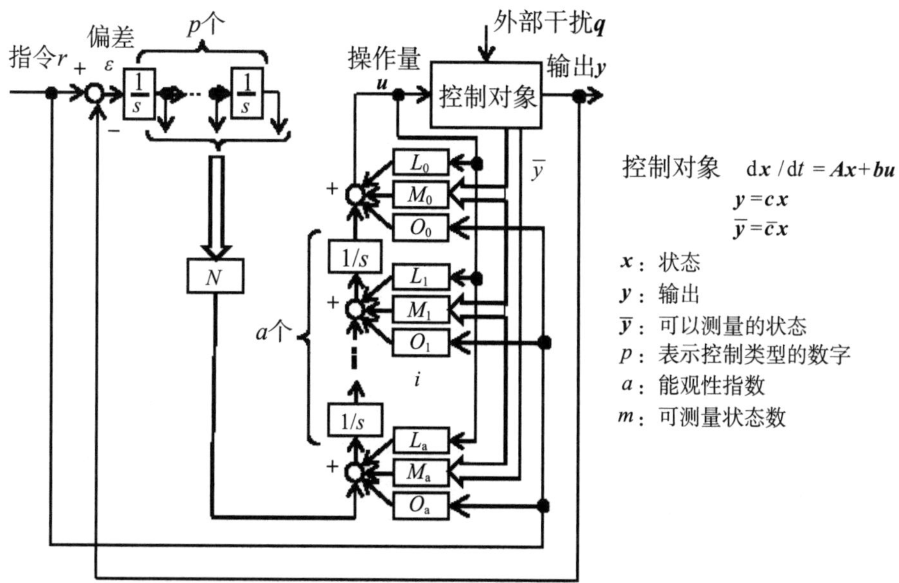

图4.6 采用补偿极限型控制器的控制系统方框图

另外，图4.6所示的输入$\boldsymbol{u}$的前面插入的积分器的个数a，可以由下式给出的能观性指数确定：

$$a=\min=\left\{k\left|\operatorname{rank}\begin{bmatrix}\bar{\boldsymbol{C}}\\ \bar{\boldsymbol{C}}\boldsymbol{A}\\ \bar{\boldsymbol{C}}\boldsymbol{A}^k\end{bmatrix}=n\right.\right\} \tag{4.19}$$

所谓能观性指数a，是指计算$\bar{\boldsymbol{y}}$和用微分器无法测量的状态$\boldsymbol{x}$时所需要的最少微分器个数。

例如，在图4.5的控制系统中，我们来考察轴的转矩检测不出来的情况。因为图4.5的控制系统是0型控制系统，所以$p=0$。另外，能够测量的状态函数$\bar{\boldsymbol{y}}=[\omega_{\rm M},\omega_{\rm L}]^{\rm T}$，因此根据式（4.18），可以把$\bar{\boldsymbol{c}}$表示为式（4.20）。

$$\bar{\boldsymbol{C}}=\begin{bmatrix}1&0&0\\0&0&1\end{bmatrix} \tag{4.20}$$

如前所述，状态方程的矩阵$\boldsymbol{A}$可以表示如下：

$$\boldsymbol{A}=\begin{bmatrix}-B_{\rm M}/J_{\rm M}&-1/J_{\rm M}&0\\K_{\rm S}&0&-K_{\rm S}\\0&1/J_{\rm L}&-B_{\rm L}/J_{\rm L}\end{bmatrix} \tag{4.21}$$

因而，把矩阵$\boldsymbol{A}$和$\bar{\boldsymbol{C}}$带入式（4.19），就会得到$a=1$。

由此可知，如果图4.6的控制系统适用于图4.5，那么采用补偿极限型控制器的控制系统就可以构成图4.7(c)的结构。如果采用这个系统，它就会具有与图4.5所示的状态反馈控制相同的传递函数$H(s)$，也就是可能与式（4.12）一致。

我们现在用图4.7(a)、(b)来说明使用补偿极限型控制器进行设计的原理。

首先，由于能观性指数$a = 1$，因此如图4.7(a)所示，在输入为u的电机转矩τ_M之前插入一个积分器，作为该积分器输出的电机转矩τ_M的状态$\boldsymbol{x}$被看成1，全部的状态$\boldsymbol{x}$都反馈给积分器的输入。

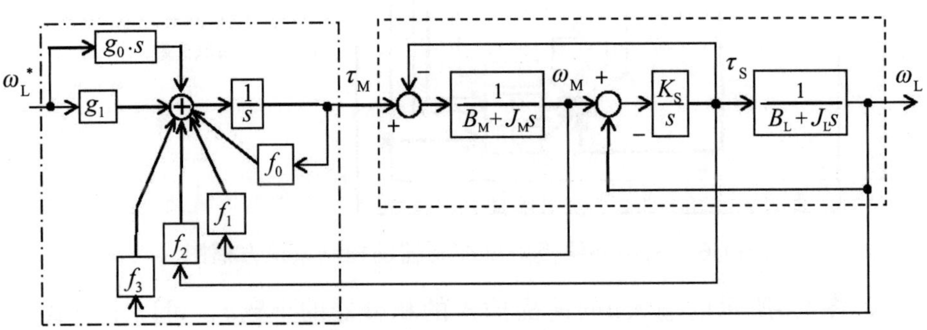

(a)追加能观性指数(a=1)积分的状态反馈控制

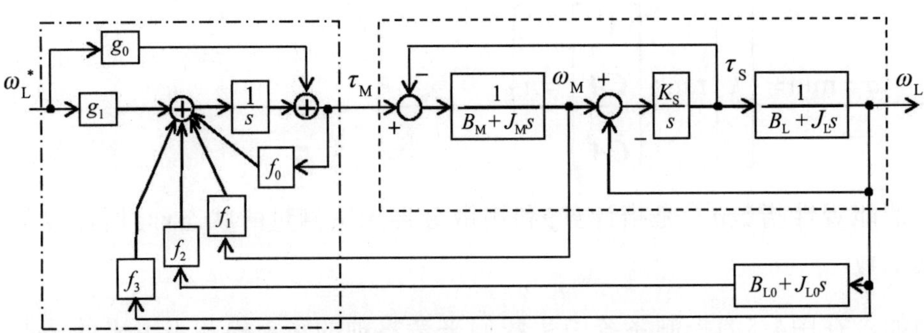

(b)用负载速度ω_L取代轴转矩τ_S时的控制

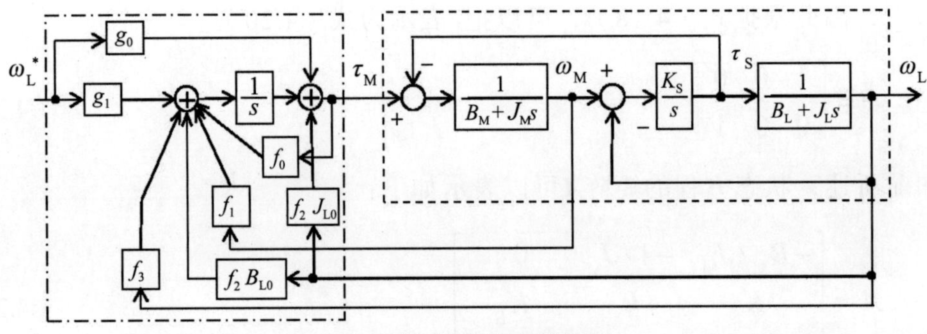

(c)不进行微分处理的控制

图4.7　向使用补偿极限型控制器的控制系统的变形

就像前文介绍的那样，在进行状态反馈控制的场合，控制系统的全部极值都可以任意配置。也就是说，可以利用反馈增益f_0、f_1、f_2、f_3任意设计ω_1、ω_2、ω_3、ω_4四个极值。

另外，在图4.7(a)中，指令r的速度指令ω_L*与增益g_1的乘积加上其微分$s\omega_L$与增益g_0的乘积输入积分器。通过这个前馈控制，就可以根据g_1/g_2设计控制系统的零点。

根据以上介绍，如果采用图4.7(a)的控制系统，那么就可以得到指令r（速度指令ω_L*）到其输出$\boldsymbol{y}$（负载速度ω_L）之间的传递函数$H(s)$：

$$H(s)=\frac{\omega_{10}\cdot\omega_{20}\cdot(s+\omega_{30})(s+\omega_{40})}{(s+\omega_1)(s+\omega_2)(s+\omega_3)(s+\omega_4)} \tag{4.22}$$

上面已经说过，极值ω_1、ω_2、ω_3、ω_4，可以利用反馈增益f_0、f_1、f_2、f_3任意设定。进而，通过增益g_0和g_1设定的零点ω_{40}如果可以设定为$\omega_{40}=\omega_4$的话，那么就可以设计成与式（4.12）同样的特性了。

接下来，我们讨论在状态$\boldsymbol{x}$之中，轴转矩τ_s不可检测的情况。一般来说，使用状态观测器可以解决许多问题，但是在补偿极限型控制理论的场合，如图4.7(b)所示，使用负载速度ω_L代替轴转矩τ_s：

$$\tau_S=(B_{LO}+J_{LO}s)\omega_L \tag{4.23}$$

并将其乘以反馈增益f_2进行反馈。然后，取代速度指令ω_L*的前馈控制的微分计算，将速度指令ω_L*与增益g_0的乘积输入积分器的输出侧。因为这样的处理不会给控制系统带来影响，所以当反馈增益B_{LO}和J_{LO}分别与控制对象的负载摩擦系数B_L和负载惯性矩J_L一致时：

$$B_{LO}=B_L,\ J_{LO}=J_L$$

图4.7(b)的传递函数与图4.7(a)的传递函数等值。

另外，如图4.7(c)所示，即使取代式（4.23）进行微分处理，将反馈量$f_2\cdot J_{LO}\cdot\omega_L$输入到积分器的输出侧，传递函数的特性也不会发生变化。

也就是说，采用图4.7(c)所示的补偿极限型控制器的控制系统，不进行微分处理，也能够实现式（4.22）的传递函数。而且，在满足$\omega_{40}=\omega_4$的设计中，随着零点与极点的相互抵消，可以获得与式（4.12）相同的特性。

以上方法就是补偿极限型控制理论的概要，由此可知，在能控性、能观性都得到确认的控制系统中，可以统一实施理论上可行的控制系统设计。但是，在设计线性控制系统的时候，有必要注意以下事项：

（1）在控制对象的参数与设计值不同或者发生了变化的场合，传递函数$H(s)$会不符合设计要求，零点与极值不能完全抵消。当零点与极值不一致时，就会像前面的章节所说的那样，反而使控制的建立时间变长。因此，预先评估控制对象参数的鲁棒性，对于控制系统的设计是非常重要的。

（2）随着控制系统设计的不同，最内侧的反馈增益f_0会变大，控制系统的频率特性也会受到控制器采样频率的限制。也就是说，基于补偿极限型控制的设计方法，其特点是追加与能观性指数相同个数的积分器，这就导致反馈控制输出受其自身所限。

另外，对于包括状态反馈控制、补偿极限型控制在内的有关线性控制系统的设计，如何考虑物理限制在实际的控制系统中是十分重要的。

4.3　多重反馈控制

前面介绍的多变量控制理论、补偿极限型控制理论都是以线性为前提的，而实际上为了适用于不同的现场状况，我们不得不考虑物理上的制约条件。

为此，大部分实用化了的控制系统都像第3章所介绍的那样，均以“古典控制理论”的1输入1输出的反馈控制为基础。对于指令与输出之间的误差，则采用乘以比例增益的比例增益控制或者由比例运算与积分运算构成的PI（比例积分）控制。

在图4.8（a）所示的位置控制系统中，反馈位置信息的位置控制环内侧，内置有图3.5所示的反馈速度信息的速度控制及电流反馈控制。其速度控制系统和电流控制系统的结构与图3.5几乎相同，只不过电流比例增益K_{CP}与电流限制器、速度比例增益K_{SP}与限速器，都分别用一个方框显示。

在该控制系统中，为了使位置θ_M能够与位置指令θ^*相一致，不残留稳态误差，大多进行PI控制。因此，如图4.8所示，仅以比例控制对在其内侧的速度控制、电流控制进行控制。在进行位置控制的过程中，根据是否需要使速度与速度指令完全一致，来判断是否采用积分控制。在图4.8中，对于速度控制，没有采用积分控制。就像第3章介绍的电流控制那样，积分控制会因参数的变动而使控制特性下降，这一点必须予以注意。

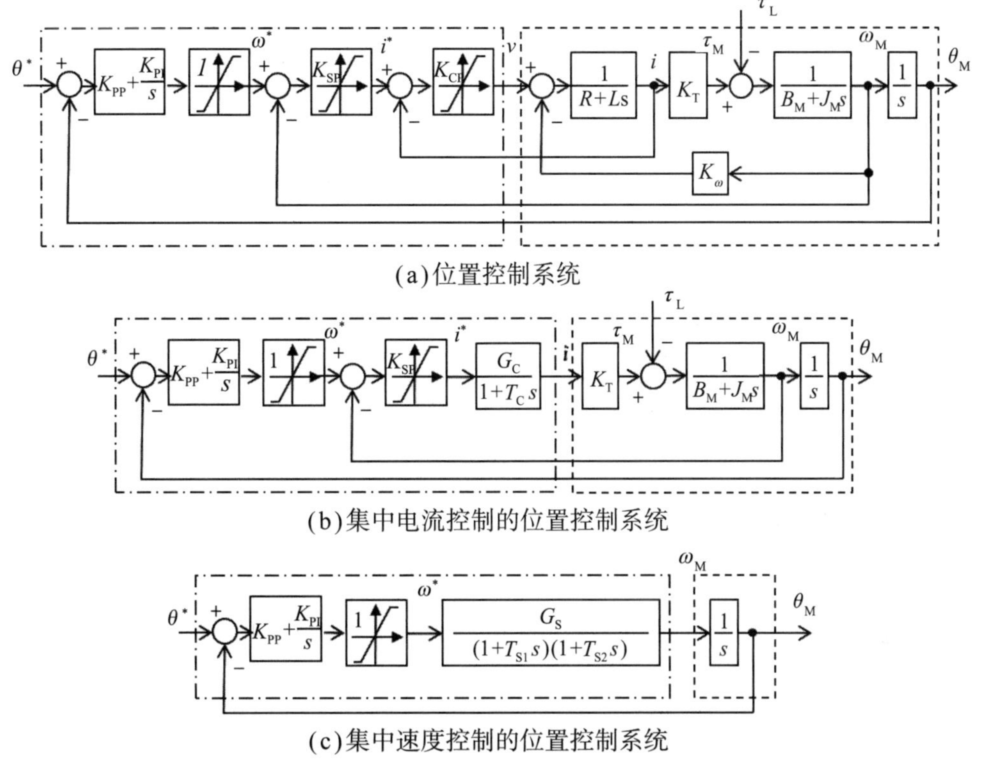

(a)位置控制系统

(b)集中电流控制的位置控制系统

(c)集中速度控制的位置控制系统

图4.8　多重反馈控制系统

在图3.5的说明里也已经讲到过，确定速度控制增益K_{SP}的方法是，相对于电流控制的时间常数T_C，速度控制系统的时间常数T_S设定为T_C的5～10倍，由此可以排除掉电流控制系统对特性的影响。同样道理，相对于速度控制系统的时间常数T_S，位置控制系统的时间常数T_P，最好也设置为T_S的5～10倍。在设计位置比例增益K_{PP}的时候，只要考虑到这一点，就可以设定时间常数T_P了。如果能够这么设定，就可以明确各控制系统分别承担的不同作用了。例如，位于电流控制系统内部的电机电路参数、电阻R、电感L的变化、电机速度ω_M变化引起的转矩变动产生的影响等，可以利用电流控制进行扼制。如果这些参数给控制系统造成不良影响，可以认为电流控制系统的设计有问题。在过电压和过电流导致控制停止的场合，可以认为是电流控制系统设计的软件瑕疵所致。

速度控制在抑制负载转矩的负载特性以及惯性力矩J_M的影响方面担负着主要作用。其中，位置精度的影响等，通常不能只考虑位置控制系统，有时候在设计时也要考虑速度控制系统的特性。对于移动机器人，如果电流控制系统的时间常数T_C设计为1ms，速度控制系统的时间常数T_S设计为10ms，要是没有其他特殊要求的话，可以认为能够对其进行移动控制了。

像图4.8那样采用多重反馈控制系统的场合，在输出各种反馈控制系统运算结果的位置设置限制器，可以自动切换控制方法。

在位置指令θ^*发生大幅阶跃变化时，为了获得最大的加速度，作为限速器输出的速度指令ω^*变为最大速度值，作为限流器输出的电流指令i^*变为最大电流值，此时，仅有电流控制系统起作用。如果电机速度ω_M加速，接近最高速度的速度指令ω^*时，电流指令i^*开始从最大电流值往下减小，此时，控制系统会自动地切换到速度控制系统。电机以最高速度继续旋转时，如果位置θ_M接近位置指令θ^*，那么速度指令ω^*就会在限速器的作用下变小，此时，控制系统将从单一的速度控制切换到位置控制系统。

如上所述，图4.8所示的控制系统能够随时随地将控制系统自动切换成可以适应当前情况的控制系统。

在图4.8中，如果各种各样的状态量都是比较小的值，就不会受到限制器的限制，因此就变成了线性控制系统，于是就与4.1节和4.2节所讲的用状态反馈控制、补偿极限型控制设计出的控制系统一样了。

在构筑实际的控制系统时，就像这里所讲的那样，在物理制约条件中，对于任何情况，系统都能够自动地判断并做出应对才是最重要的。

第5章

移动机器人控制技术基础知识

要想使AGV移动，首先要设置引导线，以使其沿着设定路径行走。为此，需要测量AGV到引导线的距离（实际上是AGV的传感器到引导线的距离），并把该距离作为0，这样就可以一边使AGV移动，一边进行控制。但是，在没有引导线的自主移动机器人的场合，就会变得不知所措，也就是说在对其进行控制的时候应该发出什么样的指令才好。

自主移动机器人以往目的地运送物品为目的，从开始移动的起点到移动停止的终点，经由若干个通过点，沿着给它预先设定的路径自主地移动，这是其必须具备的基本功能。除了移动机器人跟踪移动物体或一边随机移动一边扫地的场合外，路径一般是在移动机器人开始移动前预先设定的。

本章首先确定使移动机器人移动的目标，也就是设定相当于AGV引导线的假想路径，这里我们称之为目标路径；接着相对于该假想目标路径，介绍评价移动机器人的移动路径、移动路径状态的方法；然后介绍给移动机器人下达目标指令的方法；最后介绍若干使移动机器人沿着目标指令移动的路径跟踪控制方法[36, 37, 38, 39, 40]。

5.1 目标路径与移动机器人控制的评价指标

目标路径：一条从起点到终点，包含直线在内的任意曲率的曲线不间断地连接起来的线条，用来表示移动机器人按照指定的目标所移动的轨迹。在AGV的场合下，是以在现场设置引导线的方式设定目标路径的；在不采用引导方式的移动机器人的场合，在软件中在与现实空间相对应的虚拟空间上设定目标路径。为了与引导线的称呼相对应，在虚拟空间中设定目标路径称为虚拟线。

图5.1示出的是移动机器人移动时作为基准的目标路径，以及实际移动时的移动轨迹。

作为前提条件，移动机器人的位置、角度必须与起点的矢量$\boldsymbol{S}$一致。至于那些起点矢量与机器人的位置不一致时的应对方法，则是构筑移动机器人控制系统的时候必须面对的重要课题，在这里不予讨论。

关于移动机器人的位置、角度，就像在第2章介绍过的那样，把它作为旋转中心。一般说来，在移动机器人中，用于测量位置的传感器未必就设置在旋转中心，但为了评价控制性能，设置在旋转中心被认为是比较妥当的。另外，在引导式AGV的场合，位置传感器位于比旋转中心更贴近行进方向的位置上，否则控制就会不稳定。因此必须意识到，引导式AGV的引导起点与引导终点，与AGV的旋转中心可能是不同的。

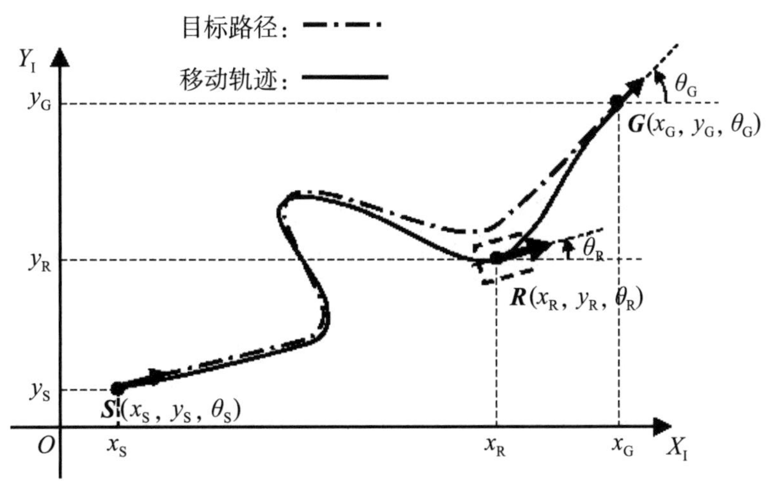

图5.1 目标路径与移动机器人的移动轨迹

如图5.1的粗点划线所示那样，设定了从起点$\boldsymbol{S}$到终点$\boldsymbol{G}$的目标路径之后，移动机器人在控制系统的控制下，沿与这条目标路径基本一致的路径移动，就变成了被实测到的实线所示的移动轨迹。评价这种移动特性的优劣，是提高移动机器人控制性能的不可或缺的一环。移动机器人控制性能的基本要素如下所示：

（1）在终点，必须能够对移动机器人准确定位。

（2）移动轨迹必须与目标路径一致。

（3）在目标路径所设定的极限速度允许的范围内，必须能够迅速而又安全地移动。

（4）在加速和减速时，不允许给移动机器人造成过大的振动与冲击。

（5）当移动机器人沿着目标路径移动时，包含旋转在内，不得在横向上产生无用的角加速度和振动。

（6）移动机器人需要停止时，务必马上停止，而且其定位时间也不得超过预定时间。

另外，下述特性尤为重要：

（1）移动机器人移动结束后的终点定位精度。定位精度是指目标路径终点到移动机器人停止位置之间的距离以及从目标路径行进方向上观察移动机器人的角度。如果在终点还有其他自动设备与这台移动机器人进行联合作业，这种评价就变得特别重要。

（2）从目标路径到移动机器人的距离。评价目标路径到移动机器人之间距离时，通常采用起点$\boldsymbol{S}$到终点$\boldsymbol{G}$的积分面积评价目标路径行进方向与垂直方向的移动机器人之间的距离。另外，根据目标路径的行进方向与真实行走路径行进方向的角度差进行评价的方法，在移动稳定性方面也是十分重要的。

下面我们来考察这两个重要评价指标。

1. 终点定位精度

移动机器人移动到终点$\boldsymbol{G}$，并停止在那里时的状态示于图5.2。图5.2(a)是以终点$\boldsymbol{G}$为坐标原点来观察图5.1中的移动机器人的位置到达终点$\boldsymbol{G}$的移动路径。无论终点$\boldsymbol{G}$的位置和角度如何，以终点$\boldsymbol{G}$为原点，我们可以从相同的视角对移动机器人停止时的特性做出评价。图5.2(b)是把图5.1(a)的特性放大时的图形，相对于终点$\boldsymbol{G}$，实际停止位置x_{RG}在X轴方向上产生了某种程度的偏移，这是移动机器人的一个重要评价指标。特别是在移动机器人停止时的状态是面向墙壁的场合，如果其停止位置位于原点的右侧，也就是超越原点而到达了X轴的正方向，就会出现撞击墙壁的可能，所以必须进行散射评价。

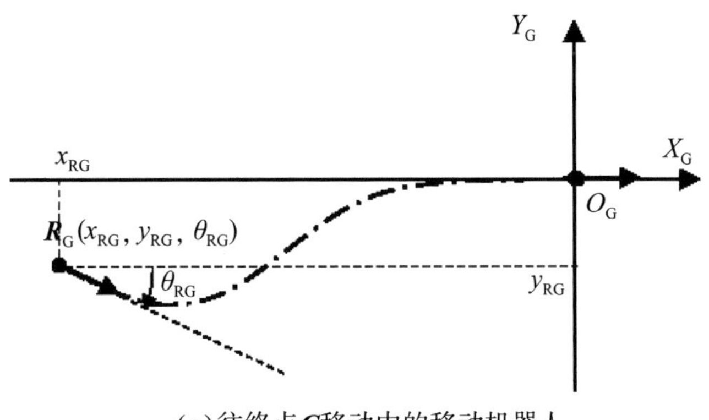

(a)往终点$\boldsymbol{G}$移动中的移动机器人

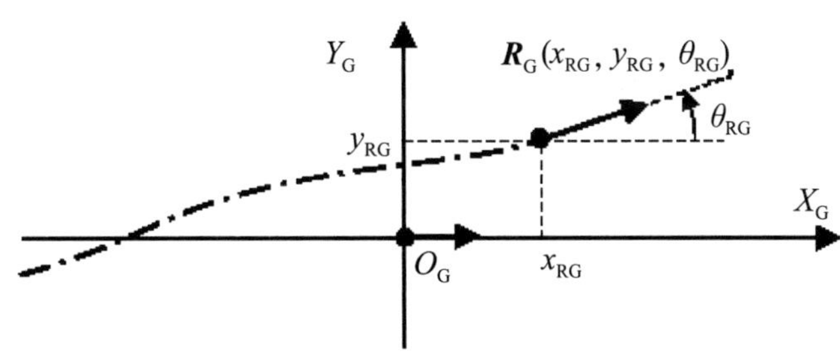

(b)在终点$\boldsymbol{G}$定位时的放大图

图5.2 相对于终点$\boldsymbol{G}$的移动机器人$\boldsymbol{R}_G$的位置与姿态

相对于终点$\boldsymbol{G}$，如果在Y轴方向的距离y_{RG}过大，则会出现实际停止地点与终点$\boldsymbol{G}$不吻合的场景，所以也必须事先进行评价。

另外，移动机器人相对于终点$\boldsymbol{G}$的停止角度θ_{RG}特性，很大程度上取决于相对目标路径的移动路径的控制性能，所以也有必要从这一点上进行评价。

关于如何提高移动机器人的定位控制特性，将在5.3节进行介绍。

2. 目标路径与移动轨迹的距离及角度

图5.3例举了相对于目标路径的移动轨迹的评价方法。5.3(a)示出的是目标路径与移动轨迹之间的距离ΔL。距离ΔL指的是，在与目标路径行进方向垂直的方向上，从目标路径到移动轨迹之间的距离。

图5.3(b)示出的是相对于移动距离，将目标路径到移动轨迹的距离扩展到纵轴上，将经历的时间扩展到横轴上。如果将距离ΔL积分，所得到的面积越小，则可以认为其移动路径的特性越好。因此距离ΔL积分面积最小控制方案被认为是最好的控制方法之一。

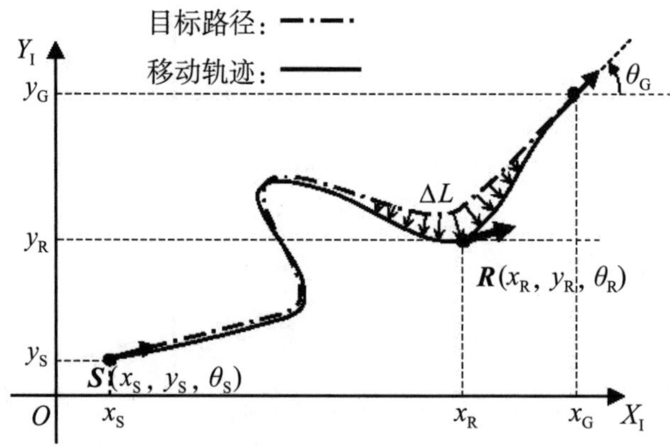

(a) 目标路径与移动轨迹之间的距离ΔL

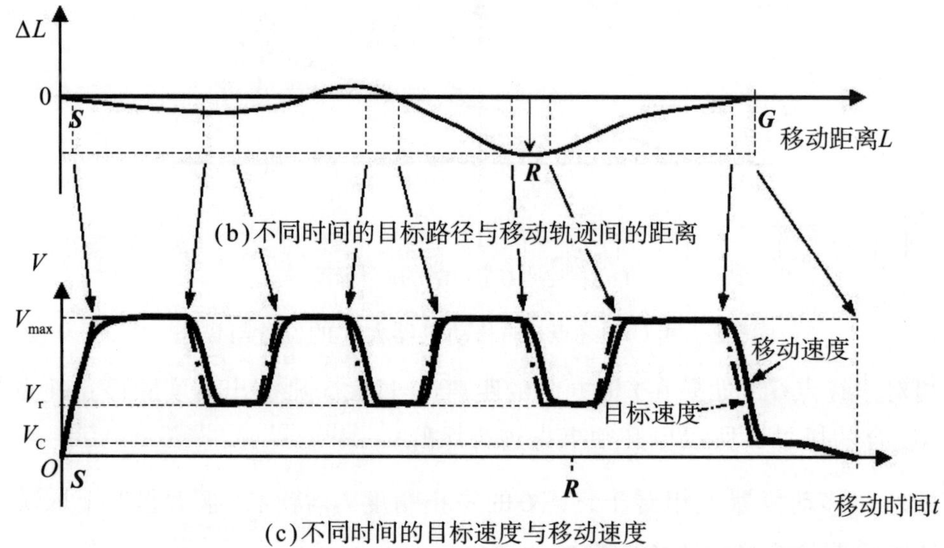

(b) 不同时间的目标路径与移动轨迹间的距离

(c) 不同时间的目标速度与移动速度

图5.3　相对于目标路径的移动轨迹的距离及速度差

图5.3(c)是相对于目标速度的移动速度的时间响应特性，一般情况下，当其进行加速或者减速的时候，速度响应的时间常数都会滞后一些。另外，即使在自主移动控制状态下，当移动机器人的前方等位置有障碍物存在时，与控制移动速度使其与目标速度保持一致相比，减慢移动速度的控制则更为重要。在判断有可能发生冲撞的场合下，重要的是应当让其立即停止，而不是控制其与图5.3(c)所示的速度保持一致，这一点在评价其特性时，是应当优先于目标速度与移动速度之差的控制。

接下来，我们讲解一下图5.4所示的相对于目标路径的移动轨迹的角度特性。图5.4(a)中，移动机器人与目标路径的距离示于横轴，而纵轴则表示机器人相对于行进方向的角度。目标路径与移动路径（移动轨迹）的角度曲线分别用点划线和实线表示。这两个角度的差值相对于移动时间的曲线如图5.4(b)所示。该差值的大小显示了路径跟踪控制时，移动稳定性的优劣。为了提高移动轨迹特性，通过改善图5.3(a)中的距离ΔL的方法，来改善图5.4(b)中的角度差被认为是很有效的。

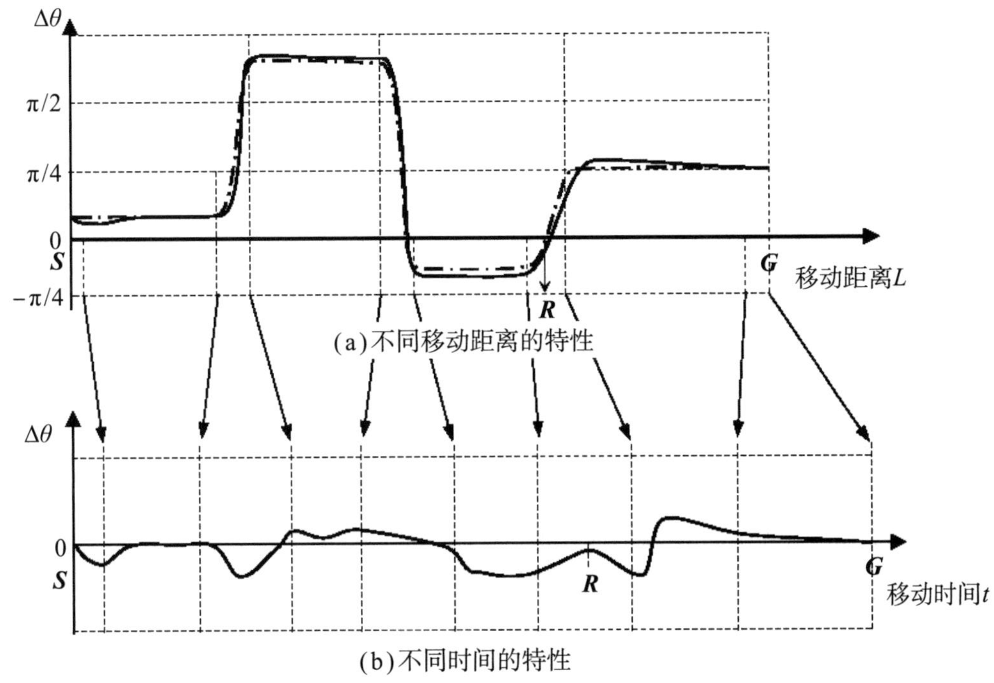

图5.4　相对于目标路径的移动轨迹的角度特性

相对于目标路径的最基本的路径跟踪控制方法将在5.4节讨论，关于其特性的优劣程度，则用下面所介绍的方法进行评价。

5.2　目标路径与目标点

要想使移动机器人的移动轨迹与图5.1中所展示的用任意曲线表示的目标路径相一致，如何把握目标路径本身是很重要的。关于起点***S***和终点***G***，用表示位置与角度的矢量进行定义后，该时间点的机器人位置与角度就可以确定了。除此之外，其他目标路径的表示方法可参考下述方法：

1. 目标路径区段化

将目标路径分割成许多区段，用数学表达式代表的曲线分别表示各个区段内的目标路径，或者用直线近似表示各个区段内的目标路径。依照各个区段内移动机器人的位置与角度的不同，选择区段目标路径，控制移动机器人尽可能地同时按照接近于其相应区段的区段目标路径移动。如果选用这种方式，会很容易地考虑到沿着目标路径移动的路径跟踪控制方法，但是数学表达式的处理很可能变得复杂。

2. 目标点

目标点是通过移动路径上的点的位置与移动方向的角度来定义的，控制移动机器人向预定目标点移动。对于移动机器人的实时位置与角度，选择最合适的目标点$\boldsymbol{P}$是非常重要的。采用目标点法，目标路径即使不能数学公式化，也会由路径区间内配置的许多目标点再现目标路径。但是，设置过多的目标点是不现实的，这一点需要注意。

上面两种方法都可以用于表示目标路径，在路径线段化的时候，需要将该线段端部的坐标合并表现出来，也可以将其看作目标点。同样道理，用目标点进行处理时，两目标点之间也可以变换为线段，从而实现目标路径的线段化。下面选用目标点法进行详细介绍。

目标点的选定有如下几种方法：

（1）在目标路径上设定多个目标点。

（2）在目标路径的每个曲率变化处设定目标点。

（3）根据移动机器人所处位置，在目标路径上每隔一定距离设置一个目标点。

图5.5示出了在目标路径上设定多个目标点的场景。它是在起点$\boldsymbol{S}$到终点$\boldsymbol{G}$的目标路径上将任意一个点设定成为目标点$\boldsymbol{P}$。如果把起点$\boldsymbol{S}$设为目标点$\boldsymbol{P}_0$，终点$\boldsymbol{G}$设为目标点$\boldsymbol{P}_n$，那么目标点$\boldsymbol{P}_i$的数量就有$(n+1)$个。这个数量越多，其目标路径就被描述得越准确，但过多的目标点会使处理工作变得更加困难。最好在考虑移动机器人的移动速度、控制周期等因素的情况下，进行选定。而且，只要不对移动路径造成影响，目标点$\boldsymbol{P}$之间的距离即使不取为定值也是可以的。

在图5.5中，以目标点$\boldsymbol{P}_{i-1}$作为目标，机器人移动到位置(x_R, y_R)时，就把目标点由$\boldsymbol{P}_{i-1}$切换成$\boldsymbol{P}_i$，移动机器人再以目标点$\boldsymbol{P}_i$为目标继续移动。如此多次重复操作，直到目标点由最初的$\boldsymbol{P}_0$切换成了终点$\boldsymbol{P}_n$后，就可以使移动机器人移动到作为目的地的终点$\boldsymbol{G}$。为了使移动机器人能够平稳移动，目标点$\boldsymbol{P}$的切换方法是非常重要的，关于这一点将在第7章介绍。

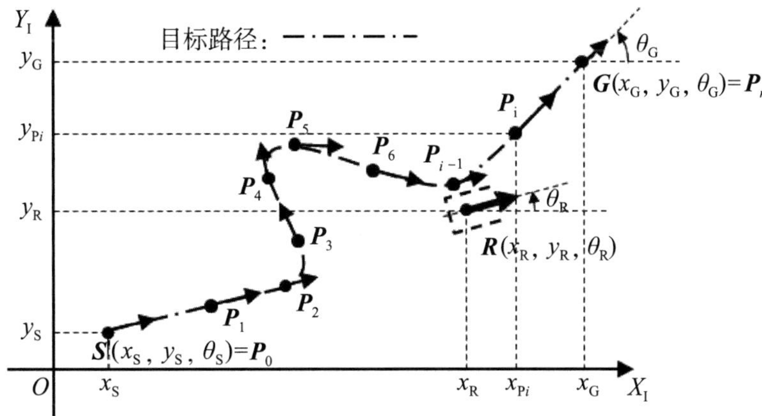

图5.5 用路径上的目标点表示的目标路径

图5.6的目标路径是把图5.1的任意曲线组合起来构成的目标路径，这是一幅近似于直线与圆弧的图形，对移动路径的特性几乎没有影响。在图5.6中，目标点全部设定在直线与圆弧的端点。区间$\boldsymbol{P}_0(\boldsymbol{S})$—$\boldsymbol{P}_1$、$\boldsymbol{P}_2$—$\boldsymbol{P}_3$、$\boldsymbol{P}_4$—$\boldsymbol{P}_5$、$\boldsymbol{P}_6$—$\boldsymbol{P}_7(\boldsymbol{G})$是直线（线段），区间$\boldsymbol{P}_1$—$\boldsymbol{P}_2$、$\boldsymbol{P}_3$—$\boldsymbol{P}_4$、$\boldsymbol{P}_5$—$\boldsymbol{P}_6$是圆弧。

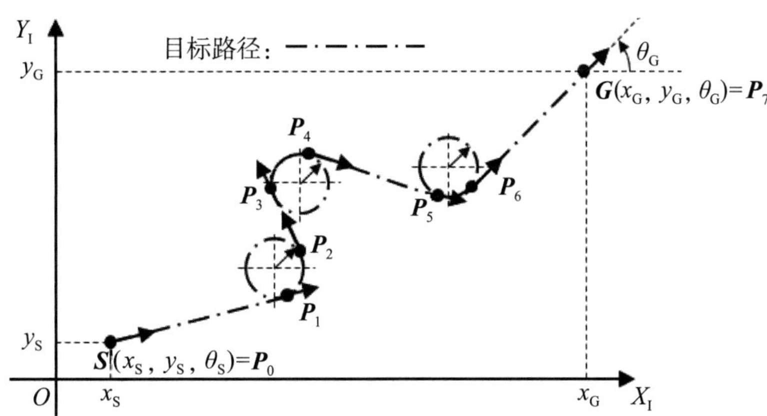

图5.6 把直线与圆弧的端点作为目标点的目标路径

如前面所述，位置(x_{Pi}, y_{Pi})和角度(θ_{Pi})是目标点$\boldsymbol{P}_i$的必要信息，除此之外，如果再设定目标点$\boldsymbol{P}_{i-1}$到目标点$\boldsymbol{P}_i$区间内的最高速度以及这时候的曲率，那么目标路径就可以被表现出来。移动控制系统根据存储目标点的一览表很容易确认让移动机器人如何移动，并向移动机器人发送控制指令。在图5.6中，所有圆弧只有一个曲率半径$\boldsymbol{r}$，像这样只要预先存储包含直线（曲率为0）在内的曲率，圆弧的种类是不受限制的。因此，只要将移动路径近似看成直线或任意曲率的圆弧，就能够生成非常接近于最理想状态的目标路径了。

另外，像图5.6那样，也可以将限制速度用矢量的长度来表示。虽然规定移动机器人必须停止在终点$\boldsymbol{G}(\boldsymbol{P}_n)$，但有时候也会在中途目标点短暂停留，为此可以将这些内容汇集成一个一览表。表5.1就是将目标点的信息汇集成一览表的例子。利用这个目标点一览表就可以把全部目标路径表示出来。在该表中，把移动机器人发出警告、亮灯照明的信息也都汇集了进去。这样做的目的是把机器人在目标路径上的所有相关信息都汇总在一起，使编制移动机器人的移动程序变得更加容易。

表 5.1　目标点一览表

	X轴（mm）	Y轴（mm）	角度（°）	限制速度（m/s）	曲率（1/m）	停止（on/off）	警告（1 ~ n/off）	照明（1 ~ n/off）	选　项
$\boldsymbol{P}_0$	x_{R0}	y_{R0}	θ_{R0}	V_{R0}	0	off	off	off	—
$\boldsymbol{P}_1$	x_{R1}	y_{R1}	θ_{R1}	V_{R1}	r_1	off	off	off	—
$\boldsymbol{P}_2$	x_{R2}	y_{R2}	θ_{R2}	V_{R2}	0	off	off	off	—
$\boldsymbol{P}_3$	x_{R3}	y_{R3}	θ_{R3}	V_{R3}	$-r_3$	off	off	off	—
$\boldsymbol{P}_4$	x_{R4}	y_{R4}	θ_{R4}	V_{R4}	0	off	off	off	—
$\boldsymbol{P}_5$	x_{R5}	y_{R5}	θ_{R5}	V_{R5}	r_5	off	off	off	—
$\boldsymbol{P}_6$	x_{R6}	y_{R6}	θ_{R6}	V_{R6}	0	off	off	off	—
$\boldsymbol{P}_7$	x_{R7}	y_{R7}	θ_{R7}	V_{R7}	0	on	off	off	—

如果对移动机器人追加外部通信等功能，使移动机器人的性能进一步扩大，这个目标点一览表的内容还可以继续扩充。

图5.7是仅用一种曲率就能够实现目标路径的方法。与图5.6相比较，图5.7的方法消除了圆弧与直线相连的目标点。具体地讲，就是消除了图5.6的目标点$\boldsymbol{P}_2$、$\boldsymbol{P}_4$、$\boldsymbol{P}_6$，仅用图5.7中的目标点$\boldsymbol{P}_0$、$\boldsymbol{P}_1$、$\boldsymbol{P}_3$、$\boldsymbol{P}_5$、$\boldsymbol{P}_7$，就可以实现路径跟踪控制，作为控制条件，其必须在目标点设定的曲率（$1/r$）下移动。关于满足该条

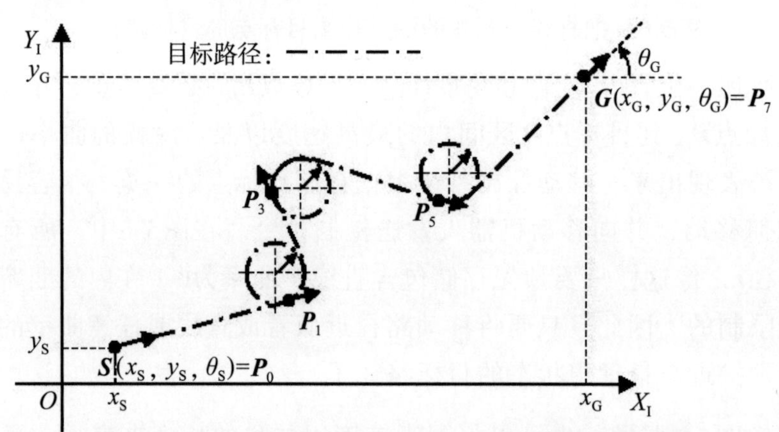

图5.7　仅用一个曲率（$1/r$）减少目标点数的目标路径

件的路径跟踪控制，将在7.2节解释，它将告诉我们通过曲率指令进行路径跟踪控制是可能的，至于详细内容在这里则省略了。

图5.8是在目标路径上以目标距离r_R依次设定目标点。在图5.8中，由目标距离r_R所确定的目标点$\boldsymbol{P}$（$=[x_P, y_P, \theta_P]^T$）可以进行如下计算。

由于$\boldsymbol{P}_6$（$=[x_{P6}, y_{P6}, \theta_{P6}]^T$）与$\boldsymbol{P}_7$（$=[x_{P7}, y_{P7}, \theta_{P7}]^T$）之间的路径是直线，因此

$$y_P=[(y_{P7}-y_{P6})/(x_{P7}-x_{P6})](x_P-x_{P6})+y_{P6} \tag{5.1}$$

或者

$$x_P=[(x_{P7}-x_{P6})/(y_{P7}-y_{P6})](y_P-y_{P6})+x_{P6} \tag{5.2}$$

如果以目标距离r_R作为半径，绘成一个圆，则圆的方程式是

$$(x_P-x_R)^2+(y_P-y_R)^2=r_R^{\ 2} \tag{5.3}$$

通过式（5.3）可以求出目标点$\boldsymbol{P}$的坐标(x_P, y_P)。另外，目标点$\boldsymbol{P}$的角度θ_P可由下式求出：

$$\theta_P=\arctan[(y_{P7}-y_{P6})/(x_{P7}-x_{P6})] \tag{5.4}$$

在目标路径为$\boldsymbol{P}_1$—$\boldsymbol{P}_2$、$\boldsymbol{P}_3$—$\boldsymbol{P}_4$、$\boldsymbol{P}_5$—$\boldsymbol{P}_6$的圆弧场合下，可以通过以移动机器人为中心的圆的公式来计算路径，因此可以从起点$\boldsymbol{S}$到终点$\boldsymbol{G}$连续地给出适当的目标点$\boldsymbol{P}$，并控制移动机器人朝目标点移动就可以了。

以上介绍了主要的目标路径生成方法，在第7章中，还会举例说明灵活运用图5.6示出的方法进行系统构筑的实例。

另外，只要是物理上可移动的领域，都可以任意设定目标路径，所以即使像

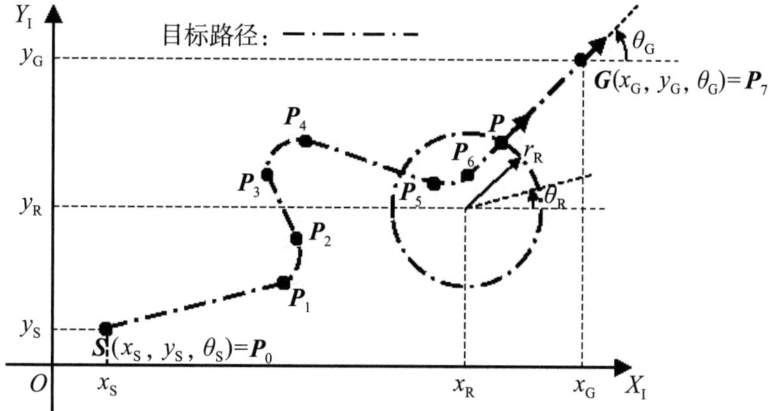

图5.8 根据目标距离r_R设定目标点的方法

椭圆和螺旋曲线那样曲率柔软变化的自由曲线有没关系。不过，那样的曲线处理起来太复杂，不属于本书要阐述的内容，在本书中，仅以直线和具有一定曲率的圆弧组合起来构建目标路径。

5.3　对目标点的定位控制

前文已经介绍过终点***G***的定位控制特性，以及相对于目标路径的移动机器人的距离和角度特性，本节将介绍终点定位控制。作为定位控制的特性评价，自然是相对于终点***G***停止时的移动机器人的状态$\boldsymbol{R}_{\mathrm{G}}$（$=[x_{\mathrm{RG}}, y_{\mathrm{RG}}, \theta_{\mathrm{RG}}]^{\mathrm{T}}$），不过，本节仅以$X$轴方向的位置$x_{\mathrm{RG}}$作为评价对象，这是因为关于$Y$轴方向的位置$y_{\mathrm{RG}}$和角度$\theta_{\mathrm{RG}}$，是由在目标路径上如何进行目标跟踪控制而确定的，这些内容将在下一章予以说明。

在本节中，首先把第4章中所给出的以线性理论为基础的定位控制特性解释清楚，考察一下适用于移动机器人场合的课题，然后介绍解决这些课题而采用的通过蠕变速度进行定位的控制方法。

5.3.1　基于线性理论的定位控制与课题

重量为M的移动机器人，按照恒定的速度v_0移动，其接近终点***G***时的状态如图5.9所示。与图2.5一样，只不过图5.9所着眼的内容仅仅是移动机器人在X轴方向的运动。下面我们讨论移动机器人在X轴方向的位置x_{RG}到终点***G***的距离为l（$x_{\mathrm{RG}}=-l$）时，位置控制开始减速的情况。这时候，我们把最大加速度（最大减速度）设为$-a_{\mathrm{MAX}}$。也就是在减速的时候，移动机器人的减速度不得超过这个值。

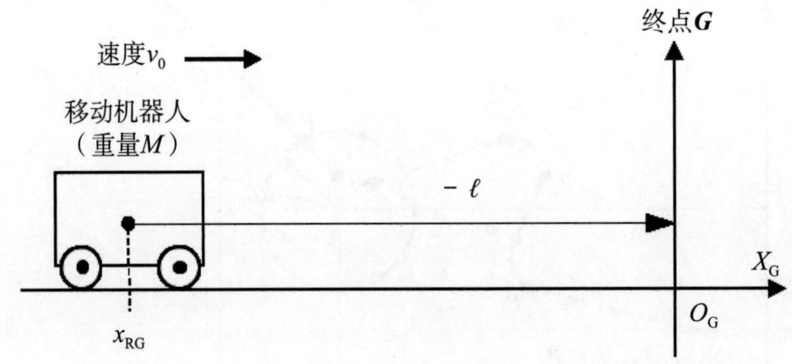

图5.9　速度为v_0的移动机器人接近终点***G***时的状态

作为定位控制的条件，不可以进行超调控制。也就是说，移动机器人一旦超过终点***G***，就无法再进行定位控制返回终点***G***了。在进行一般的速度控制等场合下，往往可以看到一些文献中描述说超调特性是以最佳的控制理论为基础的最优解，但在定位控制的场合，却不适合那种说法。就像在第4章专栏中所描述的那样，在面向墙壁定位的场合下，就会存在撞向墙壁的可能，所以不能进行超调控制。

下面我们就来讨论这种移动机器人的定位控制特性。

图5.10示出了移动机器人位置控制的系统结构。该控制系统与图4.8的位置控制系统具有相同的结构，不过在该系统中电流控制系统的传递函数值取1。还有一点，关于速度控制，相对于图4.8采用的反馈电机速度ω_M的方式，图5.10改为反馈移动速度v的方式。虽然这是为了容易理解而改变了反馈方式，但是与实际驱动电机时的控制是等价的。为了使解说简单明了，将位置积分增益K_{PI}取0，仅采用位置比例增益K_{PP}将方程式展开。进而利用图5.10(b)的方框图取代图5.10(a)。限制器基本上用于控制实际存在的物理量，就像图5.10(a)那样，限制了驱动力F的最大值。用这种控制方式驱动电机，实际上就意味着，如果限制电机转矩ω_M，那么就用转矩限制器；如果限制与ω_M成正比的电流i_M，就改用电流限流器。与此形成鲜明对比的是，图5.10(b)所示的加速度限制器在后续的讲解中反倒没有什么意义了。另外，随着移动机器人所搭载物体的变化，移动机器

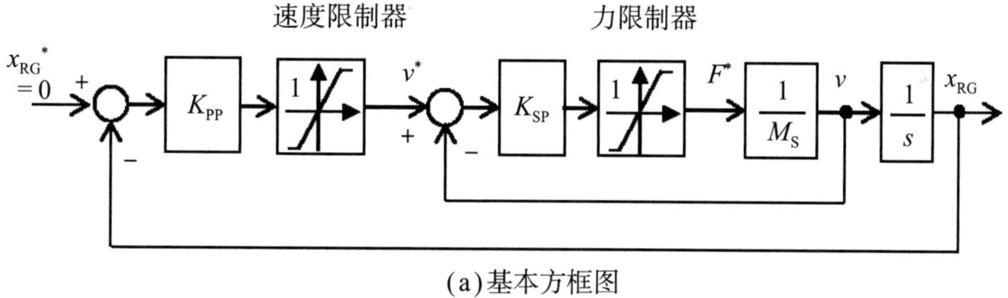

(a)基本方框图

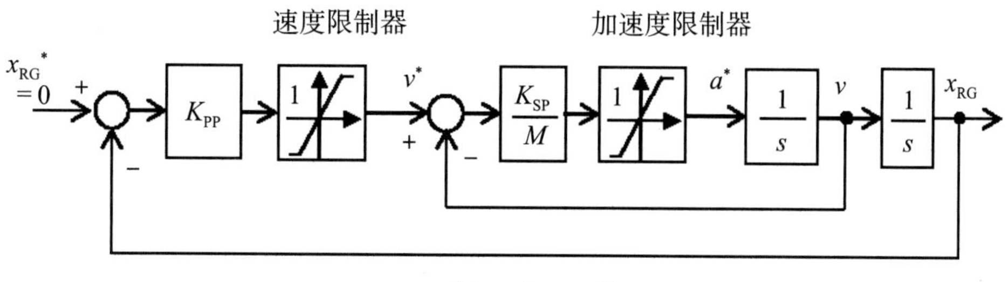

$x_{RG}(0)=-\ell$、$v_{RG}(0)=v_0$

(b)置换成加速度限制器后的方框图

图5.10 移动机器人进行到终点定位时的控制方框图

人的重量M也理所当然地会发生变化，这样一来，即使采用相同的驱动力F，加速度a也会发生变化。

虽然如此，我们在其容许范围内仍然将移动机器人的搭载重量包含在移动机器人的重量M之内，一起来考虑这时候的加速度a。对于各种规格的移动机器人，图5.10(b)在评价加速、减速方面具有一定的优势。

现在我们介绍一下图5.10(b)的控制系统。移动机器人在起点$\boldsymbol{S}$位置停止时，如果对其下达移动到终点$\boldsymbol{G}$的指令，那么它到终点$\boldsymbol{G}$的距离则为$-x_{RP}$。当这个距离比较大的时候，距离乘以位置比例增益K_{PP}的速度指令v^*将受限速器的限制，其最大值为v_{MAX}。移动机器人停止状态的速度v为0，由速度控制系统计算的加速度指令a^*通过加速度限制器计算出加速度最大值a_{MAX}。据此，可以在图5.11的时间坐标上，绘制出从t_0时刻到t_1时刻的曲线，这时的加速度a为a_{MAX}，移动速度v线性加速，一直增加到接近速度最大值v_{MAX}。

在到达t_1时刻前，位置控制系统、速度控制系统都不起作用，加速度a以a_{MAX}驱动着移动机器人。

一旦超过t_1时刻，速度v就会接近速度最大值v_{MAX}，根据$v-v_{MAX}$的差值，启动速度控制系统，计算出加速度指令a^*，其计算结果小于加速度限制器的最大值，速度v增加的速度将会减小。

到达t_2时刻的瞬间，加速度限制器不再产生影响，速度控制系统发挥作用，相对于速度指令v^*，控制速度v。

在t_2时刻，移动机器人的位置x_{RG}已经接近终点$\boldsymbol{G}$，设此时距终点$\boldsymbol{G}$（原点O_G）的距离x_{RG}为减速开始的距离l。也就是取$x_{RG}=-l$这一点作为移动机器人减速的起点。此时下式成立：

$$v^* = K_{PP}(x_{RG}^* - x_{RG}) = K_{PP} \cdot \ell = v_{MAX} \tag{5.5}$$

一旦超过t_2时刻，移动机器人的位置x_{RG}就接近终点$\boldsymbol{G}$，速度指令v^*就变为比速度最大值v_{MAX}小的数值，即做出减速的指示。在这种状态下，图5.10(b)中的速度指令v^*、加速度指令a^*的绝对值全都小于其最大值v_{MAX}、a_{MAX}，其控制不再受速度限制器、加速度限制器限制，即作为二阶滞后系统的线性控制进行工作。

t_2时刻以后的运行特性如图5.11所示，按照速度指令v^*进行减速，这时的加速度指令a^*遵循公式

$$a^* = K_{SP}(v^* - v) \tag{5.6}$$

是一个接近$-a_{MAX}$的负值。

如果a^*小于$-a_{MAX}$，则加速度限制器把a^*限制为恒定值$-a_{MAX}$；如果a^*大于$-a_{MAX}$，则如图5.11所示，向线性控制范围推移。其公式表示如下：

$$a^* = K_{SP}(v^* - v) \geqslant -a_{MAX} \tag{5.7}$$

随后，位置x_{RG}慢慢接近终点$\boldsymbol{G}$，速度指令v^*也随之减速，慢慢趋向于0。同时，加速度指令a^*也由负值趋向于0。通过这种控制，时刻t_2过后，作为二阶滞后系统的特性就会变得稳定，没有超调控制，移动机器人的位置x_{RG}可以定位在终点$\boldsymbol{G}$。

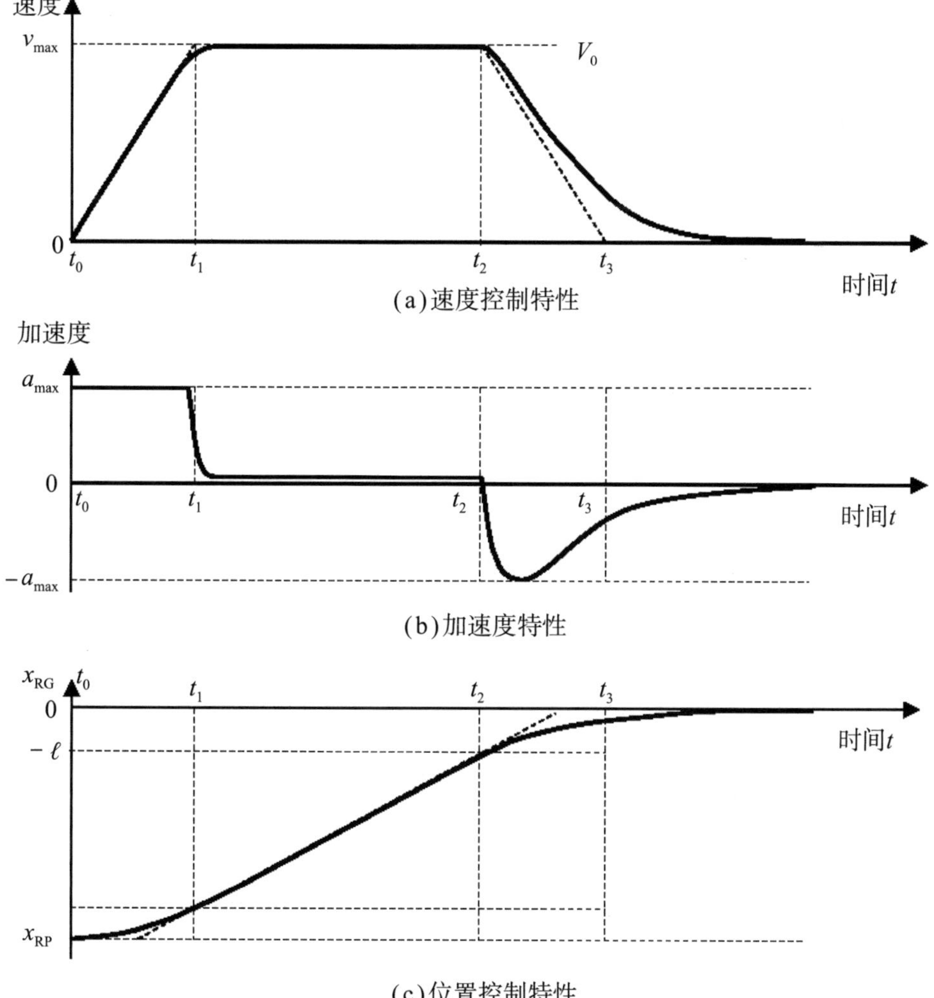

(a)速度控制特性

(b)加速度特性

(c)位置控制特性

图5.11　移动机器人的定位控制

需要强调的是，这些特性都是由位置比例增益K_{PP}、速度比例增益K_{SP}决定的。在给出速度最大值v_{MAX}、加速度最大值a_{MAX}（减速度最大值$-a_{MAX}$）的时候，实现线性控制的条件是，必须一直满足式（5.5）、式（5.7）。因此，减速开始时的速度是速度最大值v_{MAX}，如果确定了位置比例增益K_{PP}的话，那么根据式（5.5），就能够自动地确定减速开始的距离l了。这一点在实际设计移动机器人的移动控制时是非常重要的。

另外，在定位控制的中途，速度限制器限制的情况下，与设计线性控制系统时的条件是完全不同的，通过限制减速度，能够以比设计时预定的速度更快的速度接近终点$\boldsymbol{G}$，此时移动机器人有可能没有完成减速就冲过终点$\boldsymbol{G}$了，这一点必须留意。

那么，以t_2时刻（取其 = 0）移动机器人的设定条件为基础，对于图5.10(b)的控制系统，在限制器不起作用的范围内进行定位控制，可以推导出线性控制的响应特性。

与位置指令x_{RG}*相对应的位置x_{RG}的传递函数$H_P(s)$由下式给出：

$$H_P(s) = x_{RG}^*/x_{RG} = \frac{1}{(T_S \cdot s+1)T_P \cdot s+1} \tag{5.8}$$

式中的速度时间常数T_S和位置时间常数T_P的大小由下式求出：

$$T_S = M/K_{SP},\ T_P = 1/K_{PP}$$

将它们代入式（5.8），可以得到

$$H_P(s) = \frac{1}{(T_{P1} \cdot s+1)(T_{P2} \cdot s+1)} \tag{5.9}$$

比较式（5.8）和式（5.9），可以得出

$$T_P = T_{P1} + T_{P2} \tag{5.10}$$

$$T_S \cdot T_P = T_{P1} \cdot T_{P2} \tag{5.11}$$

此时取$n = T_S/T_P$，则下式成立：

$$T_{P1} = [(1+m)/2]\,T_P \tag{5.12}$$

$$T_{P2} = [(1-m)/2]\,T_P \tag{5.13}$$

式中，$m = (1-4n)^{1/2}$，就像在第4章已经介绍过的那样，n的取值范围为

$$n = T_S / T_P \leqslant 0.2$$

第4章中还曾经说过，n的下限是0.1，不过后面将会讲到，因为位置控制的时间常数T_P往往无法太小，所以n的下限值无须设定。

利用式（5.9）给出的传递函数，可以计算出定位时的响应特性。计算中所使用的条件如下所示：

$$x_{RG}(0) = -\ell$$
$$v(0) = v_0$$
$$a(0) = 0$$

由于减速开始时的速度$v(0)$可以不限定为速度最大值v_{MAX}，因此在这里就将其表示为v_0。而且，式（5.5）也可以改写为如下形式：

$$v_0 = \ell / T_P \qquad (5.14)$$

这时候，对式（5.9）进行拉普拉斯逆变换，就可以得到移动机器人的位置x_{RG}：

$$x_{RG}(t) = K_1 \exp(-t/T_{P1}) + K_2 \exp(-t/T_{P2}) \qquad (5.15)$$

对式（5.15）进行微分，就可以得到速度v：

$$v(t) = -(K_1/T_{P1})\exp(-t/T_{P1}) - (K_2/T_{P2})\exp(-t/T_{P2}) \qquad (5.16)$$

式中，K_1、K_2的值如下所示：

$$K_1 = (T_{P1}T_{P2}v_0 - \ell\, T_{P1})/(T_{P1} - T_{P2})$$
$$K_2 = (-T_{P1}T_{P2}v_0 + \ell\, T_{P2})/(T_{P1} - T_{P2})$$

由于加速度a可以通过对式（5.16）进行微分获得，所以能够进行如下计算：

$$a(t) = (K_1/T_{P1}^2)\exp(-t/T_{P1}) + (K_2/T_{P2}^2)\exp(-t/T_{P2}) \qquad (5.17)$$

为了求得加速度a负的最大值，首先计算加速度a的微分：

$$\mathrm{d}a/\mathrm{d}t = -(K_1/T_{P1}^3)\exp(-t/T_{P1}) - (K_2/T_{P2}^3)\exp(-t/T_{P2}) \qquad (5.18)$$

如果设$\mathrm{d}a/\mathrm{d}t = 0$成立时的时刻$t$为$t_{MAX}$，那么$t_{MAX}$可以由下式算出：

$$t_{MAX} = (nT_P/m)[\ln(-K_2/K_1) + 3\cdot\ln(T_{P1}/T_{P2})] \qquad (5.19)$$

此时的加速度就是最大减速度：

$$a_{MAX}(t)=(K_1/T_{P1}^2)\exp(-t_{MAX}/T_{P1})+(K_2/T_{P2}^2)\exp(-t_{MAX}/T_{P2}) \quad (5.20)$$

利用上述公式，可以对移动机器人的定位特性进行具体的计算。把参数设为最大加速度（最大减速度）时，减速开始速度v_0与减速开始距离的关系如图5.12和图5.13所示。其中，图5.12是速度时间常数T_S为20ms时的特性，图5.13是时间常数T_S为T_P的0.2倍时的特性。

图5.12中的实线与虚线分别表示的是加速度a_{MAX}为0.3m/s^{2}和0.2m/s^{2}时的特性，在以较大的加速度减速的情况下进行定位的时候，无论减速开始距离有多小，都不能进行超调控制。例如，减速开始速度v_0为0.5m/s时，虚线表示的最大加速度a_{MAX} = 0.2m/s^{2}的情况下，减速开始距离l = 1.23m（B点）；实线表示的最大加速度a_{MAX} = 0.3m/s^{2}的情况下，减速开始距离l = 0.81m（A点）。图5.12中，由于位置时间常数T_P等于减速开始距离l与减速开始速度v_0之比（$T_P = l/v_0$），因此由图5.12的特性曲线可知，减速开始速度v_0小的时候，能够获得比较小的位置时间常数T_P。当然，作为位置控制系统，与最大加速度a_{MAX} = 0.2m/s^{2}的情况相比，最大加速度a_{MAX} = 0.2m/s^{2}时候的位置时间常数T_P减小到了前者的2/3。如果从位置比例增益K_{PP}的角度来说的话，最大加速度a_{MAX} = 0.2m/s^{2}的时候，则为前者的1.5倍。

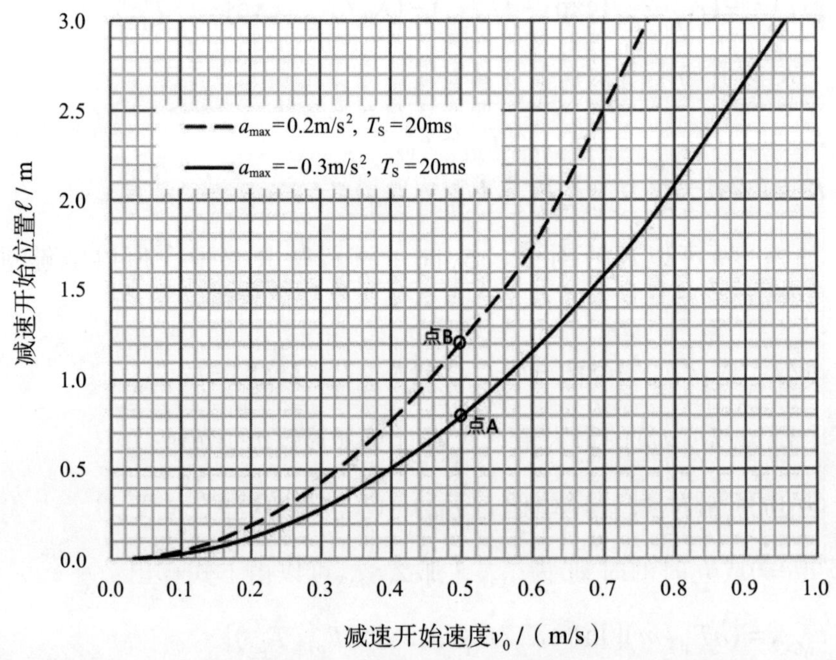

图5.12　相对于减速开始速度v_0的减速开始距离l的特性1（条件：T_S = 20ms）

与图5.12相比，图5.13示出的则是速度时间常数$T_S = 0.2T_P \geqslant 20ms$时的特性，速度控制响应特性会下降，即使位置时间常数T_P相同，进行定位控制时的最大减速度也会降低。因此，如图5.13中的C点和D点所示，减速开始速度为0.5m/s时，最大加速度$a_{MAX} = 0.3m/s^2$（点划线）的情况下，减速开始距离$l = 0.63m$（C点）；最大加速度$a_{MAX} = 0.2m/s^2$（双点划线）的情况下，减速开始距离$l = 0.95m$（D点）。与图5.12对比可知，这时候的位置时间常数T_P变小了。

为了使其更容易理解，以减速开始速度v_0为横轴，将图5.12和图5.13位置时间常数T_P展示在坐标图上，就是图5.14。图5.14中各种线型代表的含义与图5.12和图5.13中一致，可以进行比较评价。当减速开始速度v_0大的时候，必须增大位置时间常数T_P，由此而使得响应特性无法提高。一般情况下，对高速移动的移动机器人进行定位控制时，如何尽可能地减小位置时间常数T_P，是一个需要解决的课题。

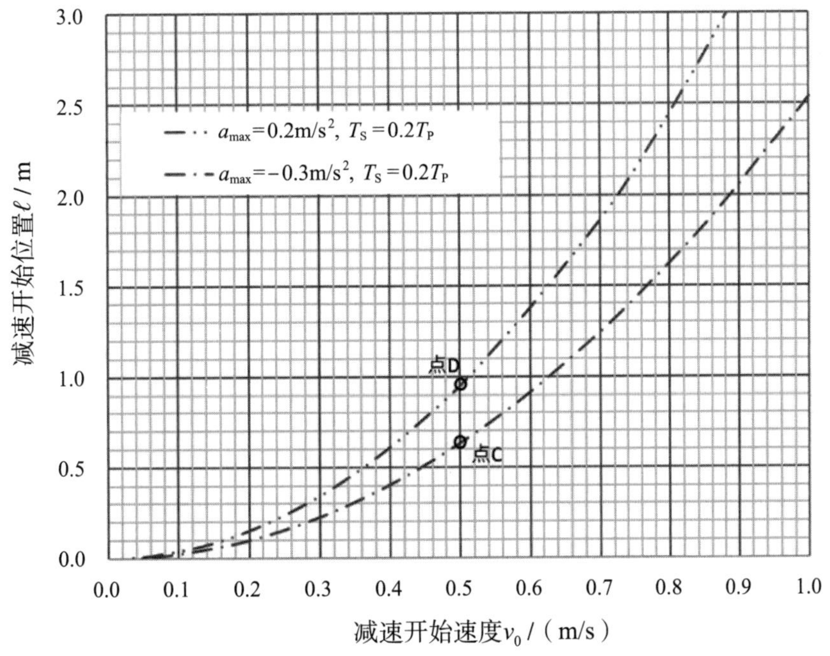

图5.13 相对于减速开始速度v_0的减速开始距离l的特性2（条件：$T_S = 0.2T_P$）

由图5.14可知，最大加速度a_{MAX}大的时候，位置时间常数T_P就理所当然地会变小。因而可以判断，最大加速度a_{MAX}为$0.2m/s^2$的时候比$0.3m/s^2$的时候，具有更好的定位特性。与速度时间常数T_s固定为20ms的时候相比，设$T_S = 0.2T_P$使速度控制系统响应速度变慢的场合下，反倒是位置时间常数T_P变小了。这是一个意味深长的结果，最好把这一点作为常识牢记于心。

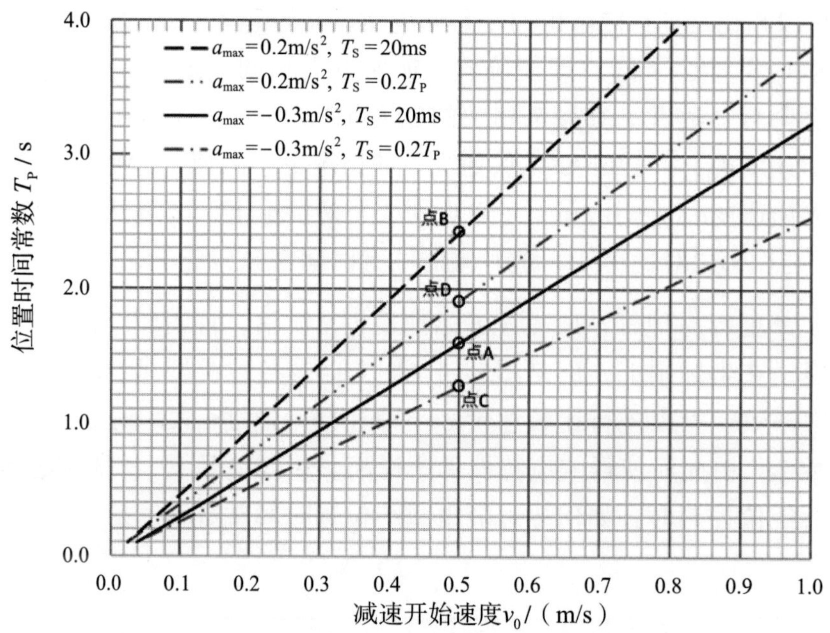

图5.14　相对于减速开始速度v_0的位置时间常数T_P特性

但是，如果速度控制系统的响应速度无法设定为高速的话，应该怎么处理呢？

下面我们来解释一下采用图5.10(b)的定位控制系统时的时间响应特性。

图5.15是最大加速度为$a_{MAX}=0.3\text{m/s}^2$、速度时间常数固定为20ms时的定位特性。这是将距离终点$\boldsymbol{G}$还有$l=2.5$m时候的点作为0时刻，着眼于其减速特性，显示速度v的特性。点划线、实线、虚线分别表示其减速开始时的速度分别为1.0m/s、0.5m/s、0.2m/s的情况下的控制特性。另外，在通常的定位控制中，减速开始速度v_0可以考虑选择为移动机器人能够达到的最高速度v_{MAX}、通道状况所允许的通道极限速度v_{LMT}等在现场环境制约下能够达到的最高速度。

点划线表示的是减速开始速度$v_0=1.0$m/s的特性，以恒定高速移动时，移动至距终点$\boldsymbol{G}$的距离$x_{PG}=-3.25$m处开始减速，距终点$\boldsymbol{G}$的距离$x_{PG}=-2.5$m的时间点$t=0$时，速度v减速到0.774m/s。由图5.14的实线可知，减速开始速度$v_0=1.0$m/s时的位置时间常数T_P大约为3.25s，所以在图5.15中点划线的最大斜率就变成了$1/T_P\approx0.3\text{m/s}^2$。由此可知，随着速度的减小，其他特性也逐渐减缓而趋近于0。

实线表示的是减速开始速度$v_0=0.5$m/s的特性，从恒速移动状态开始减速后的时刻是3.4s，其位置x_{PG}距终点$\boldsymbol{G}$的距离为−0.8m，此时的速度指令v*为：

$$v^*=-x_{PG}/T_P\leqslant v_0=0.5\text{m/s}$$

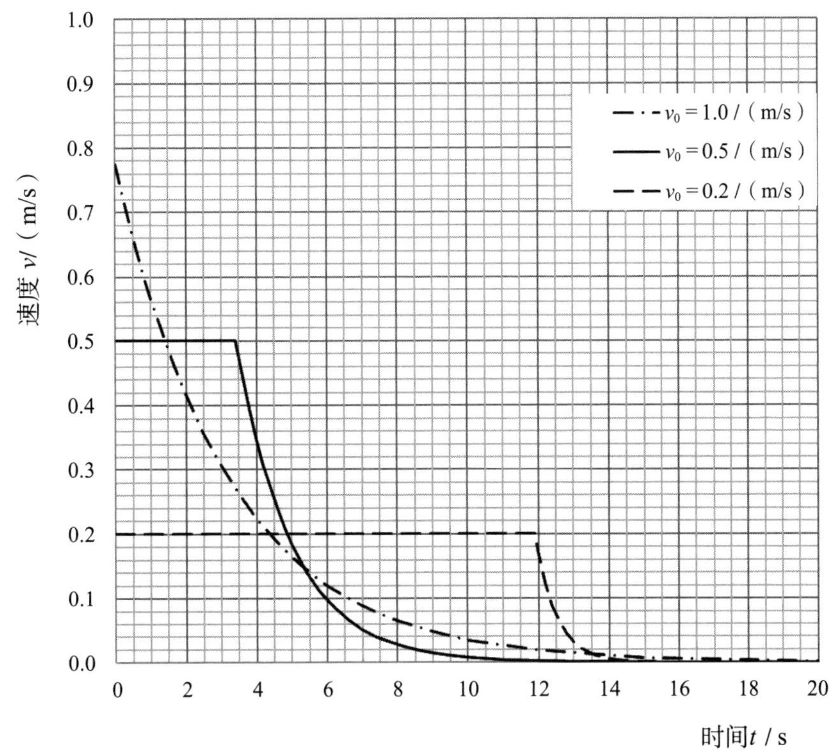

图5.15 距离终点***G***还有$l = 2.5$m处开始的定位控制响应特性（条件：$T_S = 20$ms）

显然，与$v_0 = 1.0$m/s的场合相比，在$v_0 = 0.5$m/s的情况下，T_P大约减少到了上述情况的1/2，x_{PG}减少到了大约1/4。从1.4s的时刻点开始，恒定速度$v_0 = 0.5$m/s移动的机器人要比处于减速过程中$v_0 = 1.0$m/s的机器人具有更高的速度。当时间超过3.4s之后，速度$v_0 = 0.5$m/s的机器人的定位特性超过速度$v_0 = 1.0$m/s的机器人的特性，更接近于终点***G***。这样一来，$v_0 = 0.5$m/s比$v_0 = 1.0$m/s更能够在更短的时间内完成定位。

虚线表示的是$v_0 = 0.2$m/s的特性，与$v_0 = 1.0$m/s的场合相比，曲线平滑地收敛，定位所需要的时间变得更短。

如果将由响应特性所得到的距离终点***G***前−2.5m处的定位时间，展示在以减速开始速度v_0为横轴的曲线图上，就成了图5.16的样子。粗实线、点划线、虚线分别表示距离为1mm以内、10mm以内、100mm以内定位所需要的时间。为了便于参考，在距离终点***G***前−2.5m以恒定速度v_0移动的时间特性用细实线表示。

恒速移动时刻的特性为$v_0 = 1.0$m/s，会更早地由线性控制进入减速控制模式。从终点***G***看去，从−2.5m处到−100mm位置的移动最快，$v_0 = 0.5$m/s，这一点可以从图5.16读取。从−2.5m处到−10mm位置的移动时间最短，$v_0 = 0.4$m/s。

关于-1mm以内的定位时间，最短特性出现在v_0 = 0.3m/s附近。从-100mm到-10mm的时间间隔，以及从-10mm到-1mm的时间间隔，全都是v_0越小，所需要的时间越短。这是因为，v_0越小的时候，位置时间常数T_P可以变小，位置比例增益K_{PP}可以变大。

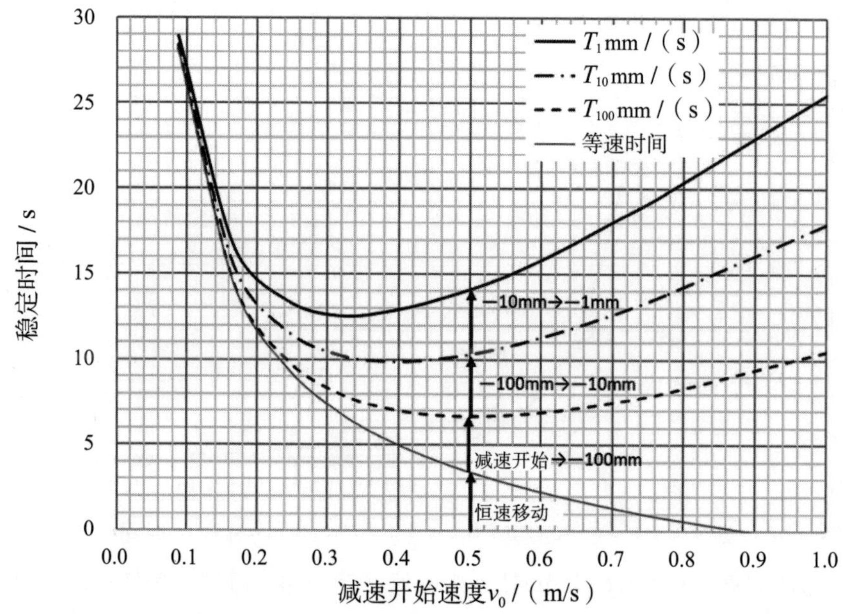

图5.16　减速开始速度v_0对应的调整时间特性（条件：l = 2.5m）

这是从理论上导出的结论。多数场合下，普通实用AGV的定位精度要求是±10mm以下，作者充分认可这个水平，不过作为理论上的评价，通常认为应当达到1mm以下。

从现场实用的角度考虑，由于受到最大静摩擦力与移动时的动摩擦力的影响、载荷重量变化的影响等，还有诸多应该考虑的问题。为了对这些因素进行补偿，通过提高位置比例增益K_{PP}的方式，对外部干扰进行预补偿是很重要的。另外，关于定位控制，一般为了确保定位精度，多数情况下都设定位置积分增益K_{PI}，利用比例积分控制。在这种场合下，还必须通过设计延长定位控制时间的长度。这时候仍然需要充分留意，定位控制绝对不可采用超调控制，这是本人的肺腑之言。

归纳上述内容，可以得出以下结论：

（1）关于移动机器人的位置控制，如果仅仅是在线性控制前提下进行减速控制，为了能够减小位置时间常数T_P，定位时间就会变得非常长。

（2）由于移动机器人的位置不可超调，有必要利用线性控制来收敛位置控制。

（3）为了减小位置时间常数T_P，尽可能降低减速开始速度v_0，提高位置比例增益K_{PP}，才有可能缩短定位时间。

5.3.2 实现最短时间控制与高速响应控制的范围

上一节已经介绍了，在对基于线性控制的移动机器人进行定位控制的过程中，当从高速移动状态变为减速状态时，是不可能轻易地提高响应速度的。在本节中，为了探索机器人的优异定位控制，作为一种基本的控制方法，考察理论上响应时间最短的最短时间控制方法。并在此基础上，再在下一节介绍高速响应的控制方法。

下面我们就用图5.17来介绍最短时间控制方法。在介绍中，边介绍最短时间控制方法，边与图5.11的线性控制减速的场合相对比。不过，需要注意的是，关于时刻t_1、t_2、t_3，由于速度特性的不同，位置x_{RG}的特性也会受到影响，因此图5.11与图5.17或多或少会有一些差异。

在图5.17中，在时刻t_1到时刻t_2的这段时间内，移动机器人以最大的加速度a_{MAX}进行加速。在这段时间内，它几乎与图5.11具有相同的特性，也就是在速度控制系统允许的工作参数范围内，速度指令v^*变为最大值v_{MAX}，用最大的加速度a_{MAX}进行加速，以时间常数T_S快速趋近这个速度最大值。在图5.11的时刻t_1附近，速度控制系统发挥作用，加速度开始减小，与其形成明显对照或者说具有明显不同的是，在图5.17的场合下，即使到了时刻t_1，加速度a仍然保持恒定的a_{MAX}值。

时刻t_1一到，图5.17的最短时间控制系统马上将加速度a几乎切换为0。之所以说几乎切换为0，是因为在实际过程中为了给移动时产生的摩擦等因素进行补偿，才采取了加速度a不为0的措施，这样就可以对摩擦等损失进行补偿了。而在图5.11中，由于其摩擦力的原因，也会造成速度v的降低，它是靠速度控制系统的速度时间常数T_S的响应特性进行补偿的，而速度v几乎仍然遵循速度指令，保持在v_{MAX}不变。

在图5.17中，移动机器人从时刻t_2开始以$-a_{MAX}$进行减速，在距终点$\boldsymbol{G}$的距离$X_{RG}=0$时，速度v变为0。从时刻t_2到时刻t_3，加速度a都为$-a_{MAX}$，即速度v以恒定的减速度不停地减少。在时刻t_3的时候，$v=0$，$x_{RG}=0$。

通过这样的控制，具有最大加速度a_{MAX}性能的移动机器人就能够在最短的时间内到达终点G。图5.11展现出的是在线性控制范围内，以最大加速度a_{MAX}以内的性能进行定位时的特性，因此与图5.17的场景相比，其定位所需要的时间变得更长。

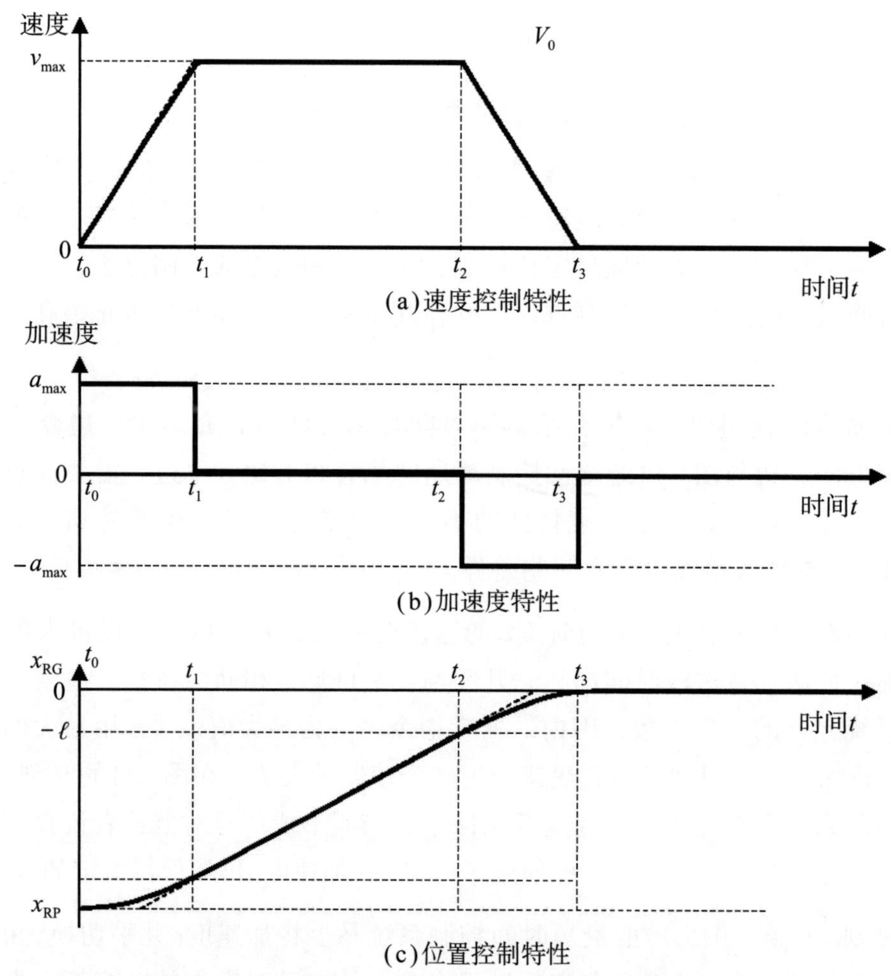

(a)速度控制特性

(b)加速度特性

(c)位置控制特性

图5.17　采用最短时间控制的移动机器人定位控制

基于最短时间控制的定位时间t_3是进行各种控制时所追求的目标。在这里我们把减速开始速度v_0对应的减速开始距离特性示于图5.18。图中的实线和点划线分别表示最大加速度a_{MAX}为0.3m/s^{2}和0.2m/s^{2}时的特性。与图5.12的特性相比较，就会知道图5.18的减速开始距离变成了一个很小的值。

当$v_0 = 1$m/s时，在图5.12的线性控制（速度时间常数恒定为$T_S = 20$ms）的情况下，减速开始距离为3m以上，而在图5.18的最短时间控制的场合下，减速开始距离约为1.67m，仅为前者的1/2左右。

当$v_0 = 0.5$m/s时，图5.12的减速开始距离为0.80m，而在图5.18的场合下，减速开始距离则为0.42m。由此可知，通过控制方法的选择，将减速开始距离减半是可能的。

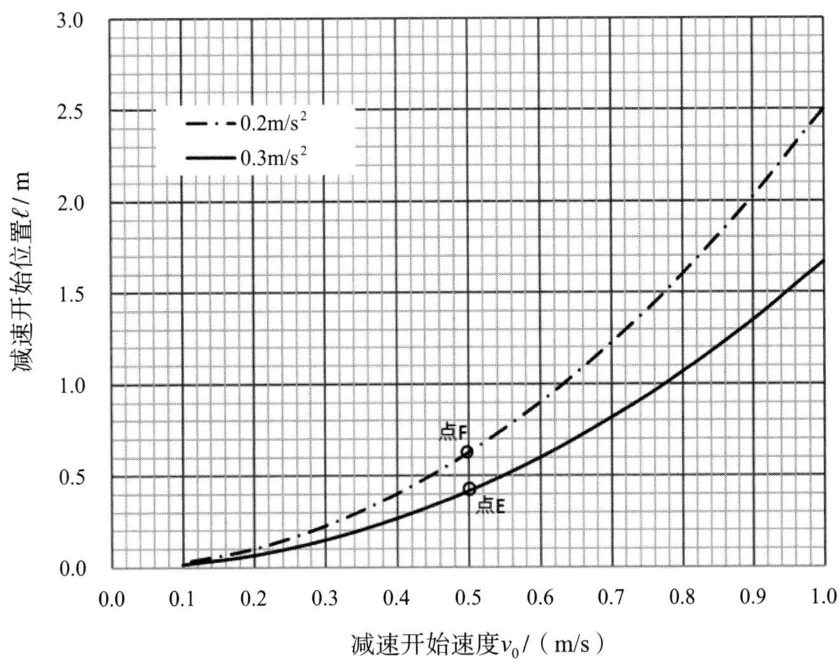

图5.18 在最短时间控制下减速开始速度v_0对应的减速开始距离特性

图5.19所示是在最短时间控制下减速开始速度v_0相对应的调整时间特性。粗实线表示的是从−2.5m处开始，到终点停止，这段距离内所需要的时间；细实线表示从−2.5m处开始，到开始减速，这段距离所需要的时间，细实线与粗实线之差则是从开始减速到停止所经历的调整时间。可以把这种特性与图5.16线性控制方法的场景进行比较和讨论。

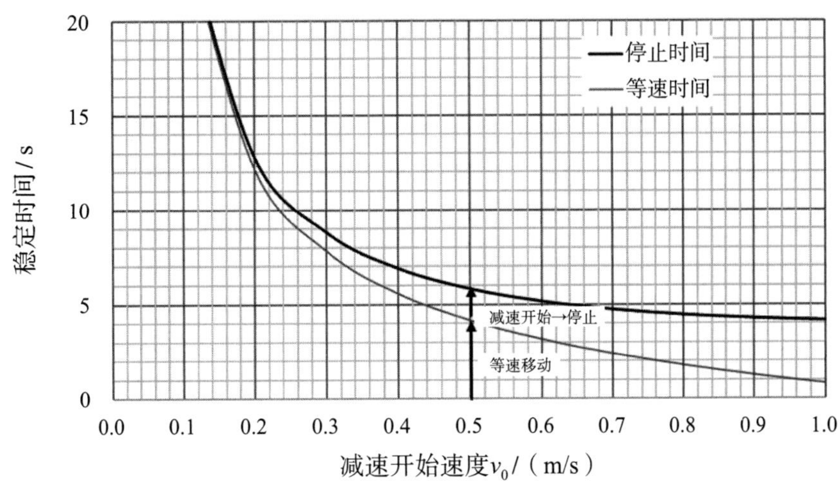

图5.19 在最短时间控制下开始减速速度v_0相对应的调整时间特性（条件：$l=2.5$m）

在采用最短时间控制的场合下，当减速开始速度v_0分别为1m/s和0.5m/s时，从距离终点G为−2.5m的位置到定位结束（移动结束）这段距离所需要的时间分别为4.17s和5.83s。在图5.16的线性控制的场合下，如果将移动结束所需时间定义为精度在10mm以内，那么减速开始速度分别为1m/s和0.5m/s时，定位结束（移动结束）所需时间分别为18.0s和10.4s。由此可知，与线性控制相比，最短时间控制的定位结束（移动结束）所需时间大约下降到了1/2以下。特别是当减速开始速度大的时候，这个比值还会变大。另外，如果将定位结束所需时间定义为定位精度在1mm以内，那么图5.16的定位结束（移动结束）所需时间，在v_0为1m/s和0.5m/s时，分别为25.6s和14.1s。也就是说，在要求定位高精度化的场合下，二者关于定位结束（移动结束）所需要时间的比值还会进一步变大。

另外，在采用最短时间控制的场合下，最大加速度$a_{\mathrm{MAX}} = 0.3\mathrm{m/s}$时，从开始减速到停止这段时间大约为3.3s。在如此短暂的时间内完成定位本身是一个重要的技术指标。

最短时间控制在特性方面的优越性自不必多言，但是由于无法采用图5.10那样的反馈控制，因此与能够采用反馈控制的方式相比，这种最短时间控制还存在若干需要研究解决的课题：

（1）定位的超调。当开始减速的时机出现差错或者达不到预定加速度的时候，往往会出现走过了终点G，然后再返回终点G的状况。如前所述，定位控制中的超调有可能导致撞上其他物体，这是一个需要解决的重要问题。

（2）定位精度的劣化。由于最短时间控制是一种不进行反馈的控制方式，因此普遍认为定位精度的提高在最短时间控制中是难于实现的。

出于以上这些方面的考虑，当选定定位控制方式时，为了判断定位控制的优劣，必须考量下述这些因素：

（1）定位时间要短。移动机器人在恒速移动时速度要快是理所当然的事情，但加速时间短、减速时间短、定位时间短更为重要。正如5.3.1节中所介绍的那样，瞬间最大加速度（减速度）即使很大，其调整时间往往变得很长，所以如何缩短调整时间是一个研究课题。

（2）定位精度要高。移动机器人负载重量的变化、移动时的摩擦力等因素都会给定位精度带来影响，因此针对这些参数的变化，控制系统的鲁棒性是一个重要因素。一般在引导式AGV的场合下，定位精度大多都设定为 ± 10mm的水平。

（3）定位精度的分散性要小。移动机器人在移动过程中和减速过程中都会产生振动，由于振动的影响，每次进行定位的时候都往往会造成定位精度的分散性。特别是在静摩擦阻力大的场合，这种阻力对定位分散性造成影响，移动机器人一旦停止下来，很难对其定位进行补偿。作为包含定位分散性在内的定位精度，如果标准误差用σ表示的话，则至少3σ控制在±10mm以下。

5.3.3 蠕变速度定位控制

移动机器人要求能够以很短的时间，稳定、高精度地定位，我们在这里介绍一下蠕变速度定位控制。从定位精度上来考量，这种定位控制可以应用于长距离移动定位。例如，要求亚微米数量级精度的半导体制造设备等场合所采用的X-Y坐标平台的定位控制方法[59]。

图5.20是蠕变速度定位控制方式的时间响应特性图，为了便于说明，所经历的时刻点采用了t_5、t_4、t_3、t_2、t_1、t_0的顺序，下面就按照这个时刻过程进行说明。

时刻t_5到时刻t_4这段时间内，移动机器人以加速度a_{MAX}进行加速，从而达到最高速度v_{MAX}。时刻t_4到时刻t_3这段时间内，移动机器人以高速度v_{MAX}移动，往终

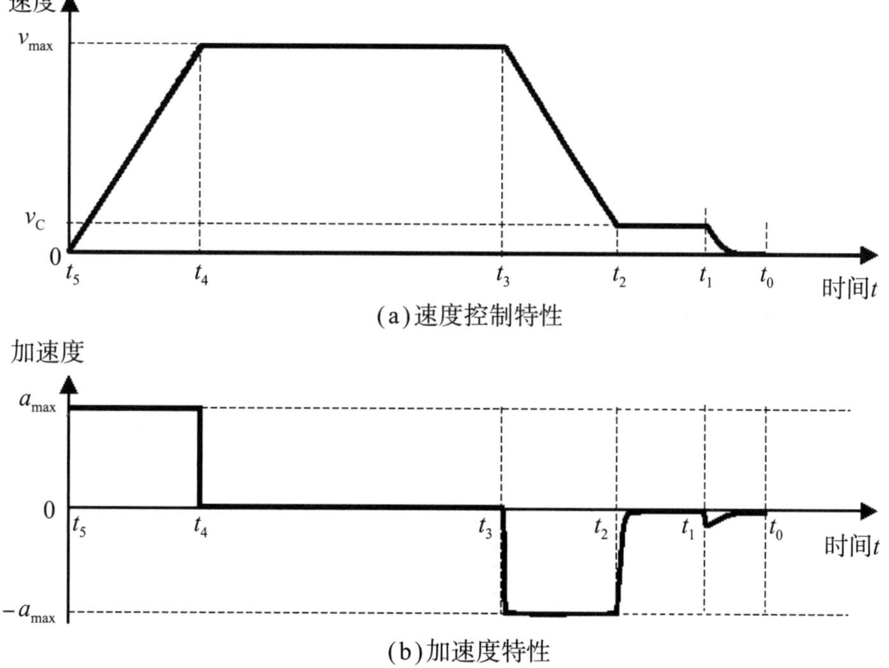

图5.20 蠕变速度定位控制

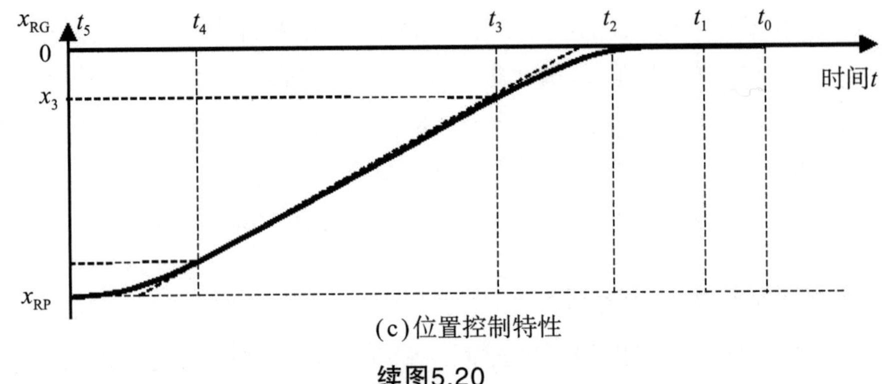

(c)位置控制特性

续图5.20

点G靠近，这期间的移动机器人的移动状态的模型图示于图5.21。在时刻t_3的时候，移动机器人到达了距离终点G仅剩下x_3的位置。从这个时刻点开始直到时刻点t_2，移动机器人以恒定加速度$-a_{MAX}$进行减速运动。到此为止的移动机器人的动作，都采取几乎与最短时间控制所介绍的相同的方式进行。但是，它还是与最短时间控制有不同之处，关于这一点，后面将进行详细说明。

在图5.21中，到达时刻t_2的时候，移动机器人已经非常接近终点G，距离仅剩下x_2。此时的速度v_2变成被称为蠕变速度v_C的低速度。从这一时刻开始直到时刻t_1，移动机器人都以这个恒定的蠕变速度v_C移动，并以这种运动状态，到达距离终点G还剩x_1的位置。从图5.20(c)可以看到，从时刻t_2到时刻t_0的这段时间内，与移动距离x_{RP}相比，这是一段非常短的距离，在图面上已经达到了无法表示距离x_2与距离x_1之间差别的程度。

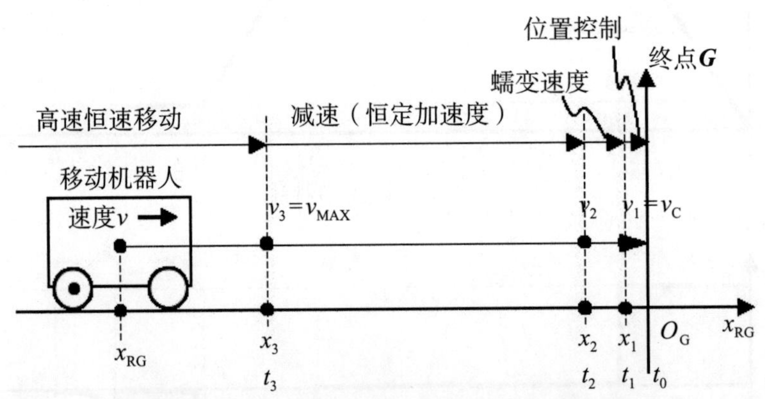

图5.21　蠕变速度定位控制时的位置模型图

时刻t_1开始，移动机器人进行图5.10的位置控制系统方框图所示的那种定位控制，直到终点G，定位控制结束。这时候的时间点为时刻t_0，移动机器人的速度v、位置x_{RG}全部变为0。

如果能够实现这样的控制，直到时刻t_2，移动机器人都可以采用与最短时间控制几乎相同的加速移动、高速移动、减速移动，最后一直移动距离终点$\boldsymbol{G}$的x_2位置。时刻t_1到时刻t_0这段时间内的定位，采用了低速蠕变速度v_C提供的线性控制进行减速，因此只要设定比较小的位置时间常数值T_P，即可以在短时间内实现预期目标。

在这里我们解释一下，时刻t_2到时刻t_1这段时间内，移动机器人采用恒定低速的蠕变速度v_C移动在技术层面的意义。

设置这种蠕变速度时间段的目的是，移动机器人的位置x_{RG}处于到终点$\boldsymbol{G}$的距离为x_1的时刻t_1的时候，速度v能够与蠕变速度v_C保持一致。因此为了使速度v不产生振动，可以进行如下的考虑：

（1）从时刻t_2开始，将v_C设置为固定值，使影响定位精度的激振力不施加到移动机器人上。

（2）根据移动机器人所固有的振动频率等因素，使减速时产生的速度v的振动在蠕变速度期间得到衰减。

经过如此的控制，移动机器人上所产生的速度振动等将会减少，在该段区间结束的时刻点t_1，可以保障每次进行定位的时候，移动机器人的速度v都是蠕变速度v_C。如果减速开始速度v_0高于蠕变速度v_C，不管它是最高速度v_{MAX}，还是其他速度，时刻t_1时的速度v都是蠕变速度v_C。因此在时刻t_1，不再受此前的移动速度的影响，开始进行线性定位控制。

实现这种控制方式的定位控制系统方框图如图5.22所示。图5.22(a)仅仅是以插入定位控制函数的形式，取代了图5.10(a)中的位置比例增益K_{PP}和速度限制器。关于图5.22(a)中的速度控制系统，则与图5.10(a)中的速度控制系统完全相同。在介绍图5.10(a)的时候，专门强调过速度控制系统的时间常数T_S越小，定位响应特性越好，在图5.22(a)的场合下，与普通的设计一样，也是希望速度控制系统的时间常数T_S小，响应速度快。

在采用蠕变速度定位控制的场合下，推荐像图5.22(b)那样，在确定位置控制系统输出的速度指令v^*的地方添加速度限制器。这种速度限制器可以从外部设定速度限制值v_{LMT}，从而限制移动机器人的移动速度。例如，在狭窄通道、交叉路口附近、旋转通道等场合移动时，受移动环境的影响，可以考虑进行速度限制。另外，在移动机器人的移动通道附近检测到障碍物时或者发现有其他移动物体向移动机器人靠近而出现碰撞可能性时，有必要使移动机器人降低速度。在这些场合下，利用速度限制值v_{LMT}就能够对速度进行适当的限制。

如此一来，利用图5.22(b)的方框图，不仅使移动机器人具备了任意限制速度的功能，而且可以实现高精度、高速响应的定位控制。

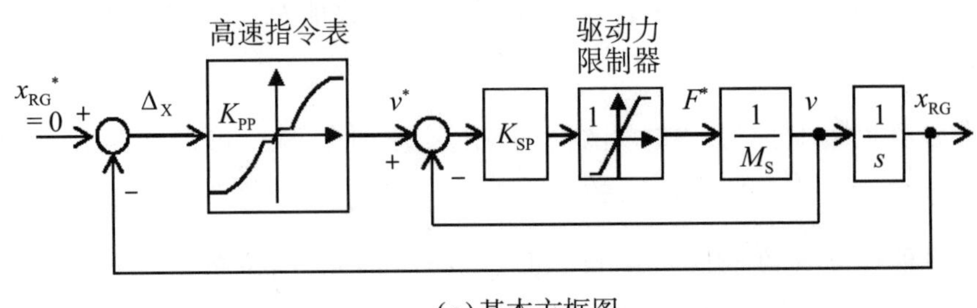

(a)基本方框图

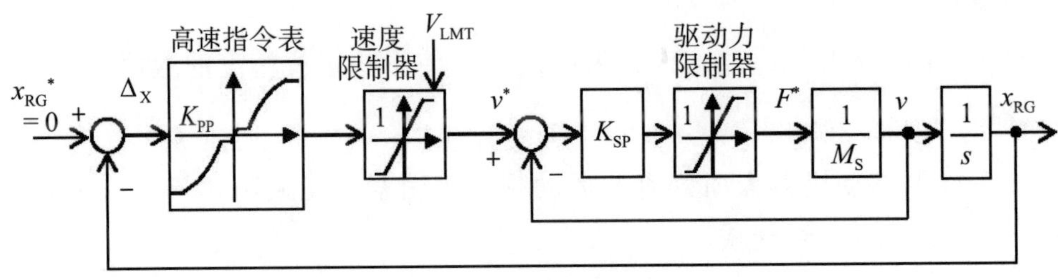

(b)添加了速度限制器的方框图

图5.22　蠕变速度定位控制系统方框图

在这里我们借助图5.23介绍一下定位控制系统速度指令函数的导出方法。

在图5.23(a)中，我们先确定（从时刻t_1到时刻t_0这段时间）距离x_1与速度v_1的关系，这里，设定$t_0 = 0$。速度v_1就是蠕变速度v_C，由于它会对定位的时间、定位的精度造成影响，因此可以认为它就是左右移动机器人定位性能的关键因素。该动作点的位置可以利用图5.11中所介绍的减速开始速度v_0与减速开始距离之间的关系式求出。也就是可以利用式（5.14）所表达的关系式，通过位置时间常数T_P来确定。例如，如果取减速开始速度$v_0 = 0.1$m/s、位置时间常数$T_P = 0.5$s，那么就能够算出减速开始距离为0.05m。速度时间常数T_S取为20ms，最大加速度（减速度）a_{MAX}可以由式（5.20）计算出为-0.181m/s^2，需要特别注意的是，该绝对值不得超越时刻t_3到时刻t_2这段时间内减速控制时的最大加速度（减速度）a_{MAX}的绝对值。时刻t_1到时刻t_0期间的定位时间关系到定位精度的高低，因此在减速开始距离的2%场合，定位时间为$4T_P$。也就是，在本计算举例的场合下，从时刻t_1到时刻t_0期间的定位时间大约为2s，换句话说就是，时刻$t_1 = -2$s。

控制系统需要考虑位置传感器的性能、速度传感器的性能。位置检测精度、位置分辨率、分散性等是否适合于以mm为单位进行的控制运算，是其最主要的检查点。另外，定位时的速度是以mm/s数量级进行控制的，因此还需要考虑速度分辨率对定位控制特性的影响。

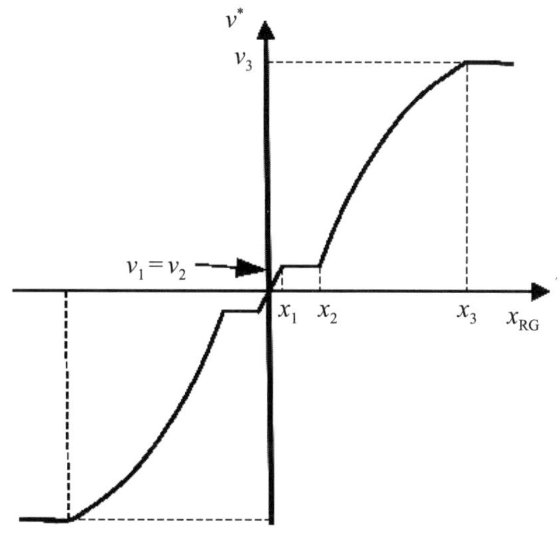

(a)带有蠕变速度的速度指令v^*函数

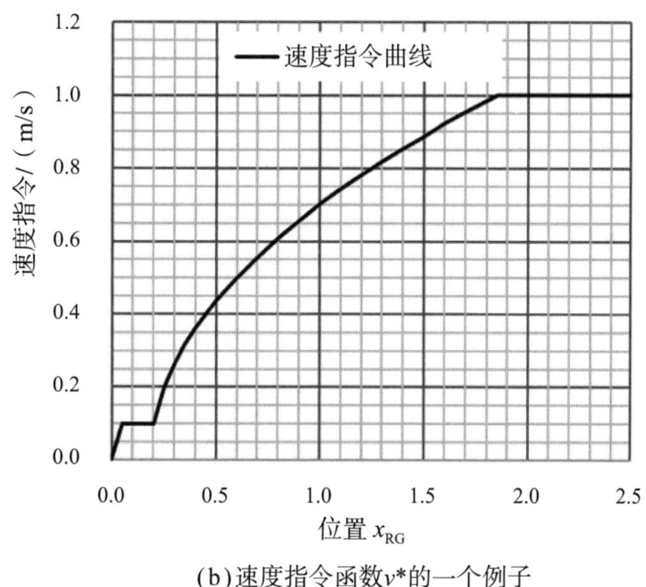

(b)速度指令函数v^*的一个例子

图5.23 带有蠕变速度功能的定位控制系统的速度指令函数

设定距离x_2，确定移动机器人以蠕变速度v_C移动的时间，即从时刻t_2到时刻t_1的时间。如前所述，在移动机器人以蠕变速度v_C移动的这段时间内，其速度v被收敛为蠕变速度v_C，这就是设置这个区间的目的，显然这种设定考虑是十分必要的。当移动机器人由于结构上的原因存在缓慢的固有振动时，设置这个区间就可以解决。在不需要考虑振动的情况下，为了缩短定位时间，可以缩短距离x_2到距离x_1之间的距离。式（5.21）描述的是距离x_2与时刻t_2的关系，在x_2和t_2之中，只要设定了其中的任何一个，另一个也就可以求出。

$$x_2 = x_1 - v_C(t_1 - t_2) \tag{5.21}$$

在图5.23(b)的例子中，如果设定$x_2 = -0.2\text{m}$，那么就可以计算出$t_2 = 3.5\text{s}$。

现在我们来推导出距离x_3与速度v_3的关系式。从时刻t_3开始，移动机器人就开始以恒定的加速度a进行减速，在时刻t_2时，到达距离为x_2、速度为v_3的动作点，于是可以展开为下面的公式：

$$\begin{aligned} &x = \int v\mathrm{d}t \\ &x_2 - x_3 = \int_{t3}^{t2}(v_3 + at)\mathrm{d}t = [v_3 t + at^2/2]_{t3}^{t2} = [v_3(t_2 - t_3) + a(t_2 - t_3)^2/2] \end{aligned} \tag{5.22}$$

再根据速度v_2、v_3与加速度a的关系，可以得到下式：

$$v_2 - v_3 = a(t_2 - t_3) \tag{5.23}$$

利用式（5.22）和式（5.23）可以得到下式：

$$x_2 - x_3 = (v_2{}^2 - v_3{}^2)/(2a) \tag{5.24}$$

$$v_3 = \sqrt{v_2{}^2 - 2a(x_2 - x_3)} \tag{5.25}$$

在时刻t_3到时刻t_2这段时间内，距离x与速度v的关系变为下式：

$$v = \sqrt{v_2{}^2 - 2a(x_2 - x)} \tag{5.26}$$

如果设v_3为最高速度v_{MAX}，加速度$a = -0.3\text{m/s}^2$，则可以计算出距离x_3。

利用式（5.24）可以计算出$x_3 = 1.85\text{m}$。再利用式（5.26）还可以计算出距离x_3到距离x_2区间内的速度v。利用式（5.23）可以计算出时刻t_3到时刻t_2的时间为3s。

利用以上这些计算公式，可以绘制出图5.23(b)所示的函数曲线。

利用这些条件，可以计算距离终点$\boldsymbol{G}$还有−2.5m处的定位响应特性。图5.24是移动机器人的移动速度v为1.0m/s时的特性。图中的虚线表示的是速度指令v^*，实线表示的是移动机器人的实际速度v。由于速度时间常数T_S设为20ms，因此在减速的时候两条曲线具有20ms的差值。不过，从图5.24的时间尺度可以看到，它所受到影响很小。但是，由于响应速度迟缓，移动机器人的实际速度v会比指令速度v^*略微快一点，因此与按照指令速度v^*移动所能够到达的位置相比，移动机器人的实际位置x_{RG}更靠近终点$\boldsymbol{G}$。由图5.24的仿真结果可知，实际的减速时间比当初设计的3s短，大约为2.9s。不过，由于存在蠕变速度v_C，所以响应速度的迟缓可以被吸收掉。另外，在图5.24中以蠕变速度v_C移动的时间，相对于设计的1.5s来说，因速度迟缓而吸收掉的时间分量很短，大约为1.4s。这样一解释，我们就明白了图5.24的计算结果几乎与设计的特性一致的原因。

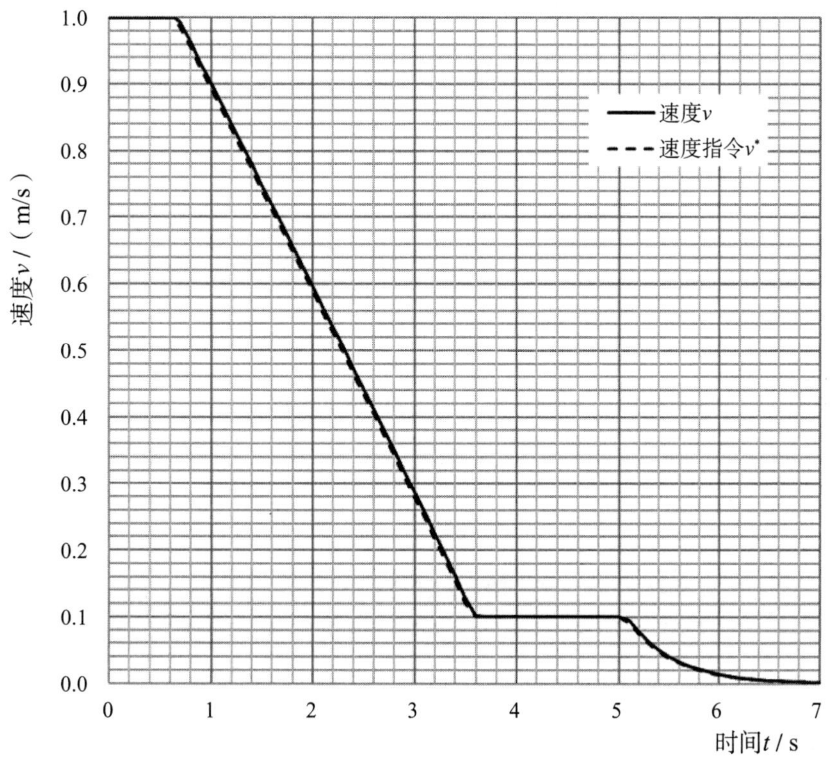

图5.24　蠕变速度定位控制的时间响应特性

图5.23(b)示出的是蠕变速度v_C为0.1m/s时的场景，设定更低的速度可以进一步缩短定位时间。不过，在蠕变速度开始前的减速期间，如果移动机器人的速度具有超调特性，若过分减速，速度就有可能变为负值，这一点对于确定蠕变速度的大小来说是相当重要的。另外，缩短以蠕变速度移动的时间，也可以缩短定位时间，但会影响到定位精度和分散性，在设计时需要充分考虑这一点。

图5.25显示的是，以减速开始速度v_0为横轴，进行与图5.24同样的计算得到的调整时间特性。与最短时间控制（图5.20）相比，其定位调整时间延长了3s左右，与线性控制（图5.16）相比，其定位调整时间大幅度缩短。由图5.25可知，从距离终点$\boldsymbol{G}$的–100mm处移动到终点停止所需要的时间，不管减速开始速度如何，几乎都是2.5s。

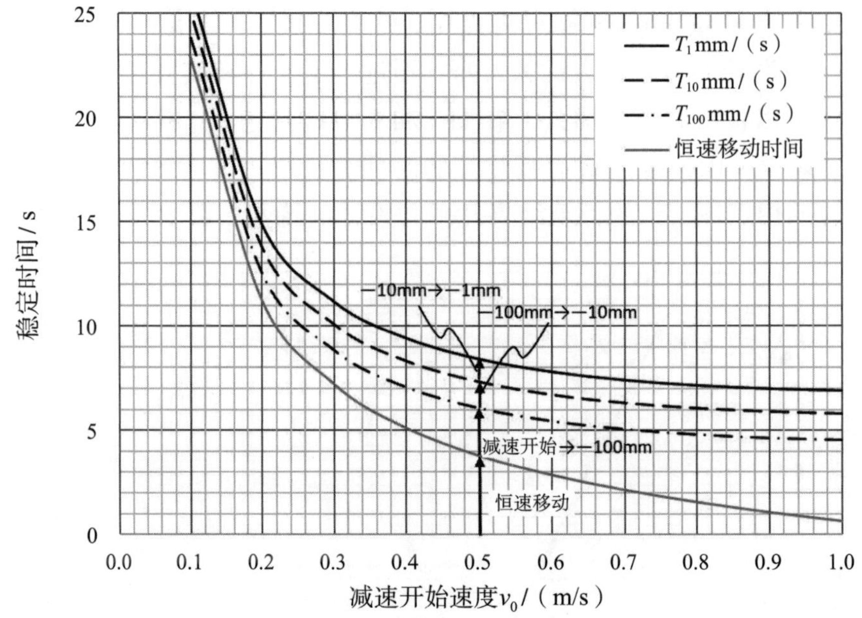

图5.25　蠕变速度定位控制所需的调整时间

综上所述，灵活运用蠕变速度定位控制，可以短时间、高精度地对移动机器人进行定位。

5.4　对应于直线目标路径的路径跟踪控制

通过引导式AGV所使用的引导线可以任意设定目标路径。在实际的应用中，需要确保AGV在移动的时候不要脱离引导线，不过如果是以确定的曲率半径移动，那就没有路径限制了。第5.2节已经介绍过，目标路径可以是具有任意曲率的圆弧和直线，因此本节的目标路径是以具有一定曲率的圆弧（包含曲率为0的直线）为对象。

路径跟踪控制的目的是，使移动机器人的旋转中心与目标路径一致，移动机器人的行进角度与目标路径的前进方向一致。为此可以进行下面两个阶段的考虑：

（1）跟踪直线目标路径的路径跟踪控制。

（2）跟踪圆弧目标路径的路径跟踪控制。

关于第二种情况，7.2节将详细介绍，本节仅针对目标路径为直线的路径跟踪控制方法，依照下面的顺序，介绍它们的设计要点以及需要研究的课题。

（1）利用磁传感器的检测值进行控制。

（2）利用移动机器人与目标路径之间的距离和角度进行控制。

（3）利用移动机器人与目标路径之间的距离、角度和角速度进行控制。

5.4.1 利用磁传感器的检测值进行控制

这是一种最简单的引导式AGV控制方法，它靠磁传感器检测出移动机器人与目标路径之间的距离进行引导。图5.26(a)是跟踪直线路径移动的AGV状态。该图向我们描述了移动机器人沿着直线目标路径移动到目标点***P***（坐标原点）的路线图，它在以恒定速度v朝该坐标原点$\boldsymbol{O}_{\mathrm{P}}$移动的同时，跟踪设置在$X$轴上的目标路径。在控制方式上，本节中AGV与移动机器人的含义是完全等价的，因此在这里我们暂且将移动机器人称之为AGV。

在该坐标系中，AGV所处的位置为$(x_{\mathrm{RP}}, y_{\mathrm{RP}})$，角度为$\theta_{\mathrm{RP}}$。该AGV的前部装有磁传感器F。从AGV旋转中心位置***R***到磁传感器F的距离表示为W_{FS}。用磁传感器来检测那些设置于目标路径上的磁条所产生的磁通量，当检测到磁传感器的中心S_{C}到S_{R}方向的距离出现d的偏差的时候，磁传感器就会产生d_{SF}的输出值。这种磁传感器的特性示于图5.26(b)。从图中可以看出，在特性曲线的两个端部之间，磁传感器都可以输出与检测到的距离d成正比的检测值。检测值d_{SF}之中不仅包含了目标路径到Y轴方向的距离y_{RP}，而且还包含了AGV的角度θ_{RP}，着眼于这一点十分重要。也就是说，下面的公式成立：

$$d_{\mathrm{SF}} = y_{\mathrm{RP}} / \cos\theta_{\mathrm{RP}} + W_{\mathrm{SF}} \cdot \tan\theta_{\mathrm{RP}} \tag{5.27}$$

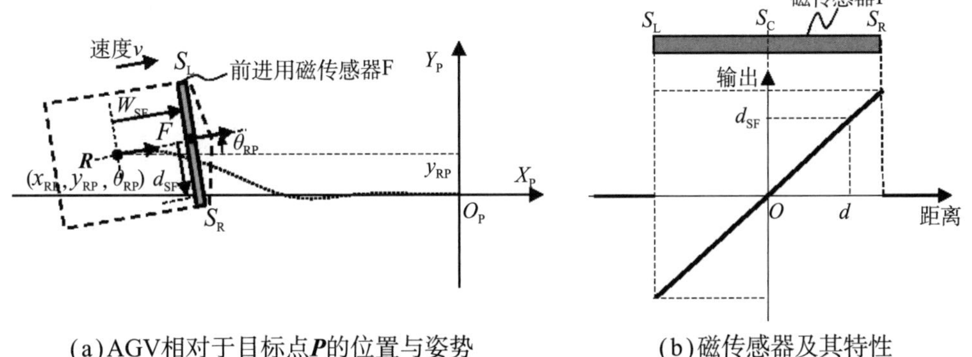

(a)AGV相对于目标点***P***的位置与姿势　　(b)磁传感器及其特性

图5.26 跟踪沿直线目标路径前进的AGV的动作

通过控制使得这个磁传感器输出的检测值d_{SF}为0，就可以使AGV始终在直线目标路径上移动。AGV的这种控制方式，不仅对直线目标路径，对曲线目标路径也能够有效地发挥作用，几乎能沿着所有的目标路径跟踪AGV。其中，在曲线目标路径的场合下，不需要为了使其完全在目标路径上移动而进行补偿。

另外，在控制AGV后退的场合下，必须使用与前进时设置位置不同的磁传感器B。例如，就像图5.27(a)那样，在速度v为负值，进行后退控制的时候，磁传感器B被安装在比AGV的旋转中心更靠后的位置上。

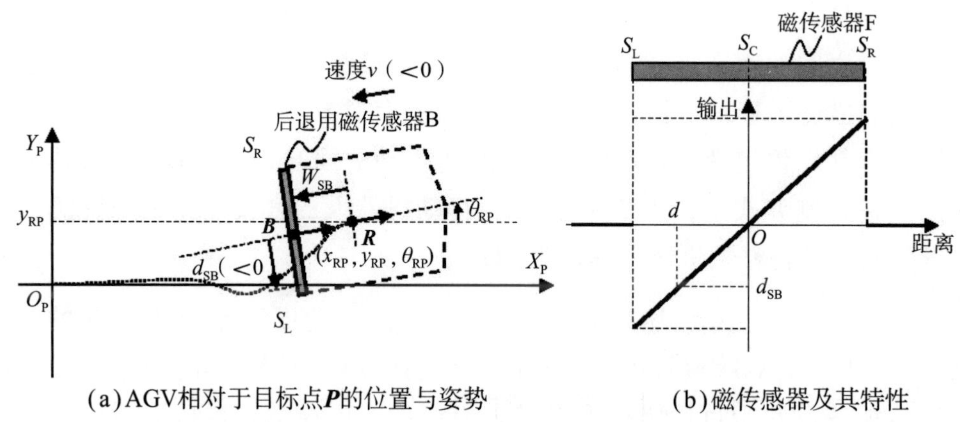

(a) AGV相对于目标点$\boldsymbol{P}$的位置与姿势　　(b) 磁传感器及其特性

图5.27　跟踪沿直线目标路径后退的AGV的动作

关于磁传感器B的安装有必要强调的是，其方向与磁传感器F的安装方向是截然相反的。从图上可以看出，图5.27的磁传感器B的方向S_R和S_L，与图5.26的磁传感器F的方向S_R和S_L是不同的。就像图5.27那样，当AGV的距离y_{RP}为正值的时候，磁传感器B的检测值d_{SB}为负值。因而，其检测值d_{SB}的表达式如下所示：

$$d_{SB} = -y_{RP}/\cos\theta_{RP} + W_{SB}\cdot\tan\theta_{RP} \tag{5.28}$$

在这里，受AGV角度θ_{RP}影响的式（5.28）第2项“$W_{SP}\cdot\tan\theta_{RP}$”的符号，与式（5.27）这一项的符号相同，都是正号。

因此，安装磁传感器B后，AGV的后退也可以采用相同的方法进行控制。下面我们来说明它的工作原理。

图5.28是AGV沿着直线目标路径移动的路径跟踪控制方框图，AGV的结构为两轮差速驱动。图5.28(a)是前进时的控制构成方式，它是在图5.26(a)那样的控制方式中安装并使用了磁传感器F。图5.28(b)是后退时的控制构成方式，这时候它所使用的磁传感器B，就像图5.27(a)那样将其安装在了AGV的后部。

在图5.28(a)中，AGV按照控制器运算后输出的左右车轮的速度指令v_L*和v_R*进行驱动。对应于其接收到的指令，分别控制左右电机，使左右车轮的速度

v_L和v_R分别达到各自的预定值。一般情况下，速度控制时间常数为10ms时，对移动控制的整体影响会比较少。

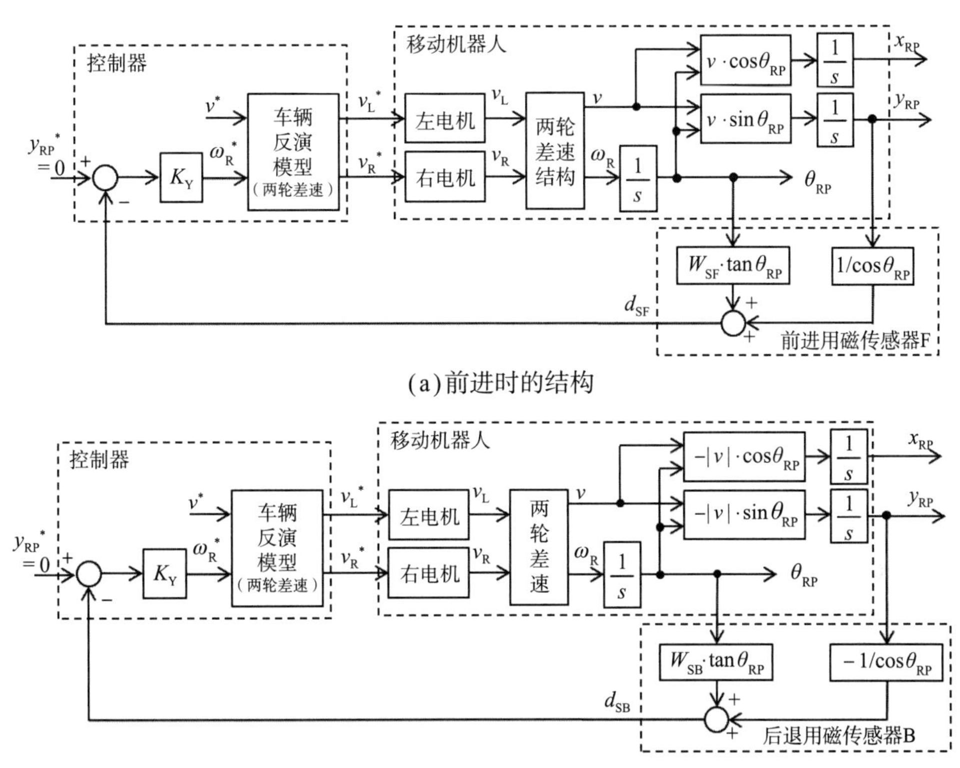

(a)前进时的结构

(b)后退时的结构

图5.28　反馈磁传感器检测值的路径跟踪控制方框图

左右车轮的速度如果分别被控制为v_L和v_R，就可以像第2章所介绍的那样，移动速度v和旋转角速度ω通过式（2.30）确定后，AGV的移动状态就可以确定了。这个式子表示的是在车轮接触路面时，车轮的滑动几乎可以忽略不计时的特性。当路面的摩擦系数小、容易产生滑动的场合下，必须考虑该因素的影响。我们这里讨论的移动状态是车轮的滑动可以忽略不计的场景。

AGV以角速度ω旋转车体，因此AGV的角度θ_{RP}可以通过对角速度ω的积分计算出来。另外，AGV是在该角度θ_{RP}方向上以速度v进行移动的，所以在以目标点$\boldsymbol{P}$为原点的坐标系中，AGV在X_P轴和Y_P轴上的速度分量则分别为$v \cdot \cos\theta_{RP}$和$v \cdot \sin\theta_{RP}$。于是，AGV的位置x_{RP}和y_{RP}就分别可以通过对其对应速度的积分求出。按照这种方式，就可以构成图5.28所示的方框图。据此，也可以知道两轮差速驱动方式的AGV所在的位置与角度。

图5.28(a)右下方虚线内的方框图表示前进用的磁传感器F，其特性示于式

（5.27）。按照前面的叙述，这个磁传感器的输出d_{SF}中包含了AGV的位置y_{RP}与角度θ_{RP}信息，该输出信号dSF被反馈到控制器中。

Y_P轴方向上的位置指令$y_{RP}*$为0。如图5.28(a)所示，对Y_P轴位置y_{RP}进行反馈的位置控制，通过下式可以计算出角速度指令$\omega*$：

$$\omega^* = K_Y(y_{RP}^* - d_{SF}) = -K_Y \cdot d_{SF} \tag{5.29}$$

在这个式子中，最重要的是自始至终都要对位置指令$y_{RP}*$进行反馈控制。AGV的控制方法通过简单的运算就可以算出，因而被认为是一种比较优秀的方法。如果利用此计算得到角速度指令$\omega*$和速度指令$v*$，再根据两轮差速结构的车辆反演模型，就可以在控制器中求出左右车轮的速度指令v_L*和v_R*。式（2.30）的两边乘以逆矩阵，就可以得到下面的公式：

$$\begin{bmatrix} v_R^* \\ v_L^* \end{bmatrix} = \begin{bmatrix} 1/2 & 1/2 \\ 1/T_r & -1/T_r \end{bmatrix}^{-1} \begin{bmatrix} V^* \\ \omega_R \end{bmatrix} = \begin{bmatrix} 1 & T_r/2 \\ 1 & -T_r/2 \end{bmatrix} \begin{bmatrix} v^* \\ \omega_R^* \end{bmatrix} \tag{5.30}$$

按照上述步骤，就可以构成跟踪直线目标路径的AGV控制系统了。

AGV跟踪直线目标路径后退时的控制方法如图5.28(b)所示。与前进时的图5.28(a)相比较，其不同之处在于，后退用的磁传感器B的方框里面，由Y轴位置y_{RP}检测的方框图变成了$-1/\cos\theta_{RP}$。另外，在图5.28(b)中，在计算位置x_{RP}和y_{RP}的积分之前的方框里，加入了与移动速度v成正比的项目。因为移动速度为负值，所以为了强调方框为负值，用$-|v|$来表示。

为了使这个控制系统更容易理解，我们将方框图做一个近似的简化。

按照前面的描述，我们考虑将电机控制的时间常数控制在数十毫秒以下，车轮的滑动小到不会对AGV的移动轨迹带来影响的防滑路面的场景。反馈磁传感器检测值的控制系统的时间常数设计在100ms以上。图5.28中左电机与右电机的传递函数都看作1。控制器内的车辆反演模型也可以根据实际的AGV各元素进行计算。在这种场合下，从车辆反演模型的输入到AGV的两轮差速结构的输出的传递函数几乎就是1，也就是

$$v = v^*, \quad \omega = \omega^*$$

因此就可以将其简化为图5.29那样的控制方框图。

在这里，如果AGV的角度θ_{RP}十分小，那么就可以用下式进行近似

$$\sin\theta_{RP} \approx \theta_{RP},\ \tan\theta_{RP} \approx \theta_{RP},\ \cos\theta_{RP} \approx 1 \tag{5.31}$$

因此，就变成了图5.29(b)所示的控制方框图。

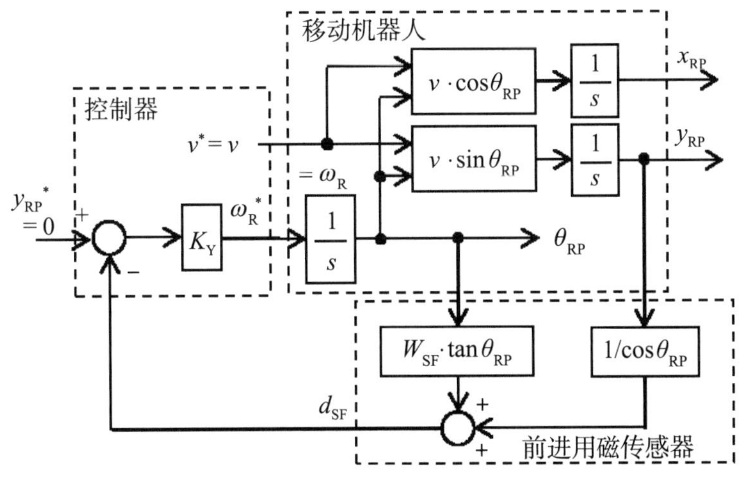

(a)速度控制系统响应为1时

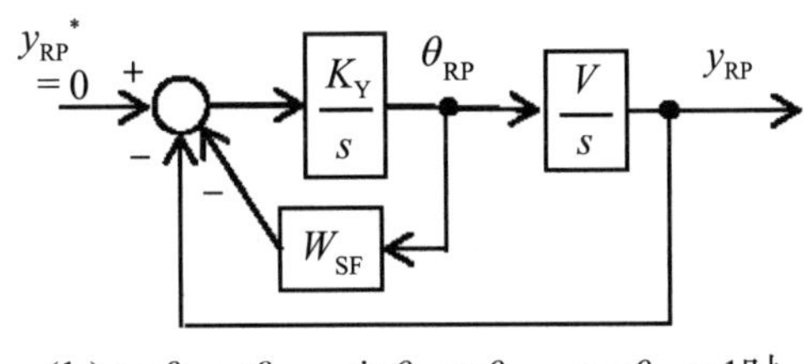

(b) $\tan\theta_{RP}\approx\theta_{RP}$，$\sin\theta_{RP}\approx\theta_{RP}$，$\cos\theta_{RP}\approx 1$时

图5.29　反馈磁传感器检测值的控制系统（图5.28）的近似方框图

该传递函数可用下式求出：

$$H(s)=\frac{K_Y\cdot v}{s^2+W_{SF}K_Y s+K_Y\cdot v}=\frac{1}{T_\theta T_Y s^2+T_Y s+1}=\frac{\omega_n^2}{s^2+2\xi\omega_n s+\omega_n^2} \quad (5.32)$$

在这里，T_Y和T_θ分别是图5.29(b)中的Y_P轴位置控制时间常数和角度控制时间常数，由下式给出：

$$T_Y=W_{SF}/v \quad (5.33)$$

$$T_\theta=1/(K_Y\cdot W_{SF}) \quad (5.34)$$

另外，二阶滞后系统的固有角频率ω_n和衰减系数ξ如下式所示：

$$\omega_n=(K_Y\cdot v)^{1/2} \quad (5.35)$$

$$\xi=W_{SF}(K_Y/v)^{1/2}/2 \quad (5.36)$$

与式（3.27）～式（3.38）的速度控制系统和电流控制系统类似，在Y_P轴位置控制系统的内部，角度控制系统作为一个副回路而存在。如果再取$n=T_\theta/T_Y$，那么就会得到

$$n = v / (K_Y \cdot W_{SF}^2) \tag{5.37}$$

与3.4节一样，如果$n < 1/4$，二阶滞后系统的极值就有2个实根，为了使Y_P轴位置y_{RP}不发生振动，可以通过调整使$y_{RP} = 0$。$n = 1/4$时，衰减系数ξ变为1。

由式（5.36）和式（5.37）可知：

（1）n与安装磁传感器的距离W_{SF}的平方成反比，如果n的值确定了，那么W_{SF}的值越小，控制系统越容易发生振动。为此，有必要将安装距离W_{SF}尽量设置在AGV旋转中心前方的位置上。

（2）与速度v成正比的n值如果变大，AGV的移动速度就会变快，在某些场合下控制系统有可能发生振动。

另外，根据式（5.37），n值的大小与Y_P轴位置控制系统的增益K_Y成反比例关系，通过设定大的K_Y值，也可以使路径跟踪控制系统稳定。但是，由于式（5.34）的关系，加大K_Y值，会使角度控制的时间常数T_θ变小。因此，在不影响近似省略的电机控制系统的速度时间常数T_S的情况下，角度控制的时间常数T_θ不要过小。

再者，在图5.29(b)的近似控制系统中，Y_P轴位置y_{RP}可以用角度θ_{RP}与速度v乘积的积分求出，因为速度v是可变的，所以该值可能是负的。而当为负值的时候，该控制系统的反馈就变成了正反馈状态，其特性就容易变得发散。于是，当AGV后退时，即$v < 0$时，就有必要采用图5.28(b)的控制系统，而不是图5.28(a)的控制系统。通过使用后退用的磁传感器B，能够使控制系统稳定地工作。

前面已经介绍过，图5.28(b)的控制器结构与图5.28(a)的一样好。如果W_{SB}（后退用的磁传感器B的安装位置到旋转中心的距离）与W_{SF}（前进用的磁传感器F的安装位置到旋转中心的距离）相同，则Y_P轴位置控制系统的增益K_Y值完全相同。当W_{SB}比较小时，就像我们在式（5.36）中介绍过的那样，必须考虑如何避免控制系统产生振动。特别是图2.4所示的驱动后轮的两轮差速驱动方式的情况，W_{SB}无法太大，这一点是必须注意的。

在时刻$t = 0$时，对AGV的位置与角度R_{RP}（$= [-10, 0.2, 0]^T$）进行了仿真，即Y_P轴位置$y_{RP} = 0.2$m、角度$\theta_{RP} = 0$rad，此时前进用的磁传感器F的安装距离W_{SF}被设定为0.5m。

图5.30是将Y_P轴位置控制增益K_Y设置为1时的特性。此时的角度控制时间常数T_θ为2s。图中的实线、点划线、双点划线、虚线分别是移动速度v为1m/s、

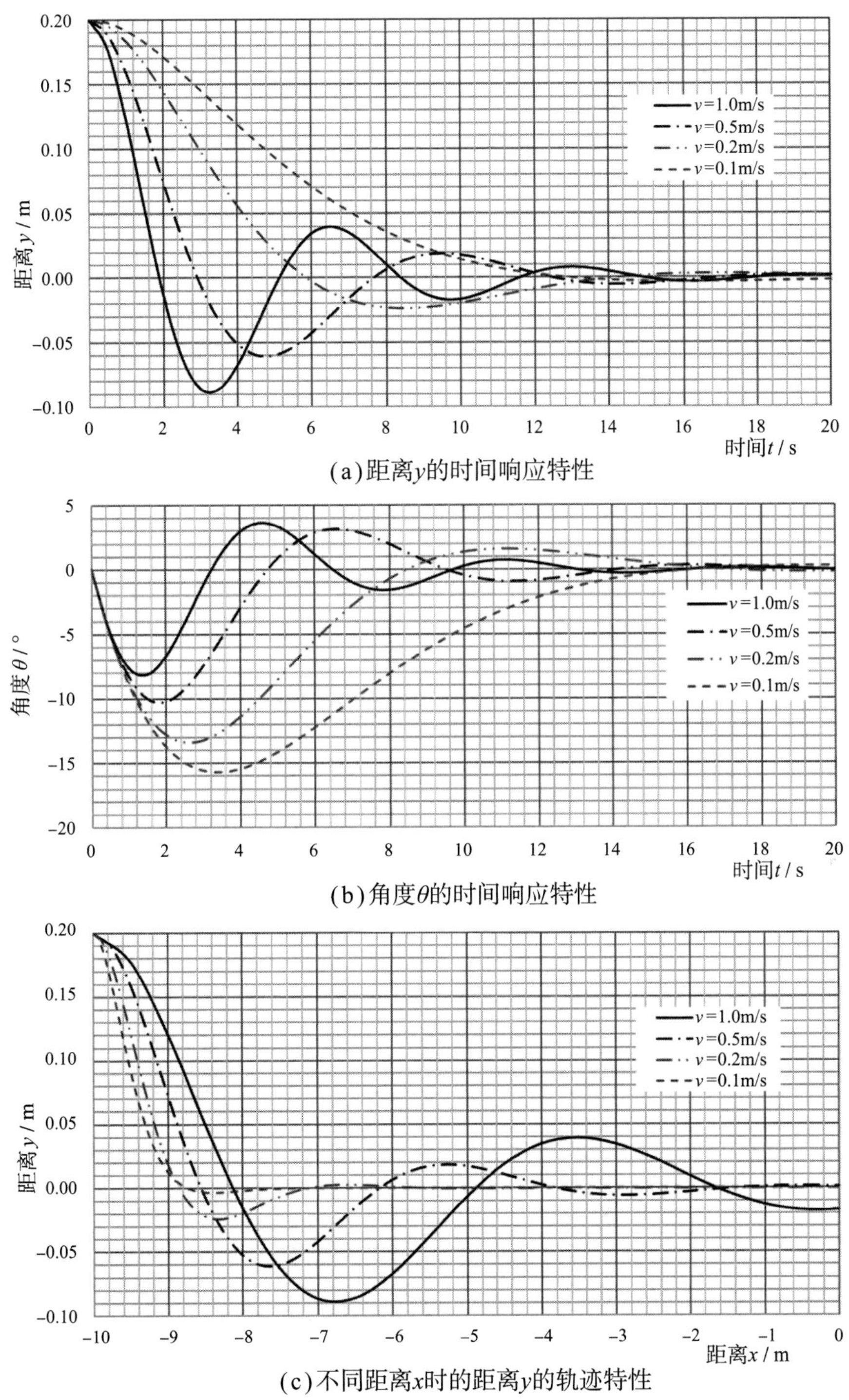

(a)距离y的时间响应特性

(b)角度θ的时间响应特性

(c)不同距离x时的距离y的轨迹特性

图5.30 相对于直线目标路径的移动机器人的响应特性1

（初始条件：$Y_{RP}=0.2\text{m}$、$X_{RP}=-10\text{m}$、$\theta_{RP}=0°$ 、$K_Y=1$）

0.5m/s、0.2m/s、0.1m/s时的特性。图5.30(a)表示的Y_P轴位置y_{RP}的时间响应特性全部超调，目标路径近似为$y_{RP}=0$的直线。当移动速度$v=1$m/s时，超调量约为0.09m，与低速的场合相比，该超调量比较大。Y_P轴位置时间常数T_Y与移动速度成反比，在$v=1$m/s的情况下，可以算出T_Y为0.5s，比T_θ（2s）更短，这时候的衰减系数ξ为0.25。显然，作为其控制特性，虽然响应速度变快了，但是却会产生振动。关于图5.30(b)中的角度θ_{RP}，移动速度v越大，其变化量越小，振动的振幅最大为−8.0°。如果移动速度v变小，由图5.29(c)可知，对于Y_P轴位置y_{RP}的灵敏度减小，角度θ_{RP}的振幅变大。在图5.30(c)中，用移动轨迹表示X_P轴位置x_{RP}的特性与Y_P轴位置y_{RP}的特性，可以看出，随着移动速度v的不同，它们的轨迹会呈现出很大的差异。

图5.31的初始条件与图5.30类似，只不过是将Y_P轴位置控制增益K_Y变为5。在移动速度$v=1$m/s时，衰减系数ξ为0.559，显然振动特性得到了改善。图5.31(a)和(b)显示的是移动速度$v<0.2$m/s时的情况，没有产生振动，达到稳定状态。关于它们的移动轨迹，可以将图5.31(c)与图5.30(c)进行比较，显然移动速度v造成的移动轨迹偏差大幅度降低，在X_P轴位置x_{RP}的−7m附近，Y_P轴位置y_{RP}值的偏差收敛到了±0.01m以内。

通过上面的描述可以知道，引导式AGV使用了比较简单的传感器——磁传感器，为增加控制的稳定性，角度θ_{RP}的局部反馈回路起作用，具有阻尼效果。但是必须认识到，因为其特性完全取决于磁传感器的配置和移动速度，所以仅靠改变位置控制增益K_Y来满足其全部特性的手段是有局限性的。仔细观察实际移

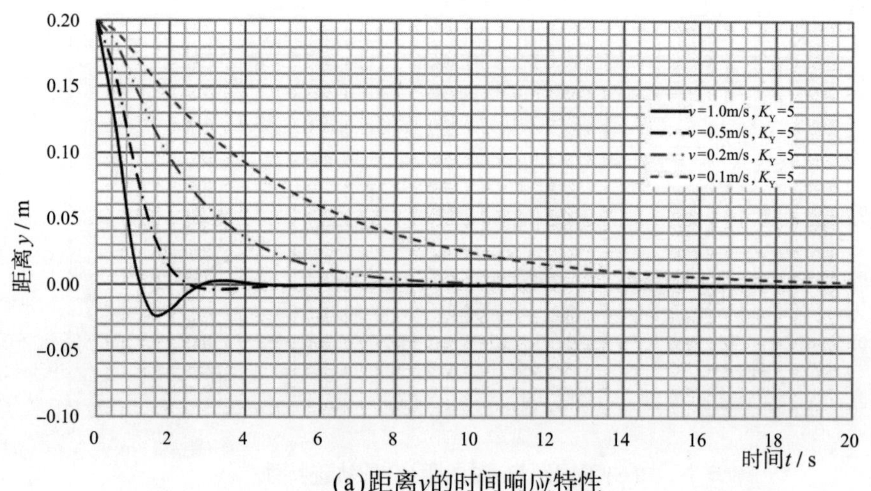

(a)距离y的时间响应特性

图5.31　相对于直线目标路径的移动机器人的响应特性2
（初始条件：$Y_{RP}=0.2$m、$X_{RP}=-10$m、$\theta_{RP}=0°$、$K_Y=5$）

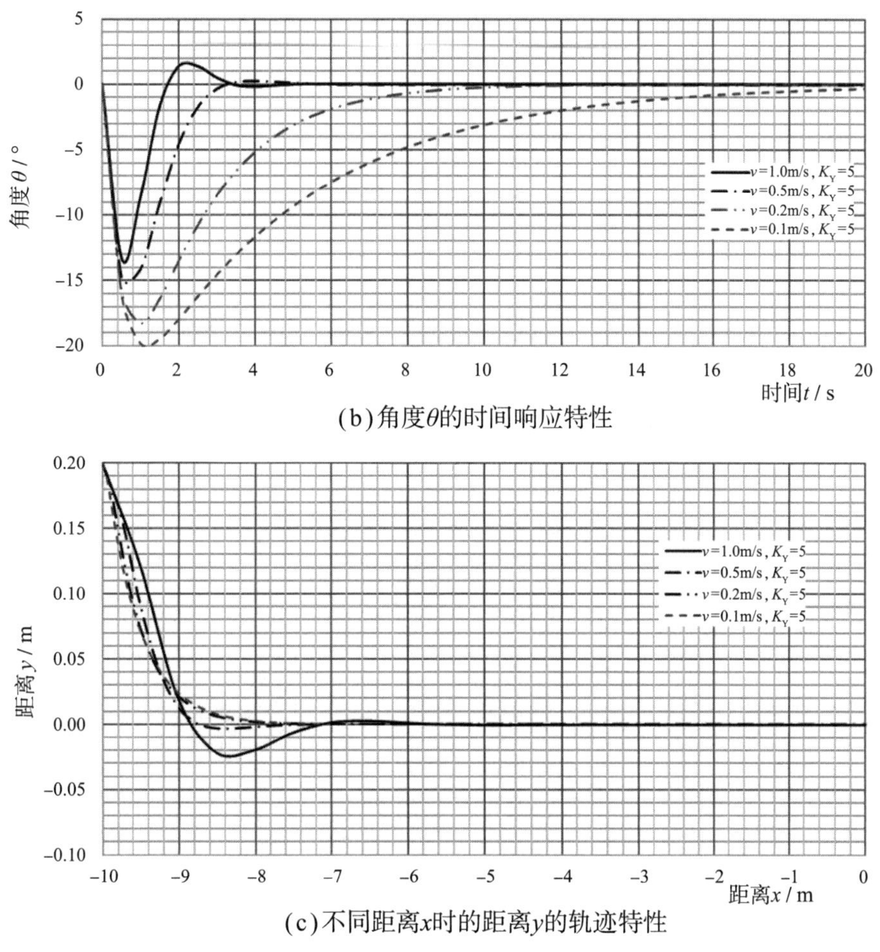

(b)角度θ的时间响应特性

(c)不同距离x时的距离y的轨迹特性

续图5.31

动的AGV，往往就会注意到在它做旋转运动的时候，车体的后部会有轻微的左右振动。

注意：前进与后退所使用的传感器必须具有相反的特性，这一点不仅限于引导式AGV，而是适用所有的移动机器人。

5.4.2 利用移动机器人与目标路径的距离和角度进行控制

众所周知的路径跟踪控制方法如图5.32所示。

图5.32(a)是反馈移动机器人与直线目标路径的Y_P轴距离y_{RP}和角度θ_{RP}的路径跟踪控制的方框图。5.32(a)的反馈信息在本质上与图5.28是一样的。控制器利用该信息下达的角速度指令ω*可由下式计算：

$$\omega^* = K_Y(y_{RP}^* - y_{RP}) - K_\theta \cdot \theta_{RP} = -K_Y \cdot y_{RP} - K_\theta \cdot \theta_{RP} \tag{5.38}$$

其中，$y_{RP}^{*}=0$。在控制器的运算内容方面，图5.32(b)的方框图比图5.29(b)的方框图更容易理解。在磁传感器的场合下，角度θ_{RP}的反馈增益近似等于磁传感器的安装距离W_{SF}与K_Y的乘积，而在图5.32(b)中替成换了角度控制系统增益K_θ。而且，将图5.32(b)与图5.32(b)比较，增益K_Y的位置是不同的，这一点必须注意。

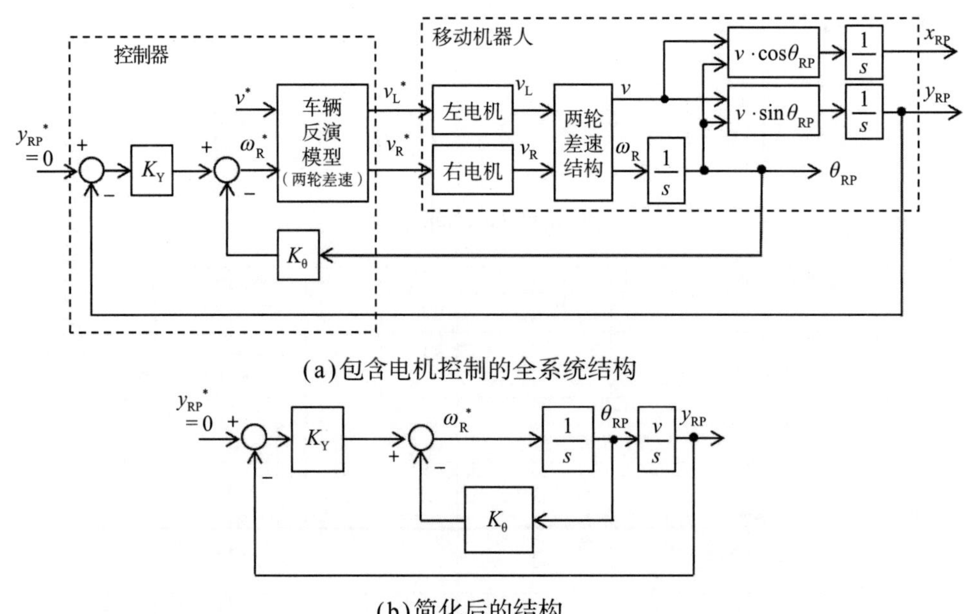

(a)包含电机控制的全系统结构

(b)简化后的结构

图5.32　反馈移动机器人与直线目标路径的距离和角度的路径跟踪控制的方框图[41]

需要注意的是，磁传感器的安装距离W_{SF}受移动机器人的大小、配置等因素制约，而角度控制增益K_θ没有任何限制，可以任意地设计控制系统。因此，相对于Y_P轴距离指令y_{RP}^{*}的Y_P轴距离y_{RP}的传递函数$H(s)$就变成了如下的形式：

$$H(s)=\frac{K_Y\cdot v}{s^2+K_\theta s+K_Y\cdot v}=\frac{1}{T_\theta T_Y s^2+T_Y s+1}=\frac{\omega_n^{\ 2}}{s^2+2\xi\omega_n s+\omega_n^{\ 2}} \tag{5.39}$$

如果将式（5.32）中的$K_Y\cdot W_{SF}$置换成K_θ，就与式（5.39）一样了。式（5.33）～式（5.37）也可以用关系式来进行置换。在这里为了方便理解，我们将这些关系式列举如下：

$$T_Y=K_\theta/(K_Y\cdot v) \tag{5.40}$$

$$T_\theta=1/K_\theta \tag{5.41}$$

$$\omega_n=(K_Y\cdot v)^{1/2} \tag{5.42}$$

前面已经介绍过，在采用磁传感器的场合下，随着移动速度的不同，控制系统的响应特性会出现振动，不过使用反馈Y_P轴距离y_{RP}和角度θ_{RP}的控制系统可以改善这一点。

接下来，我们将图5.32(b)的方框图变形为图5.33所示的方框图来进行说明。图5.33(a)是将图5.32(b)中反馈移动机器人角度θ_{RP}的角度控制增益K_θ的方框图接入主循环。考虑到角度控制增益K_θ的增加成分，把Y_P轴位置增益K_Y的方框变为了K_Y/K_θ。采用这种方案就可以把这个内循环看作角度控制系统，其输入可以认为是角度指令θ_{RP}*。

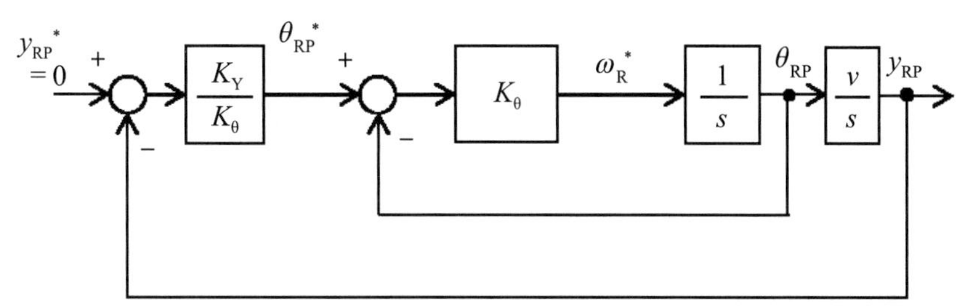

(a)图5.32(b)的变形

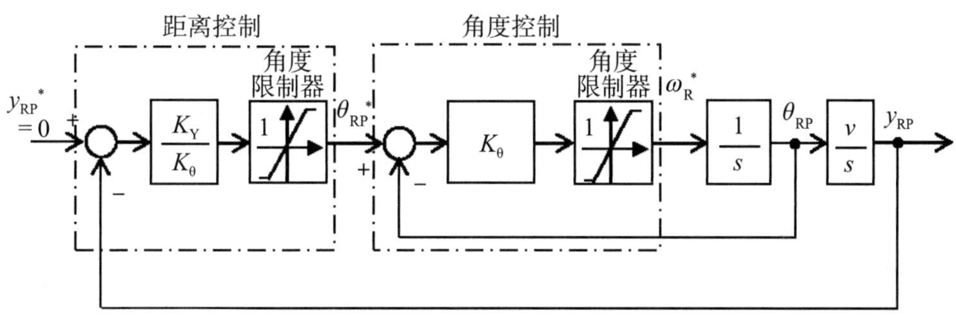

(b)添加了限制器的控制方法

图5.33　添加了限制器的路径跟踪控制方法的方框图

由此可知，这是一个在Y_P轴位置控制系统的内部将角度控制系统作为副回路而构成的控制系统。求出Y_P轴位置y_{RP}与Y_P轴位置指令y_{RP}*之差，再乘以反馈增益K_Y/K_θ，就是角度指令θ_{RP}*。相对于这个角度指令θ_{RP}*，反馈角度信息θ_{RP}，再乘以角度控制增益K_θ，就形成了角速度指令ω*。

有了这些数据之后，如图5.33(b)所示，就可以在其各自对应的输出部位设置角度限制器、角速度限制器了。角度限制器的重要作用在于，即使在Y_P轴位置y_{RP}变大的场合下，也就是相距目标路径的距离变大的情况下，也能够使移动机器人的移动角度维持在相对于目标路径而设定的角度范围内。利用角度限制器，至少可以防止相对于目标路径，角度指令θ_{RP}*的绝对值超过90°。关于角速度限制器，它可以防止急速旋转，一般应当预先设置。

采用图5.32所示控制方式的移动特性示于图5.34。与图5.30、图5.31一样，在时刻$t = 0$时，从Y_P轴位置$Y_{RP} = 0.2$m、角度$\theta_{RP} = 0°$的初始状态开始进行仿真。Y_P轴位置控制增益$K_Y = 5$，也就是与图5.30一样的大小。角度控制增益K_θ设定为2。如果移动速度为$v = 1$m/s，那么根据这些设定值，Y_P轴位置控制时间常数T_Y则为0.4s，角度控制时间常数T_θ为0.5s，衰减系数ξ为0.047。图5.31的角度控制时间常数T_θ为2.5s，是有副回路时的角度控制时间常数的5倍。如图5.34(a)的Y_P轴位置y_{RP}时间响应特性所示，即移动速度v从0.1m/s变化到1.0m/s，也没有出现超调，稳定在目标路径的X_P轴上。图5.34(b)的角度θ_{RP}的特性也同样，即使在移动速度$v = 1$m/s的场合下，也仍然被控制在与目标路径方向的夹角$\theta_{RP} = 0°$的方向上。

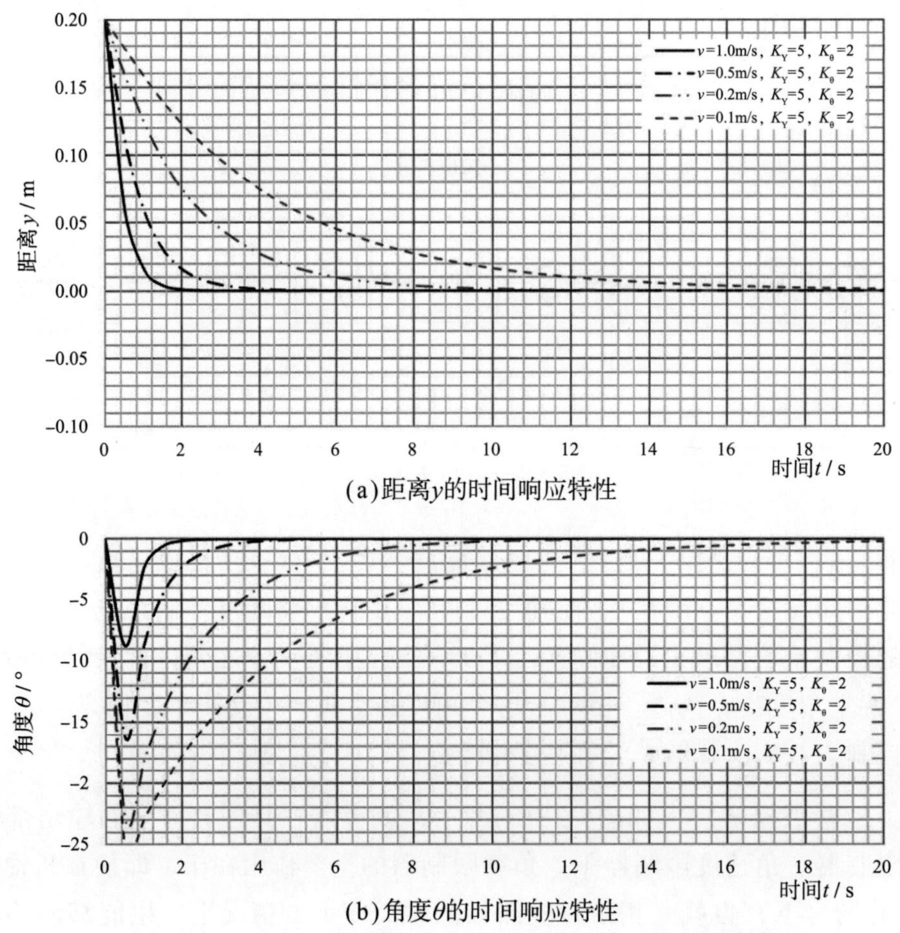

(a)距离y的时间响应特性

(b)角度θ的时间响应特性

图5.34 相对于直线目标路径的移动机器人的响应特性3
（初始条件：$Y_{RP} = 0.2$m、$X_{RP} = -10$m、$\theta_{RP} = 0°$、$K_Y = 5$）

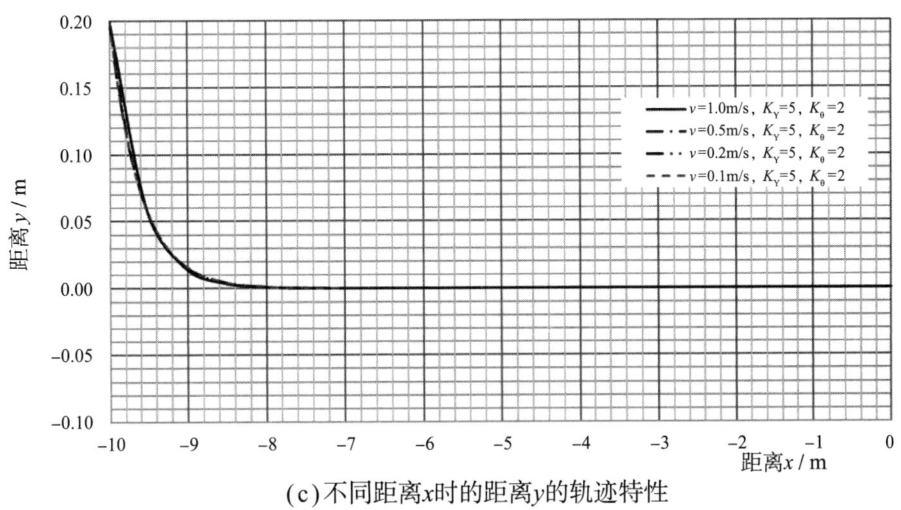

(c)不同距离x时的距离y的轨迹特性

续图5.34

图5.34(c)所示的移动机器人的X_P轴位置x_{RP}与Y_P轴位置y_{RP}之间的关系，不受移动速度v的影响，几乎保持恒定。无关速度大小，移动机器人的移动轨迹始终保持恒定，这对于机器人的使用者、管理者来说，是一个重要的控制指标。

图5.35是将图5.34(c)放大而得到的，是在X_P轴上−10m到−8m这段区间内移动机器人的移动轨迹。移动速度v从0.1m/s变化到1.0m/s的轨迹误差，在Y_P轴方向上均在20mm以内。与图5.30和图5.31的特性相比，图5.34和图5.35的特性大幅度提高。

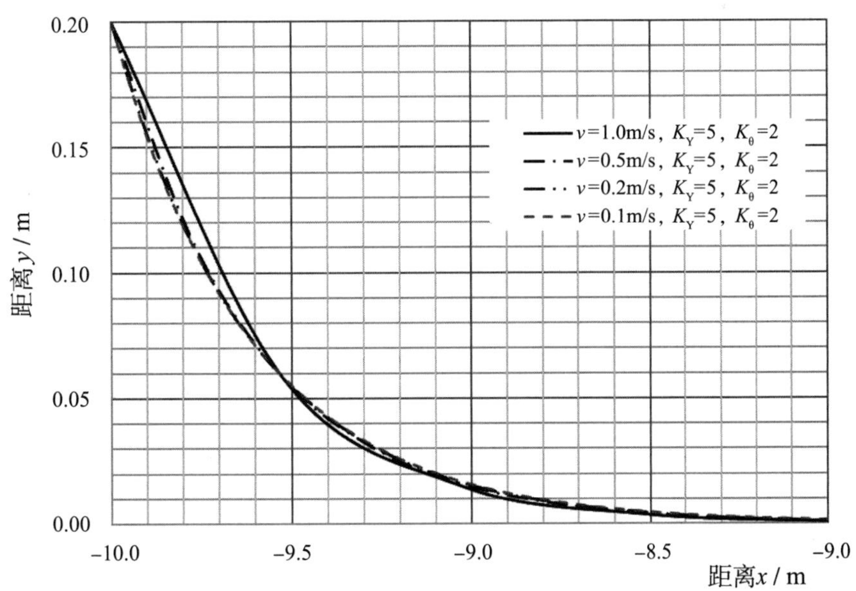

图5.35　放大了的移动机器人移动轨迹特性（将图5.34(c)放大）

目前仅对直线目标路径的特性进行了说明。对于曲线目标路径，一般也采用这里所示出的控制方法，实际的移动机器人的移动轨迹很少出现偏离。

5.4.3　利用移动机器人与目标路径的距离、角度和角速度进行控制[1]

作为进一步提高移动机器人对目标路径跟踪性能的方法，图5.36给出了一个实用化的控制方法。在图5.36(a)的方框图中，除了图5.32(a)所采用的反馈Y_P轴距离y_{RP}和角度θ_{RP}之外，还反馈了角速度ω_R。它是将y_{RP}、θ_{RP}、ω_R分别乘以其各自的反馈增益K_Y、K_θ、K_ω后，经过相加、积分，算出角速度指令ω_R*，并将其作为控制器内车辆反演模型的输入。

在这里可以看到，与前面的章节所介绍的反馈两种信息的控制方法相比，反馈三种信息的图5.36(a)的方法比较优秀，但为了使这种控制系统更容易理解，还有必要通过性能的比较进行考察。图5.36(b)是将图5.36(a)的系统简化后得出的。该图在控制系统的中心部位插入了以角速度指令ω_R*为输入、角速度ω_R为输出的“电机与结构”方框，这是一种相当于图5.36(a)的车辆反演模型、左右电机、两轮差速结构的方框，可以把传递函数近似为1。

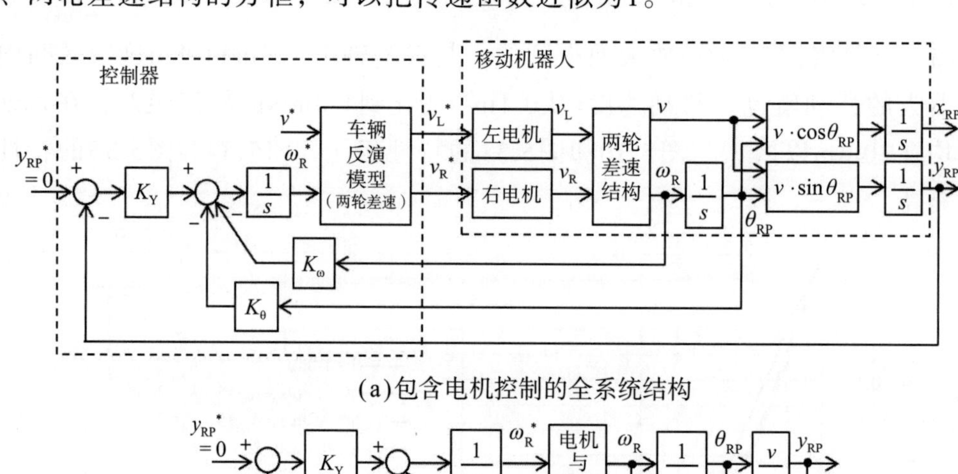

(a)包含电机控制的全系统结构

(b)简化后的结构

图5.36　反馈移动机器人与直线目标路径的距离、角度、角速度的路径跟踪控制方框图

由图5.36(b)可知，如果把这种“电机与结构”方框的传递函数看作1，那么角速度指令ω_R*与输出角速度ω_R几乎相同，就没有反馈的必要了，该结构通过控制器内置的积分器特意嵌入一阶滞后控制系统使响应滞后。因此，如图5.36(a)

所示，无法将“电机与结构”方框的传递函数看作1时，采用反馈角速度ω_R的方法。下面重点考虑以下几种情况：

（1）速度控制系统的响应速度滞后。在两轮差速方式中，左右电机的速度控制系统的响应滞后，必须考虑这种情况对角速度控制系统及Y_P轴控制系统造成的影响。在这种场合下，也可以通过反馈角速度ω_R的方法，使控制系统的特性得到改善。而在没有设置电机速度控制系统的场合下，虽然通过反馈角速度ω_R的方法也可以使其响应特性得到改善，但是还是应当优先导入速度控制系统。对于2.2.3节和2.2.4节介绍过的前轮操舵方式的移动机器人，由于操舵是需要时间的，所以适合采用图5.36(a)所示的移动控制方法。此时通盘考虑控制系统的全部特性来设计控制增益十分重要。

（2）移动机器人的加速度低。可以认为这是一种移动机器人承载的货物重量太大，角速度无法提高的场合。在这种场合下，通过反馈角速度ω_R的方法，可以提高其响应特性。但是这时候电机能够输出的转矩不是最大状态，在进行控制设计时必须考虑它的极限值。另外，推测载荷的重量，并根据这个重量，在控制系统的整体特性上下一番功夫，也是其应对方法之一。

（3）路面太滑。尽管电机速度控制系统的响应特性处于良好的工作状态，但由于移动机器人的滑动，使得移动机器人不能按照角速度指令ω_R*进行旋转。在这种场合下，通过反馈角速度ω_R的方法，可以起到某种程度的效果。但是，必须注意到这是一种难以进行移动控制的状态，不可过分地追求高响应特性。

通过以上这些措施，在有限的范围内，可以改善移动机器人的控制性能。

第6章 SLAM技术概述

关于SLAM技术，第2章已经简单介绍过，在这里我们将进行详细说明。6.1节概述SLAM技术的原理。6.2节介绍为实现SLAM所需要使用的内置传感器和外置传感器。6.3节讲的是SLAM主要方法之一的扫描匹配。6.4节介绍的是单纯地依靠激光扫描仪实现SLAM的一个例子。

6.1 SLAM技术的原理[42, 43]

同步定位与地图构建（simultaneous localization and mapping，SLAM）技术的原理如图6.1所示。

图6.1所示是t_i时刻表示移动机器人位置与角度的$\boldsymbol{R}_i$往前方移动的状态。为了进行位置检测而设置的第k个路标的位置用$\boldsymbol{L}_k$表示。在时刻t_i到时刻t_j这段时间内，移动机器人移动的相对位置与角度用$\boldsymbol{r}_{j\mathrm{R}i}$表示。这种相对位置与角度是由内置传感器测得的。状态为$\boldsymbol{R}_i$的移动机器人到路标$\boldsymbol{L}_k$的相对距离设为$l_{k\mathrm{R}i}$，这个距离由外置传感器测得，关于传感器的问题我们将放在下一节来说明。分别表示位置、角度、距离等各种矢量的矩阵在表6.1中给出。

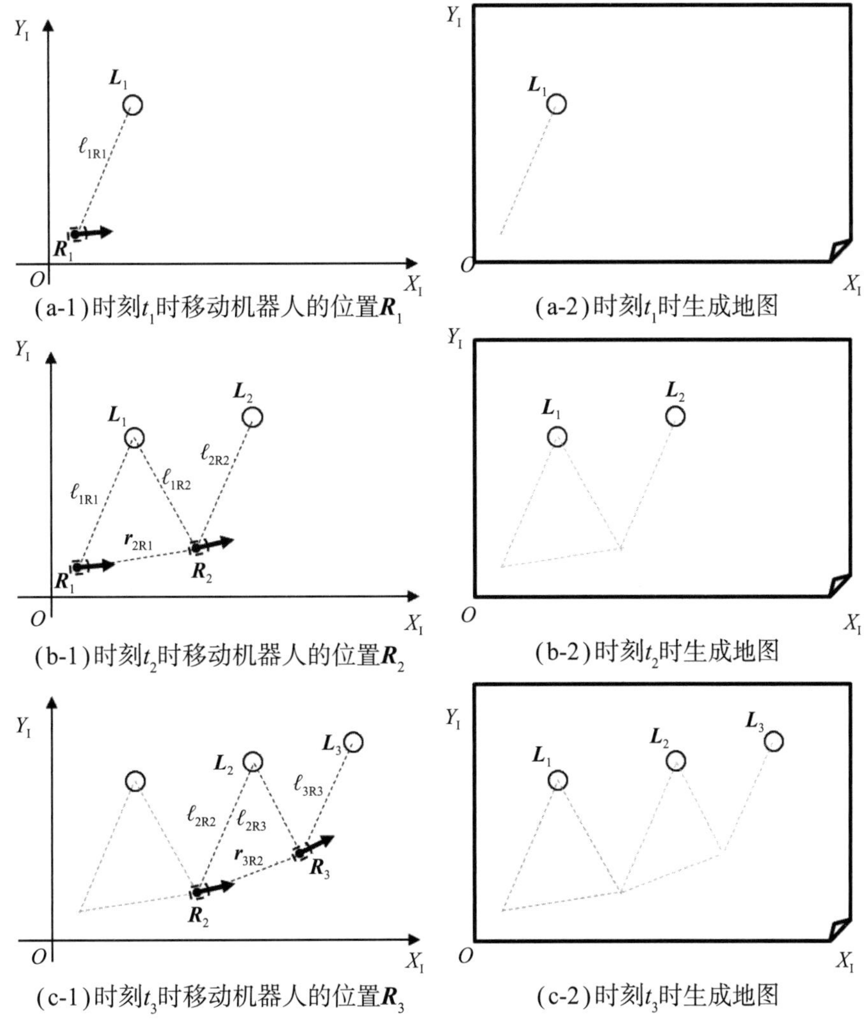

(a-1)时刻t_1时移动机器人的位置$\boldsymbol{R}_1$
(a-2)时刻t_1时生成地图
(b-1)时刻t_2时移动机器人的位置$\boldsymbol{R}_2$
(b-2)时刻t_2时生成地图
(c-1)时刻t_3时移动机器人的位置$\boldsymbol{R}_3$
(c-2)时刻t_3时生成地图

图6.1 利用最基本的SLAM方法实现同步定位和地图生成

表 6.1　与 SLAM 有关的符号一览表

名　称	符　号	矩　阵
广域坐标系中移动机器人在时刻 t_i 时的位置与角度	$\boldsymbol{R}_i$	$(x_{Ri}\quad y_{Ri}\quad \theta_{Ri})^{\mathrm{T}}$
移动机器人 $\boldsymbol{R}_i$ 坐标系中移动机器人在时刻 t_i 时的相对位置与角度	$\boldsymbol{r}_{jRi}$	$(x_{RjRi}\quad y_{RjRi}\quad \theta_{RjRi})^{\mathrm{T}}$
广域坐标系中路标 k 的位置	$\boldsymbol{L}_k$	$(x_{Lk}\quad y_{Lk})^{\mathrm{T}}$
移动机器人 $\boldsymbol{R}_i$ 坐标系中路标 k 的相对距离	ℓ_{kRi}	$(x_{LkRi}\quad y_{LkRi})^{\mathrm{T}}$

其中，用于坐标变换的矩阵$\boldsymbol{C}(\theta_{\mathrm{R}})^{-1}$，已经在第2章中由式（2.12）给出，这里既然需要，不妨再次把它写出来：

$$\boldsymbol{C}(\theta_{\mathrm{R}})^{-1}=\begin{bmatrix}\cos\theta_{\mathrm{R}} & -\sin\theta_{\mathrm{R}} & 0\\ \sin\theta_{\mathrm{R}} & \cos\theta_{\mathrm{R}} & 0\\ 0 & 0 & 1\end{bmatrix}$$

为了能够简单地将该矩阵展开，我们把仅进行位置坐标变换的矩阵从上式提取出来：

$$\boldsymbol{C}_{22}(\theta_{\mathrm{R}})^{-1}=\begin{bmatrix}\cos\theta_{\mathrm{R}} & -\sin\theta_{\mathrm{R}}\\ \sin\theta_{\mathrm{R}} & \cos\theta_{\mathrm{R}}\end{bmatrix} \tag{6.1}$$

$$\boldsymbol{C}_{23}(\theta_{\mathrm{R}})^{-1}=\begin{bmatrix}\cos\theta_{\mathrm{R}} & -\sin\theta_{\mathrm{R}} & 0\\ \sin\theta_{\mathrm{R}} & \cos\theta_{\mathrm{R}} & 0\end{bmatrix} \tag{6.2}$$

在时刻t_1，把移动机器人的位置与角度用$\boldsymbol{R}_1$表示。这时候，在距离$\boldsymbol{R}_1$的相对距离$l_{1\mathrm{R}1}=[x_{\mathrm{L1R1}}\ y_{\mathrm{L1R1}}]$处对路标1进行测量。如果外置传感器可以精确测量，则根据图6.1(a-1)的关系，路标1的位置$\boldsymbol{L}_1$可以由下式确定：

$$\boldsymbol{L}_1=\boldsymbol{I}_{23}\cdot\boldsymbol{R}_1+\boldsymbol{C}_{22}(\theta_{\mathrm{R1}})^{-1}\cdot l_{1\mathrm{R}1} \tag{6.3}$$

其中，$\boldsymbol{I}_{23}$可以用下式表示：

$$\boldsymbol{I}_{23}=\begin{bmatrix}1 & 0 & 0\\ 0 & 1 & 0\end{bmatrix} \tag{6.4}$$

将计算得到的路标1的位置$\boldsymbol{L}_1$标注在图6.1(a-2)所示地图中。

在时刻t_2，如果机器人移动到$\boldsymbol{R}_2$的位置，那么就可以利用内置传感器测量$\boldsymbol{r}_{2\mathrm{R}1}$（相对距离与角度）。另外，从$\boldsymbol{R}_2$观测路标1，可以检测到相对距离$l_{1\mathrm{R}2}=[x_{\mathrm{L1R2}}\ y_{\mathrm{L1R2}}]^{\mathrm{T}}$。在这里，根据图6.1(b-1)可知，下面两个公式成立：

$$\boldsymbol{R}_2=\boldsymbol{R}_1+\boldsymbol{C}(\theta_{\mathrm{R1}})^{-1}\cdot\boldsymbol{r}_{2\mathrm{R}1} \tag{6.5}$$

$$\boldsymbol{L}_1 = \boldsymbol{I}_{23} \cdot \boldsymbol{R}_2 + \boldsymbol{C}_{22}(\theta_{R2})^{-1} \cdot l_{1R2} \tag{6.6}$$

利用式（6.5）可以确定移动机器人的位置与角度$\boldsymbol{R}_2$（$= [x_{R2}, y_{R2}, \theta_{R2}]^T$）。随着$\boldsymbol{R}_2$的确定，从$\boldsymbol{R}_2$观测路标2，利用外置传感器检测到相对距离$l_{2R2} = [x_{L2R2}\ y_{L2R2}]$，通过下式确定路标2的位置$\boldsymbol{L}_2$：

$$\boldsymbol{L}_2 = \boldsymbol{I}_{23} \cdot \boldsymbol{R}_2 + \boldsymbol{C}_{22}(\theta_{R2})^{-1} \cdot l_{2R2} \tag{6.7}$$

将计算得到的路标2的位置$\boldsymbol{L}_2$标注在图6.1(a-2)所示地图中，这样地图就慢慢生成了。

利用同样的方法，就像图6.1(c-1)和(c-2)那样，在时刻t_3，机器人移动到$\boldsymbol{R}_3$的位置，利用下面这几个公式就可以计算出$\boldsymbol{R}_3$（$= [x_{R3}\ y_{R3}\ \theta_{R3}]^T$）和路标3的位置$\boldsymbol{L}_3$：

$$\boldsymbol{R}_3 = \boldsymbol{R}_2 + \boldsymbol{C}(\theta_{R2})^{-1} \cdot \boldsymbol{r}_{3R2} \tag{6.8}$$

$$\boldsymbol{L}_2 = \boldsymbol{I}_{23} \cdot \boldsymbol{R}_3 + \boldsymbol{C}_{22}(\theta_{R3})^{-1} \cdot l_{2R3} \tag{6.9}$$

$$\boldsymbol{L}_3 = \boldsymbol{I}_{23} \cdot \boldsymbol{R}_3 + \boldsymbol{C}_{22}(\theta_{R3})^{-1} \cdot l_{3R3} \tag{6.10}$$

如此操作，移动机器人就能够一边移动一边测量与周围环境的距离，多次重复地进行同步定位并生成地图，这就是SLAM技术的原理。

但是，在车轮打滑的场合下，检测车轮转数的内置传感器检测出的$\boldsymbol{r}_{2R1}$值会有误差。而且，在实际的车轮直径与设计值不同的场合下，$\boldsymbol{r}_{2R1}$值也会有误差。移动距离比较短的情况下，这种影响还比较小，但当移动距离过长时，这种误差会导致不能准确掌握移动机器人的位置与角度。

图6.2(a)的区域$\boldsymbol{A}_1$就是根据含有误差的$\boldsymbol{r}_{2R1}$值推测出的移动机器人的状态$\boldsymbol{R}_2$。为解决这一问题，多数情况下采用外置传感器来检测与路标的相对位置和角度，虽然花费点计算时间，但是却可以比较精确地检测出从$\boldsymbol{R}_2$到$\boldsymbol{L}_1$的相对距离l_{1R2}。于是，如图6.2(b)所示，对于由式（6.5）限定的区域$\boldsymbol{A}_1$，如果使用式（6.6）计算$\boldsymbol{R}_2$，那么$\boldsymbol{R}_2$就被限定在区域$\boldsymbol{A}_2$的范围内。但是，在仅有路标1的情况下，$\boldsymbol{R}_2$的精确度会受到限制。

在时刻t_2，检测出的$\boldsymbol{R}_2$到$\boldsymbol{L}_2$的相对距离l_{2R2}如图6.1(b-1)所示。在这里我们假设事先把路标2的位置$\boldsymbol{L}_2$写入地图之中。在这种场合下，根据式（6.7），再利用相对距离l_{2R2}，就可以计算出$\boldsymbol{R}_2$了。如果使用式（6.6）和式（6.7）计算出$\boldsymbol{L}_1$和$\boldsymbol{L}_2$到$\boldsymbol{R}_2$的相对距离，那么就可以高精度同步定位出图6.2(c)所示的区域$\boldsymbol{A}_3$。因此，在实际应用SLAM技术的时候，一般都灵活地运用多个路标。

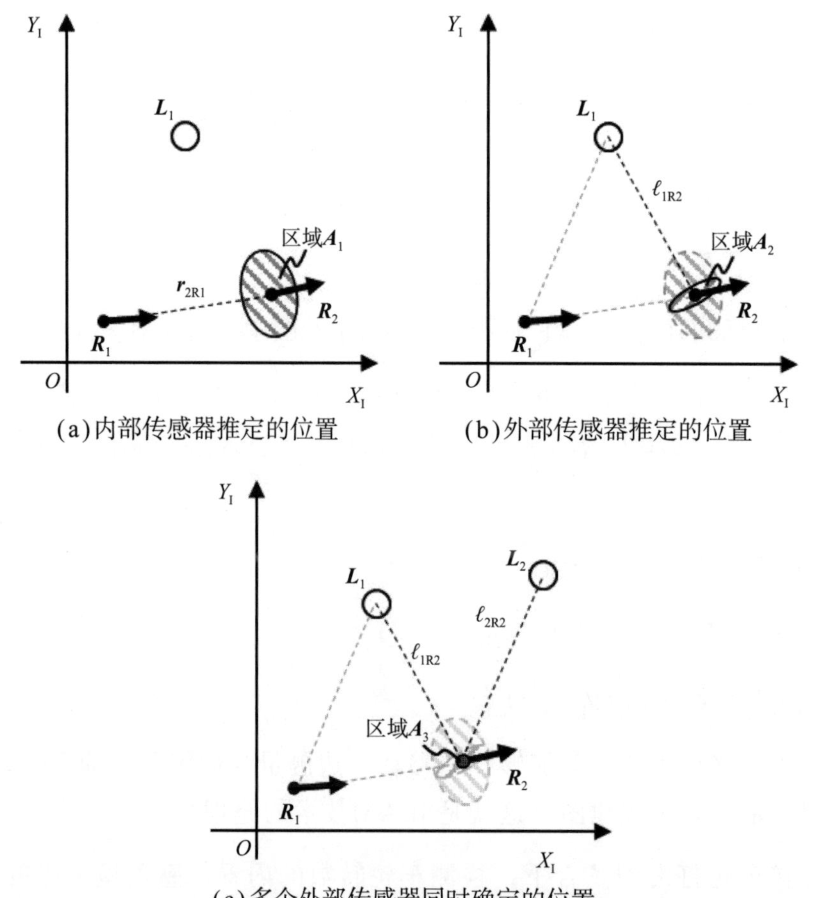

图6.2　用SLAM确定机器人位置和角度的方法

图6.3示出的是灵活运用多个路标对移动机器人进行同步定位的过程。

在图6.3(a-1)中，在确定移动机器人的位置与角度$\boldsymbol{R}_2$的时候，不仅有路标1可供观察，还可以观察路标2。这时候，测量$\boldsymbol{R}_2$到两个路标的相对距离l_{1R1}和l_{1R2}，将它们代入式（6.3）和式（6.11），就可以计算路标1和路标2的位置$\boldsymbol{L}_1$和$\boldsymbol{L}_2$了：

$$\boldsymbol{L}_2 = \boldsymbol{I}_{23} \cdot \boldsymbol{R}_1 + \boldsymbol{C}_{22}(\theta_{R1})^{-1} \cdot l_{2R1} \tag{6.11}$$

根据式（6.3）和式（6.11）的结果，就可以像图6.3(a-2)那样，把路标1与路标2的位置写入地图了。在一边移动一边将路标1和路标2的位置写入地图的状态下，到了t_2时刻，移动机器人就移动到了位置和角度为$\boldsymbol{R}_2$的地方，这就是前面用图6.2来说明的状况，显然移动机器人被高精度地同步定位了。这时候移动机器人可以观测到路标3，由于从$\boldsymbol{R}_2$到路标3的相对距离l_{3R2}可以靠外置传感器进行测量，因此就可以像图6.3(b-2)那样，把路标3的位置$\boldsymbol{L}_3$添加到地图中去。这时候的计算公式为

$$L_3 = I_{23} \cdot R_2 + C_{22}(\theta_{R2})^{-1} \cdot l_{3R2} \tag{6.12}$$

同样，时刻t_3时的移动机器人的状态$\boldsymbol{R}_3$表示在图6.3(c-1)。使用内置传感器测量移动机器人的相对距离与角度$\boldsymbol{r}_{3R2}$，通过式（6.8）可以限定$\boldsymbol{R}_3$的推测区域。使用外置传感器测量$\boldsymbol{R}_3$到$\boldsymbol{L}_1$、$\boldsymbol{L}_2$的相对距离l_{2R3}和l_{3R3}后，就能够通过（6.9）与式（6.10）在该限定的推测区域中准确识别$\boldsymbol{R}_3$。此外，如果能够测量$\boldsymbol{R}_3$到路标4的相对距离l_{4R3}，则可以通过下式计算路标4的位置$\boldsymbol{L}_4$：

$$L_4 = I_{23} \cdot R_3 + C_{22}(\theta_{R3})^{-1} \cdot \ell_{4R3} \tag{6.13}$$

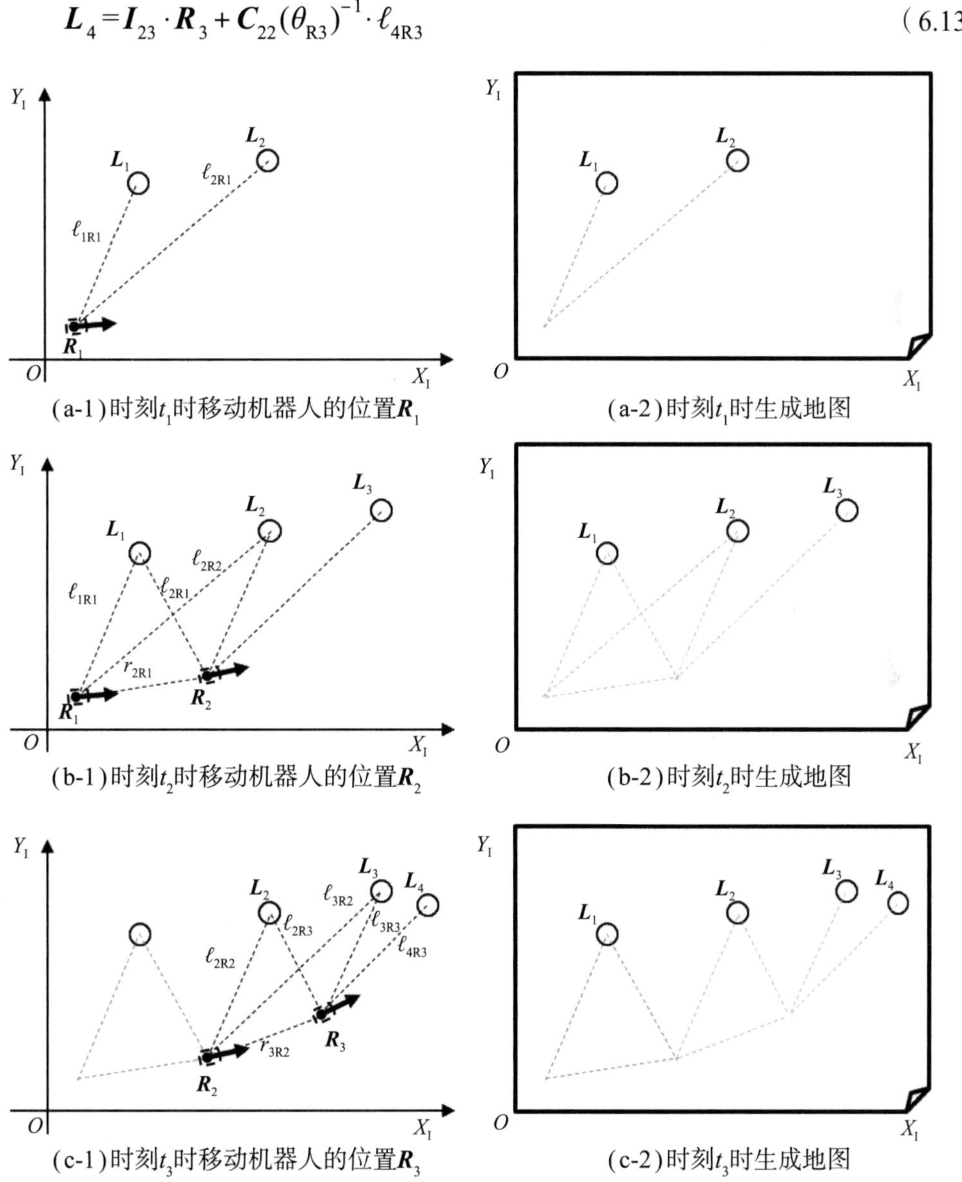

(a-1)时刻t_1时移动机器人的位置$\boldsymbol{R}_1$
(a-2)时刻t_1时生成地图
(b-1)时刻t_2时移动机器人的位置$\boldsymbol{R}_2$
(b-2)时刻t_2时生成地图
(c-1)时刻t_3时移动机器人的位置$\boldsymbol{R}_3$
(c-2)时刻t_3时生成地图

图6.3 参照多个路标同时进行同步定位和地图生成的SLAM方法

于是，可以像图6.3(c-2)那样，把路标4的位置$\boldsymbol{L}_4$写入地图中。

采用这样的方法，在生成精确的地图的同时，还可以进行同步定位，这就是最基本的SLAM技术。

6.2　内置传感器与外置传感器

如前一节所述，为了实现SLAM技术，一般将内置传感器与外置传感器并用。在这里，针对SLAM中常用的传感器进行介绍。

1. 内置传感器

内置传感器是根据移动机器人的内部状态来测量其动作的传感器，主要有测量车辆旋转角度的编码器、测量移动机器人加速度的加速度传感器、测量偏航方向角速度的陀螺仪传感器等。

为了测量移动机器人的移动量，一般采用编码器测量车轮旋转角度。在机器人开始移动前的位置与角度都确定的状态下，通过其移动量的积分确定移动机器人实时位置与角度的测量方法称为里程计量法。当编码器的轴与车轴连接，通过减速器减速时，有必要对减速比G进行计算。就像图2.5所示的车轮速度与电机角速度之间的关系那样，如果车轮的半径为T_{w}，编码器每旋转一圈产生的脉冲数为N，减速比为G，那么每一个脉冲对应的车辆的移动量可由下式计算：

$$\Delta L = 2\pi \cdot T_{\mathrm{W}} / (N \cdot G) \tag{6.14}$$

于是，通过计算编码器的脉冲数，就可以知道移动机器人的移动状态了。例如，假设$T_{\mathrm{w}} = 0.15$，$N = 100$，$G = 10$，那么每个脉冲对应的移动机器人移动距离（距离的分辨率）为0.94m。由于计算的时间间隔越短越好，所以结合控制周期，每隔几毫秒到10ms计算一次移动机器人的位置与角度。

图2.4所示的两轮差速驱动方式的场合，在用编码器测量后轮驱动轮移动距离的情况下，可以得到测量期间机器人移动的距离$(x_{\mathrm{R}}, y_{\mathrm{R}})$与旋转角度$\theta_{\mathrm{R}}$。实际上，驱动车轮旋转的驱动力施加到路面上时，机器人以与其间产生的摩擦力相对应的反作用力移动，因此即使是车轮的微小滑动，都会使计程仪测得的移动机器人的移动距离与旋转角度出现偏差。

利用角速度传感器和陀螺仪传感器得到移动机器人的加速度和角加速度，通过计程仪算出移动的距离与旋转角度并进行补偿。虽然这种方法能够在短时间内得到优良的特性，但因为需要对传感器的输出进行积分补偿，时间一久，误差就会变大。

在第2章所示的前轮操舵方式（图2.9、图2.11、图2.13等）的场合下，需要检测操舵角。操舵角对计程仪的精度影响较大，因此必须对它的精度事先做出评估。

而在图2.9所示的前轮操舵、前轮驱动方式的场合，有时候采用在两个非驱动轮上安装编码器的方法，来取代用于检测操舵角的传感器。由于非驱动轮的滑动比驱动轮的少，因此用这种方法的到的值，比驱动轮上安装编码器计算出的结果更接近于移动机器人的真实移动状态。在移动机器人所移动的路面环境摩擦系数比较小的场合下，这种方法非常重要。

2. 外置传感器

外置传感器是利用移动机器人周边的物体作为参照物，来测量移动机器人的位置与角度的传感器，具有代表性的传感器有激光扫描仪、立体摄像机、距离图像传感器、超声波传感器等。

立体摄像机作为汽车安全运行的辅助系统已经实用化。距离图像传感器可以对距离进行立体检测，不过存在如何降低电力消耗、增加测量距离等需要研究的课题，期待今后的开发。超声波传感器更适合应用于移动机器人对障碍物的感知。

与其他传感器相比，激光扫描仪可以同时检测距周围多个物体的距离，在测量距离的范围、测量距离的精度、测量的速度等方面，都更适于安装在移动机器人上。因此，在这里对激光扫描仪略作说明。激光扫描仪测量距离的原理是，激光扫描仪发出的激光照射到物体上并被物体反射回来，再被激光扫描仪检测到，根据这束激光的往返时间换算出扫描仪到物体的距离。

图6.4是从上方观察移动机器人用激光扫描仪测量距周边物体的距离的状态图。在该图中可以看到，利用安装在移动机器人前方的激光扫描仪，每隔一定角度测量一个到达周围墙壁（●）的距离。如图6.5所示，利用这些测得的距离数据，可以绘制出表示移动机器人移动中一部分位置的地图。利用这幅地图，就得到了相当于前面所给出的路标的位置信息。

表6.2是已经商品化了的具有代表性的激光扫描仪一览表。出于篇幅限制，一览表中仅仅列举了极少的一部分商品，这些传感器能够测量的距离为15～40m，在使用的时候，根据移动环境的不同，选定能够满足测量距离需要的传感器。

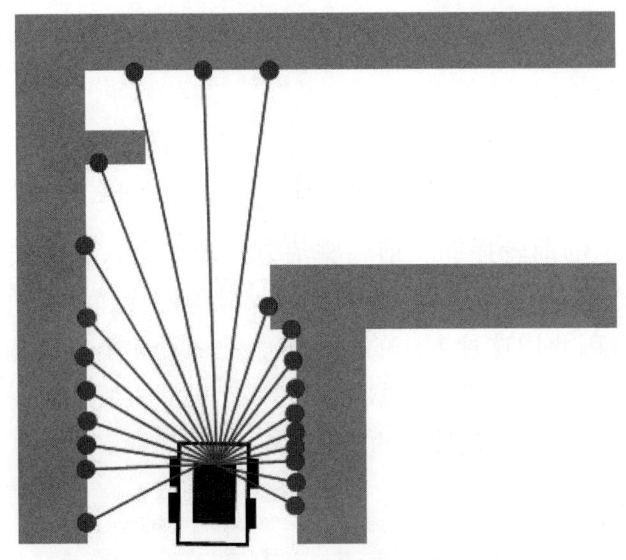

图6.4　用激光扫描仪测量距周边物体的距离

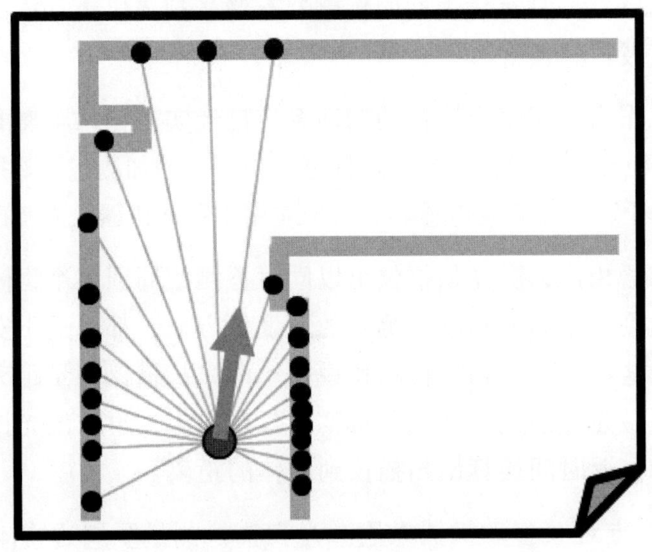

图6.5　根据激光扫描仪的数据绘制的地图

由表6.2可知，这些传感器能够处理的角度几乎都是270°。一般情况下，作为SLAM用的传感器只要测量角度达到180°就可以了，当然，测量角度越宽，越能够得到抗外部干扰强的同步定位。表6.2所示传感器的角度分辨率为0.25°～0.51°。

关于测量精度，最重要的是要确保定位精度，最好选用高精度的传感器。关于地图精度、同步定位精度，在使用移动机器人的现场，根据其用途的不同，应当进行事先评估。

表 6.2　主要的激光扫描仪

厂　家	北阳电机[44]			SICK[45]	欧姆龙[46]
型　号	UTM-30LX-EW	UST-20LX	UAM-05LP-T301	microSan3 Pro	OS32C-xxx-4M
外　观					
尺寸、质量	60 × 60 × H87、300g（含外壳）	50 × 50 × H70、130g	80 × 80 × H95、0.8kg	112 × 111 × H150、1.4kg	133 × 142.7 × H104.5、1.3kg
测量范围	30m、270°、分辨率 0.25°	20m、270°、分辨率 0.25°	20m、270°、分辨率 0.25°	40m、275°、0.51°（30ms）	15m、270°、分辨率 0.4°
测量精度	± 30mm	± 40mm	± 30mm（1.8mm）	± 100mm（5.5mm）	100mm（检测距离 3m 以内）
扫描时间	25ms	25ms	30ms	30ms or 40ms	40ms
光　源	半导体激光（905nm）激光系列 1	半导体激光（905nm）激光系列 1	半导体激光（905nm）激光系列 1	半导体激光（845nm）激光系列 1	红外激光二极管（905nm）
通　信	以太网 100Base-TX	以太网 100Base-TX	以太网、USB2.0、RS-485	以太网、USB2.0	以太网
功　耗	0.7A（8.4W）以下	0.15A（24V、3.6W）以下	6W（空载）	7W（空载）	最大 5W、通常 4W
电　压	DC12V ×(1± 10%)	DC10V ～ 30V	DC24V × (1 ± 10%)	DC16.8V ～ 30V	DC24V × [1 ± (25% ～ 30%)]
环境温度	工作时：-10℃ ～ +50℃ 储存时：-25℃ ～ +75℃	工作时：-10℃ ～ +50℃ 储存时：-30℃ ～ +75℃	工作时：-10℃ ～ +50℃ 储存时：-25℃ ～ +70℃	工作时：-10℃ ～ +50℃ 储存时：-25℃ ～ +70℃	工作时：-10℃ ～ +50℃ 储存时：-25℃ ～ +70℃
防护结构	IP67（IEC 标准）	IP65（IEC 标准）	IP65（IEC 标准）	IP65（IEC 60529）	IP65（IEC 60529）
安全类别	—	—	PLd/ 安全类别 3（ISO 13849）	PLd/ 安全类别 3（ISO 13849）	PLd/ 安全类别 3（ISO 13849-1）
与电子安全相关的功能安全	—	—	SIL 2（IEC 61508）PFHD = 7.8×10^{-8}	SIL 2（IEC 61508）PFHD = 8.0×10^{-8}	SIL 2（IEC 61508）PFHD = 8.0×10^{-8}
备　注	扫描时间短，仅 10ms	检测距离 10mm 处的照度 10 lx	—	—	—

表6.2中右侧的3种商品被称为安全激光扫描仪，在设定区域内检测到物体时，具有切断设备的电源、停止机械操作的功能。在移动机器人领域，装备安全激光扫描仪逐渐成了一种义务。这3种激光扫描仪在具有安全功能的同时，还具有输出距离数据的功能，因此每个移动机器人上配置1台这样的激光扫描仪，不仅可以确保安全，还可以通过SLAM进行同步定位。可以想象得到，今后装备了这种安全激光扫描仪的移动机器人商品会多起来。

6.3　扫描匹配

在第6.1节中已经介绍过，通过测量路标的位置来定义移动机器人的位置与角度。实际上，使用移动路径周边环境中的设置物取代路标，作为绘制地图的参照物，同步定位移动机器人的位置与角度的方法，是最基本的SLAM方法。

这里所要介绍的扫描匹配，是使用激光扫描仪生成地图和同步定位时的最重要的技术之一。移动机器人的位置与角度为$\boldsymbol{R}_1$时由激光扫描仪得到的距离数据和移动机器人的位置与角度为$\boldsymbol{R}_2$时由激光扫描仪得到的距离数据进行比较，为了使二者的距离数据一致而进行的同步定位叫做扫描匹配。如果这两个距离数据能够高精度地重合，那么通过计程仪对移动机器人的相对位置与角度进行补偿，就能够更接近于真实情况的数值。

另外，移动机器人每次移动都会收集距离数据，然后依次完成扫描匹配，这样一来就可以使移动区域的地图逐渐扩大。

扫描匹配的具体操作虽然有许多方法，但是使用最多的是迭代最近点（iterative closest point，ICP）算法。下面我们就用图6.6和图6.7对ICP算法进行说明。

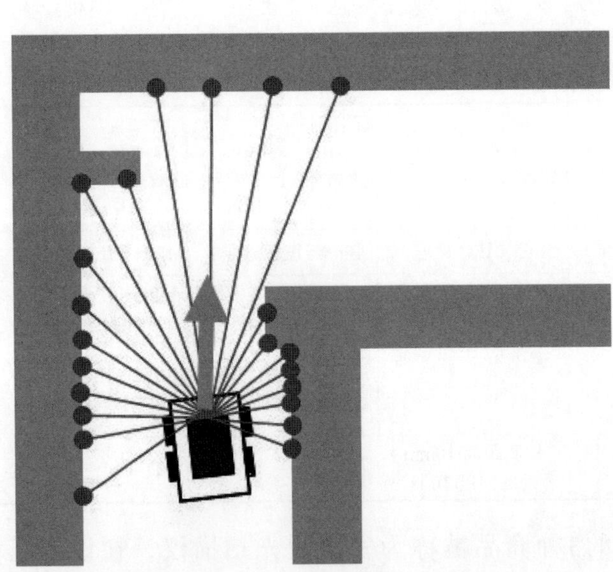

图6.6　移动机器人前进时的状态

移动机器人在图6.4状态的时候，通过扫描匹配得到的距离数据如图6.5所示，现在我们来考察，仍然按照这种状态像图6.6那样，继续前进的移动机器人的位置和角度$\boldsymbol{R}_2$情况。如果计程仪测得的移动距离和角度为$\boldsymbol{r}_{2R1}$，那么如图6.7(a)

所示，就可以推算出移动后的位置和角度。现在将这个推算出的数值记作$\boldsymbol{R}_2'$。由于车轮滑动等因素的影响，这个推算出的数值$\boldsymbol{R}_2'$与移动机器人真实的位置和角度$\boldsymbol{R}_2$会有所不同。

在ICP算法中，把最初由计程仪推算出的位置和角度$\boldsymbol{R}_2'$作为初始值，将$\boldsymbol{R}_2'$的距离数据（图中用○表示）与$\boldsymbol{R}_1$的距离数据（图中用●表示）进行核对。具体地讲，以$\boldsymbol{R}_2'$的距离数据（○）为视角点，把观察到的最近的$\boldsymbol{R}_1$的距离数据（●）作为核对点，就可以计算出它们的距离误差L。在图6.7(a)中，○与●间连线的长度就是距离误差L。当这个距离误差L最小时，就可以认为两个距离数据达到了一致的状态。也就是说，能够利用这种缩小距离误差的方法，把计程仪推算的位置和角度$\boldsymbol{R}_2'$补偿为真实的位置与角度$\boldsymbol{R}_2$。如果把距离数据（○）的数值取为N，作为非线性规划问题，就可以计算出目标函数$F(\boldsymbol{R}_2)$：

$$F(\boldsymbol{R}_2)=\sum_{i=1}^{N}\boldsymbol{L}^2 \tag{6.15}$$

接下来，为了使式（6.15）最小化，就要变更移动机器人的位置和角度$\boldsymbol{R}_2$。其变更移动量（Δx, Δy, $\Delta\theta$）的计算方法，需要采用非线性规划问题的方法。一般情况下，推荐采用收敛性良好的牛顿法、拟牛顿法。但是，由于受到匹配的距离数据的状态的影响，目前似乎还找不到最佳方法。关于非线性规划问题的详细内容，请参阅参考文献［47］。另外，参考文献［54］还对ICP方法给出了有效的启发。

不管采用哪一种方法，都是在确定了移动量后，再设置位置和角度$\boldsymbol{R}_2'$，接着匹配扫描数据，求出目标函数$F(\boldsymbol{R}_2)$，其状态图如图6.7(b)所示。通过反复实施此过程，最终则如图6.7(c)所示，二者的距离数据几乎变为一致。

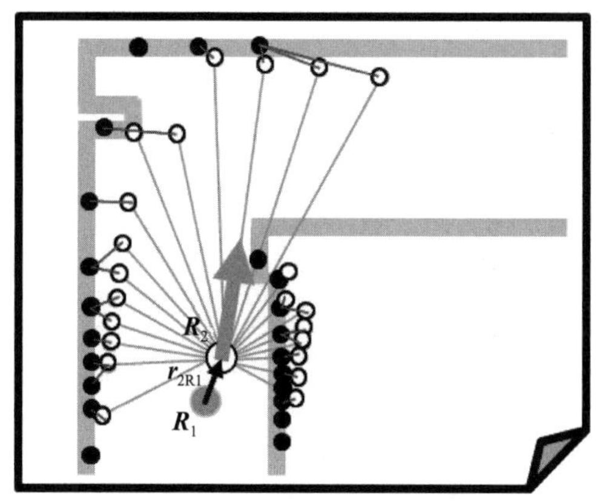

(a)用对称法求出位置与姿势

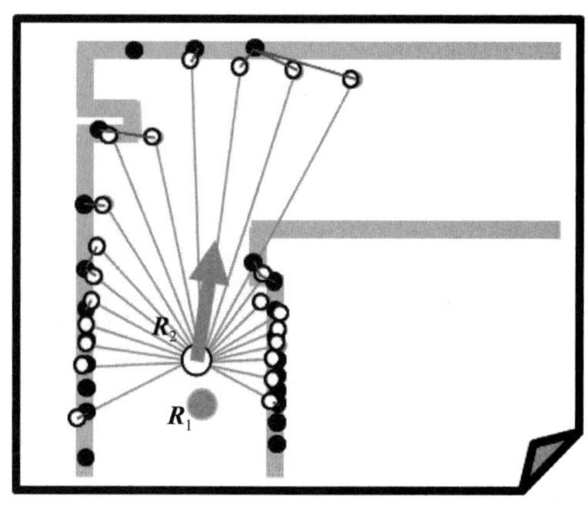

(b)第1次匹配结果

图6.7 用ICP算法进行扫描匹配的例子

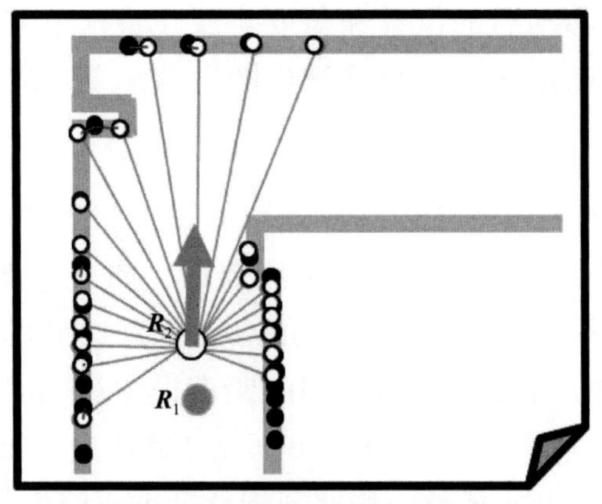

(c)通过匹配得到的同步定位结果

续图6.7

图6.8是ICP算法的流程图。

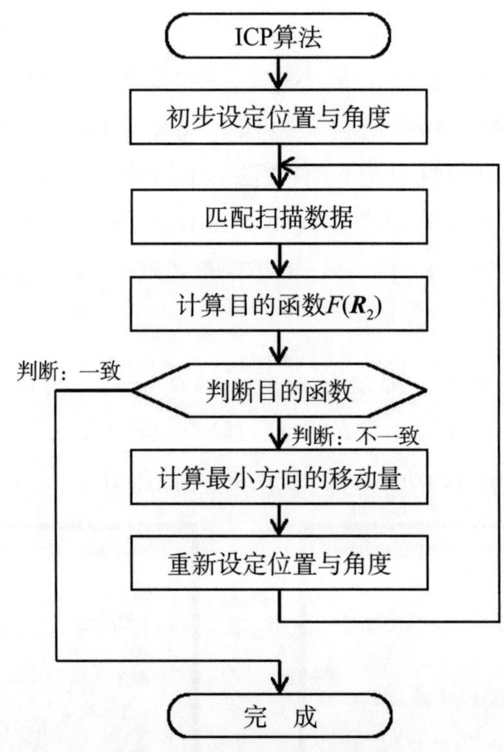

图6.8　ICP算法的流程图

经过这样的地图匹配，对移动机器人的位置与角度进行补偿，就可以得到实际值了。而且，如果利用这种方法同时制作地图，那么可以继续扩张。另外，由于使用外置传感器进行的同步定位需要多次反复运算，因此它比使用内置传感器进行的位置运算花费的时间更长。

6.4 SLAM技术的运用方法

灵活运用SLAM技术的方法有很多，下面我们逐一进行解说：

（1）基于前面所讲的原理而独自开发程序。最好是由专门研究SLAM技术的人员进行开发。SLAM技术的基础知识比较容易理解，在程序开发方面富有经验的机器人研究人员可以一试身手。要想使机器人实用化，必须要应对环境的变化以及是否有障碍物等问题，不得不说难度非常高。

（2）灵活运用开源机器人基金会（open source robotics foundation，OSRF）开发与管理的机器人操作系统（robot operating system，ROS）的SLAM模块。该方法是目前使用最多的方法，SLAM模块已经开发了多个软件，必须针对每个应用选择最佳模块。已经商品化了的移动机器人大都采用了ROS。

（3）采用市面上出售的同步定位与地图生成系统。将SLAM技术商品化的例子最近逐渐增多[48, 49]。有硬件解决方案、软件解决方案以及SLAM技术集成解决方案等。但是，明确提供商品技术说明书的例子却很少。因此，在下一节中，将介绍该方法中的一个例子——日立产机系统株式会社的激光测位系统ICHIDAS-Laser[50]。

6.5 单纯依靠激光扫描仪实现地图生成和同步定位的方法

前面已经说过，SLAM技术是通过计程仪等内置传感器获取相对位置的信息，大致上掌握移动机器人的位置与角度，然后利用激光扫描仪等外置传感器获取的位置补偿信息对移动机器人位置与角度进行同步定位。采用这种方法的理由是因为，基于激光扫描仪的同步定位运算比基于计程仪的运算需要花费更长的时间。

因此，基于激光扫描仪的同步定位运算时间需要满足下述两个条件：

（1）在同步定位运算这段时间内，机器人移动的距离很短，该段距离短到几乎不影响扫描匹配对位置补偿进行运算的长度。

（2）同步定位运算的时间接近于移动机器人的控制周期，或者说，运算时间短到不影响移动控制系统特性的程度。

在这样的条件下，不用计程仪等内置传感器进行移动量的运算，仅通过激光扫描仪的运算就可以实现移动机器人的同步定位。现在我们来介绍一下，按照这种思路，仅用激光扫描仪就可以实现地图生成与同步定位的控制系统。

6.5.1　系统结构

图6.9示出了激光测位系统ICHIDAS-Laser的结构。图6.9(a)和图6.9(b)分别是它的硬件结构和软件结构。在图6.9(a)的结构中，同步定位组件就是ICHIDAS-Laser本身，通过以太网输入由激光扫描仪得到的距离数据，经过地图生成和同步定位运算后，再通过用户数据报协议（UDP）输出运算结果。因此，只要有一台用于处理UDP的设备，就可以简单地灵活运用SLAM功能，用户自己也可以动手构建SLAM应用程序系统。

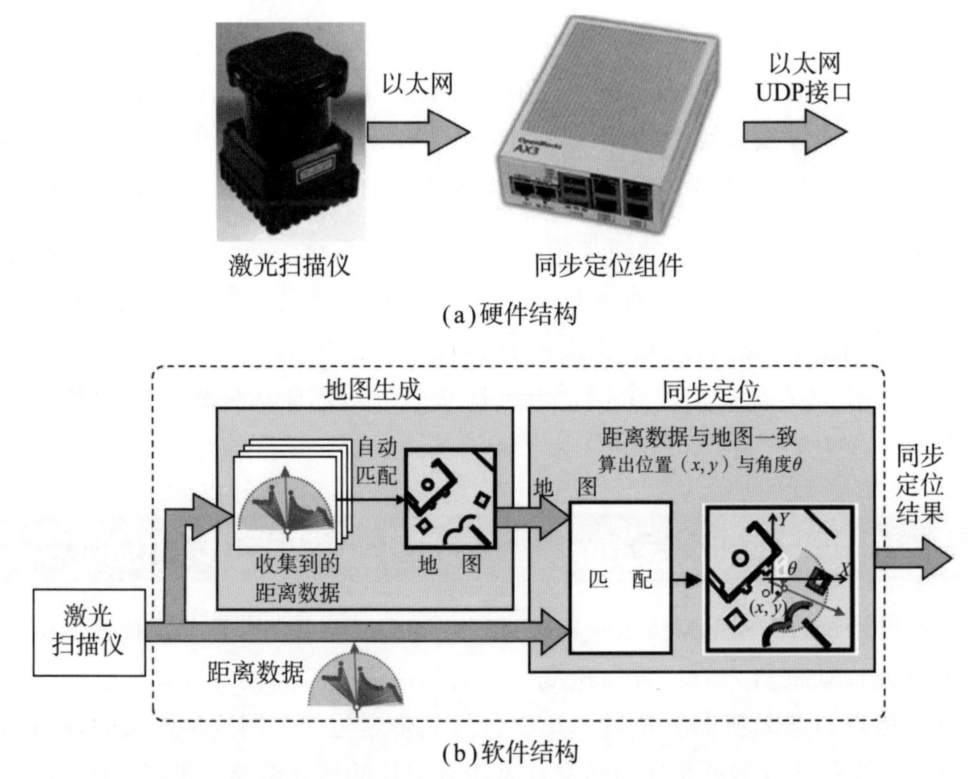

图6.9　激光测位系统ICHIDAS-Laser的结构

ICHIDAS-Laser的软件结构如图6.9(b)所示，可以将其分为地图生成功能与同步定位功能两部分。该系统是以SLAM技术为基础而实现的，但实际上地图生成功能与同步定位功能并不是同时发挥作用的，它们基本上是分别动作的。

在地图生成功能方面，通过激光扫描仪输入生成地图所必需的距离数据，同步定位组件中内置的存储器将该数据收集起来。利用这些距离数据，进行扫描匹配处理的同时，逐渐将它们合并起来，构成移动机器人活动区域的地图。由此制作而成的地图每张的尺寸基本上是10 000m^2（1ha）。只要其大小在1ha以内，例如100m×100m、200m×50m等尺寸，地图的长宽比都可以任意设定。在移动机器人的移动范围超过该尺寸或者途中因为经过电梯等情况而在多个场景中移动的场合下，只要事先做成这些场合的地图并将其储存起来，仍然可以应对。

关于同步定位功能，是在已经生成的地图之中预先指定出移动机器人所处区域的地图，对于该地图，输入移动机器人上搭载的激光扫描仪获取的实时距离数据，进行匹配。如果距离数据与地图一致，那么就可以同时求出移动机器人的位置(x_R, y_R)以及角度(θ_R)，这些同步定位的结果被输出到外部设备中去。

激光测位系统的优点有以下三点：

（1）高速处理。同步定位组件的CPU采用Dual Core MarVell（1.33GHz）。这种CPU不具有很高的处理能力，但是，在软件方面，开发了后面将要介绍的能够进行高速同步定位处理的运算方法，由此可以与激光扫描仪输出距离数据的输出周期同步，每隔25ms输出一次位置与角度。在这个周期内，能够原封不动地使用传输来的位置(x_R, y_R)以及角度(θ_R)数据，进行移动机器人的控制运算。

（2）简单的硬件结构。在进行SLAM运算的时候，除了使用激光扫描仪之外，一般还要同时使用编码器、陀螺仪传感器、加速度传感器等以及内置传感器。激光测位系统的优点就在于，仅使用激光扫描仪，其他传感器一律不使用。通过高速处理，能够以25ms的周期获得结果，如果移动机器人的最高速度为1m/s，那么在这个周期内移动的距离就是25mm。由此可见，作为SLAM的探索区域，可以设置成一个相对狭窄的范围，根本用不着内置传感器进行位置计算。

（3）稳健的同步定位性能。在工厂的车间和物流中心的现场，有些部件和产品有时会暂时放置在那里，设备有时会稍微偏离规定的地方，操作人员也会在作业通道上来来往往。移动机器人在这种场景运行时，SLAM生成的地图之中不可能记载这些物体放置位置的变化，也不可能记载操作人员的走动造成的外部干扰等，这就要求控制系统必须具有同步定位的结果不受这些因素影响的稳健性。例如，即使移动机器人的周围50%被人给围了起来，只要能用剩下的50%与地图进行核对，该系统就能继续稳定地进行同步定位。

6.5.2　高速运算方法[51]

图6.10示出的是用SLAM进行同步定位时的高速运算方法之一。

使用图6.10(a)的低分辨率地图，粗略限定移动机器人的位置与角度。由于像素本身比较粗，所以不可能要求其具有多么高的精度，但是如图所示，高效率地同步确定其位置和角度，可以大致限定探索区。这里非常重要的一点是，此处所限定的探索区必须包含机器人的真实位置与角度，因此不要过度限定，被限定的探索区设定为图6.10(a)的几分之一即可。接着，像图6.10(b)那样，对限定的探索区，采用中分辨率地图进行同步定位，由此可以高效率地把移动机器人的位置与角度限定在图6.10(c)的范围内。

最终，如图6.10(c)所示，在通过两次限定而得到的探索区内，使用高分辨率地图进行同步定位。按照这个步骤序，就可以以较少的运算量，高效、高精度地同步确定位置和角度。而且，不同分辨率的地图是在地图生成过程中在系统内部自动生成的，不需要用户操作，不会给用户造成额外的负担。

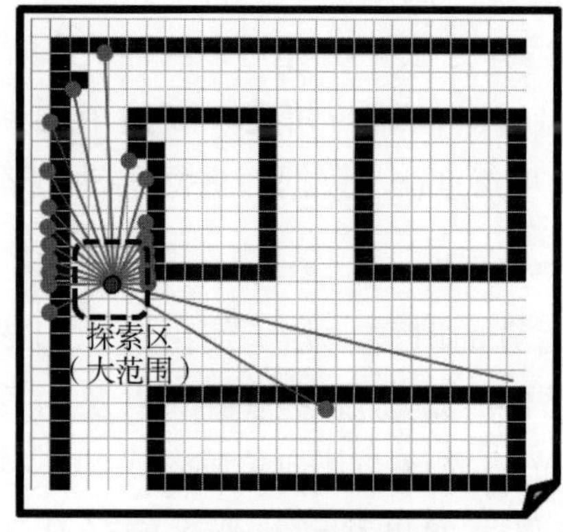

(a)用低分辨率地图粗略缩小

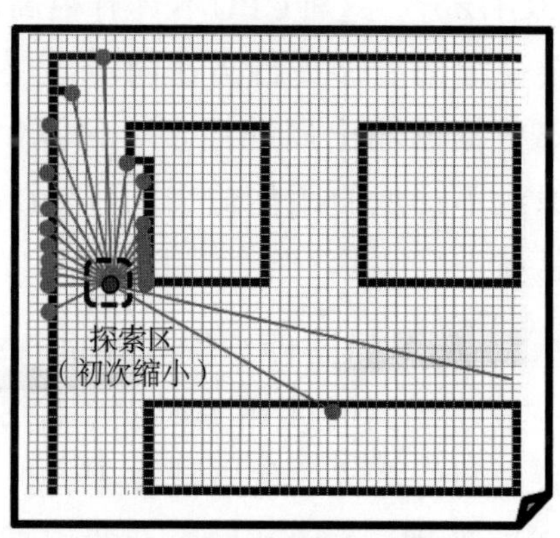

(b)用中分辨率地图有限度地缩小

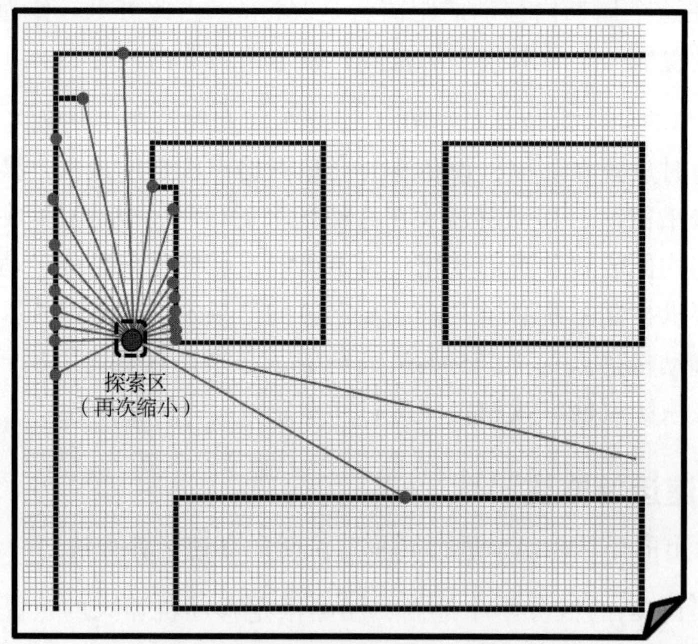

(c)用高分辨率的地图高精度同步定位

图6.10　同步定位运算高速化的方法

6.5.3　地图生成功能

地图虽然是在同步定位组件的内部生成的，但是在实际的系统中，还需要使用用户手头的个人电脑（PC），产品附带的地图生成软件CHIZUDAS需要安装到用户的个人电脑中，其结构如图6.11所示。将保存了用于生成地图而收集的距离数据的距离文件暂时传送到个人电脑，接下来启动个人电脑中的地图生成软件。该地图生成算法与前面所讲的高速运算方法相同。一般情况下，与同步定位组件的CPU相比，个人电脑的CPU在工作频率和运算能力方面具有一定优势，所以推荐在地图生成过程中灵活运用个人电脑。利用地图生成软件，通过指定传送过来的距离文件，就可以自动生成地图了。个人电脑生成地图所需要的时间，与收集距离数据所需要的时间相同，用户可以比较容易地完成地图。完成后的地图，被再次送回到同步定位组件。

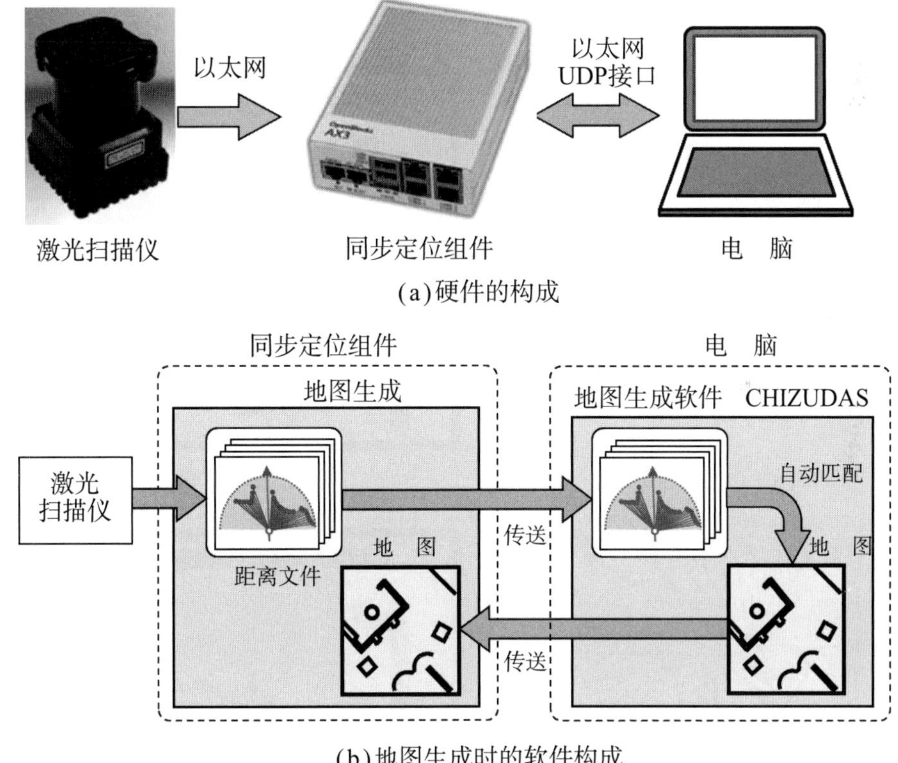

图6.11　实施地图生成的系统结构

图6.12是ICHIDAS-Laser生成地图的过程示例。图6.12(a-1)、(b-1)、(c-1)分别示出的是在时刻t_1、t_2、t_3，移动机器人所处的位置与角度，在这些时间点就可以利用移动机器人搭载的激光扫描仪收集用于生成地图的距离数据。

利用地图生成软件，按照图6.12(a-2)、(b-2)、(c-2)的顺序，就可以自动地生成地图了。如图6.12(b-2)所示，在已经绘出的地图（黑色粗实线）中，重新写入匹配距离数据过程中获取的信息（灰色粗实线）。多次重复该步骤，即可完成地图绘制。

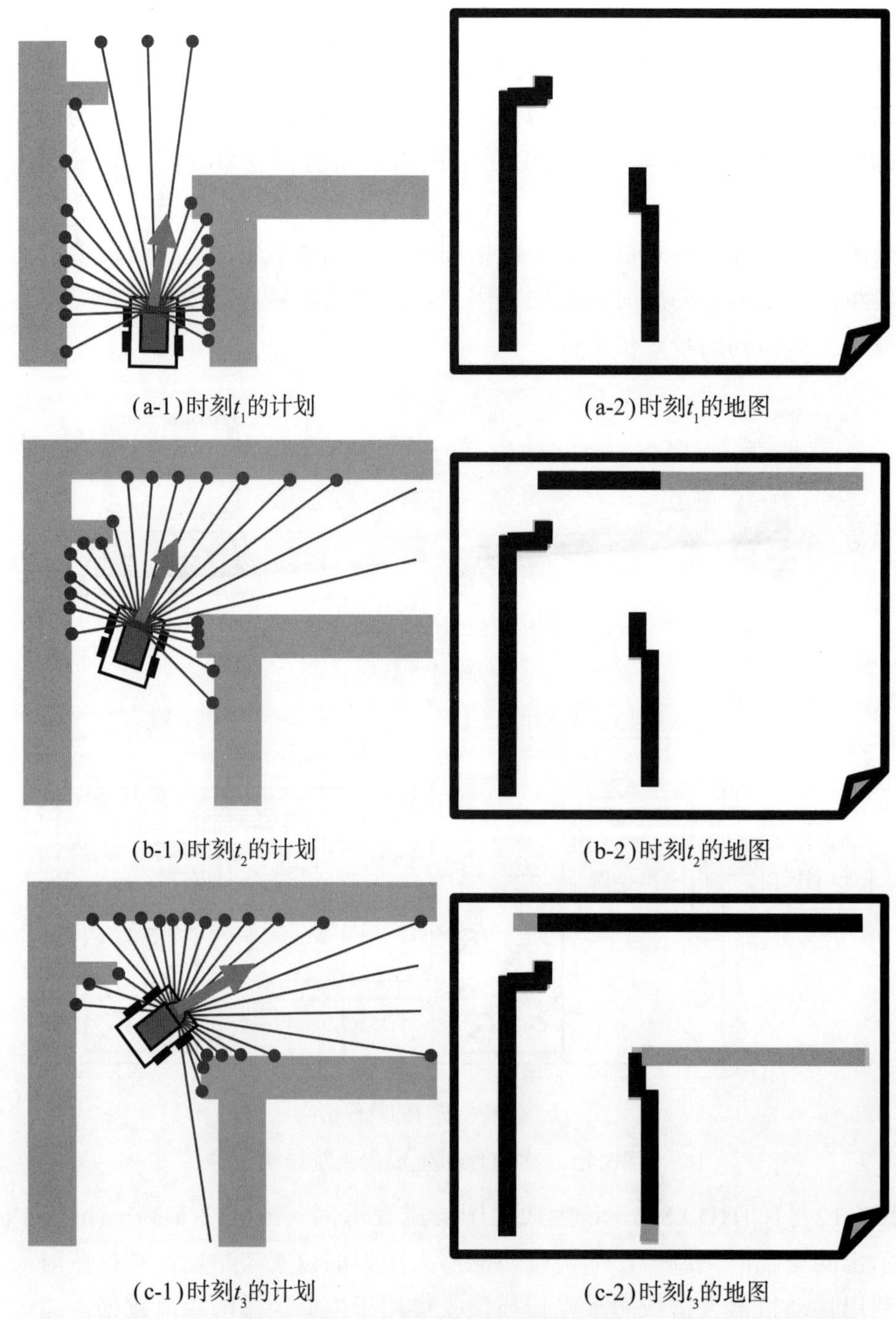

(a-1)时刻t_1的计划
(a-2)时刻t_1的地图
(b-1)时刻t_2的计划
(b-2)时刻t_2的地图
(c-1)时刻t_3的计划
(c-2)时刻t_3的地图

图6.12　地图生成过程的例子

图6.13是地图生成功能的作图过程。

可以看到，按照时刻t_1、t_2、t_3、t_4的顺序移动时，通过激光扫描仪获得的距离数据（粗实线）与地图数据（细实线）相匹配。其结果作为地图数据（细实线）被追加，地图就逐渐制作完成了。

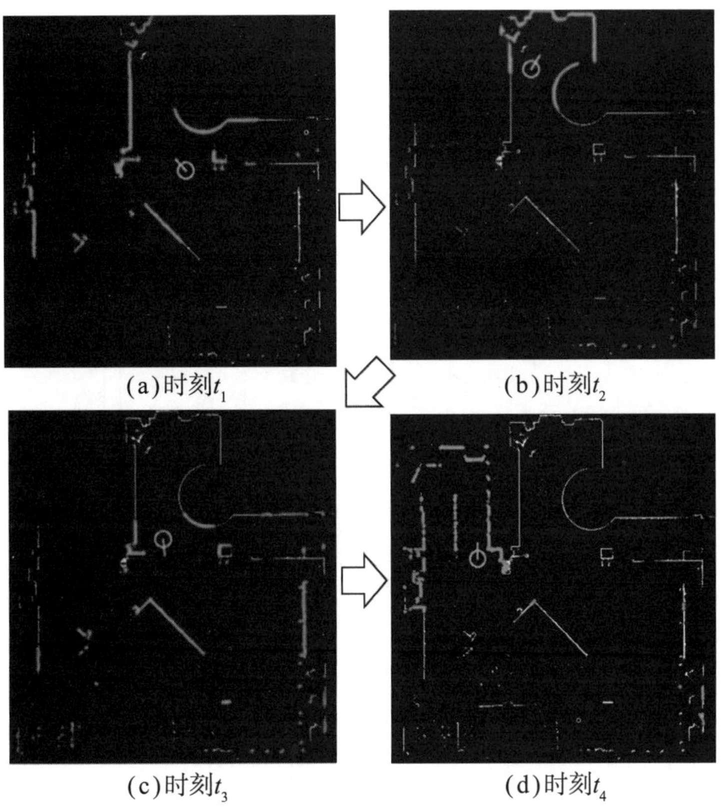

图6.13　地图生成功能的作图过程

6.5.4　同步定位

图6.14举例了进行同步定位时的系统结构。在自主移动机器人的场合，搭载了激光扫描仪以及同步定位组件。实时检测机器人的位置(x_R, y_R)和角度θ_R并输出至自主移动控制器，可以实现自主移动。如图6.14(b)所示，自主移动控制器以位置与角度信息为基础，进行启动停止、路径控制、定位控制、路径跟踪控制，并通过驱动电机，控制移动机器人的移动方式。

图6.15以时间序列的方式，示出了移动机器人检测位置与角度时的状态。时刻t_1、t_2、t_3的状态分别如图6.15(a-1)、(b-1)、(c-1)所示。在移动机器人的正前方有一个球形物体（○），正在向画面的右侧移动，此时激光扫描仪获取的距离

数据中包含了检测到的这个球形物体的距离数据。由图6.15(a-2)、(b-2)、(c-2)可知，将这些距离数据与地图进行核对时，肯定与地图数据不一致。但是，由于与地图数据一致的距离数据占多数，因此不受球形物体的影响，照样可以同步定位，这就体现出了同步定位的稳健性。

另外，启动电源时，从1ha的地图中识别机器人的初始位置和角度是非常需要时间的，实际上也很困难。因此，只有在用户指定移动机器人大概位置后，该系统才具备同步定位的功能，该功能称为初始位置同步定位功能。而且，在移动路径很长或者几乎没有参照物体的环境中，由于没有使用除激光扫描仪之外的其他传感器，没有办法进行同步定位。

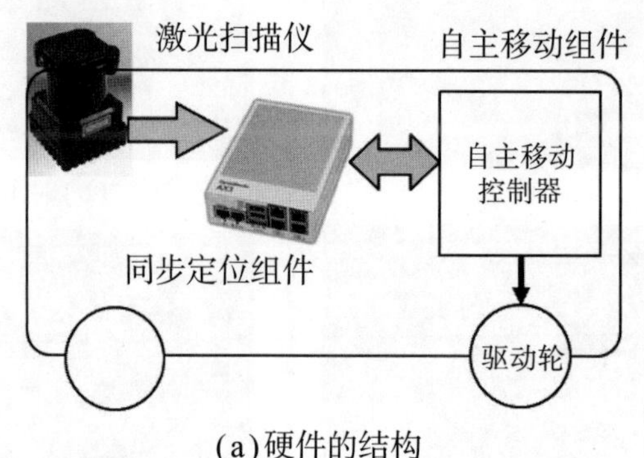

(a)硬件的结构

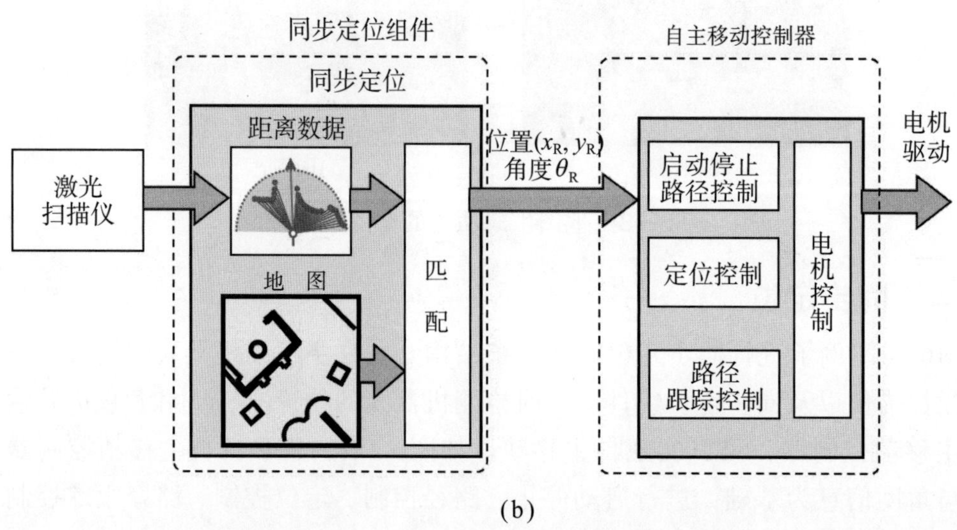

(b)

图6.14　自主移动机器人的系统结构举例

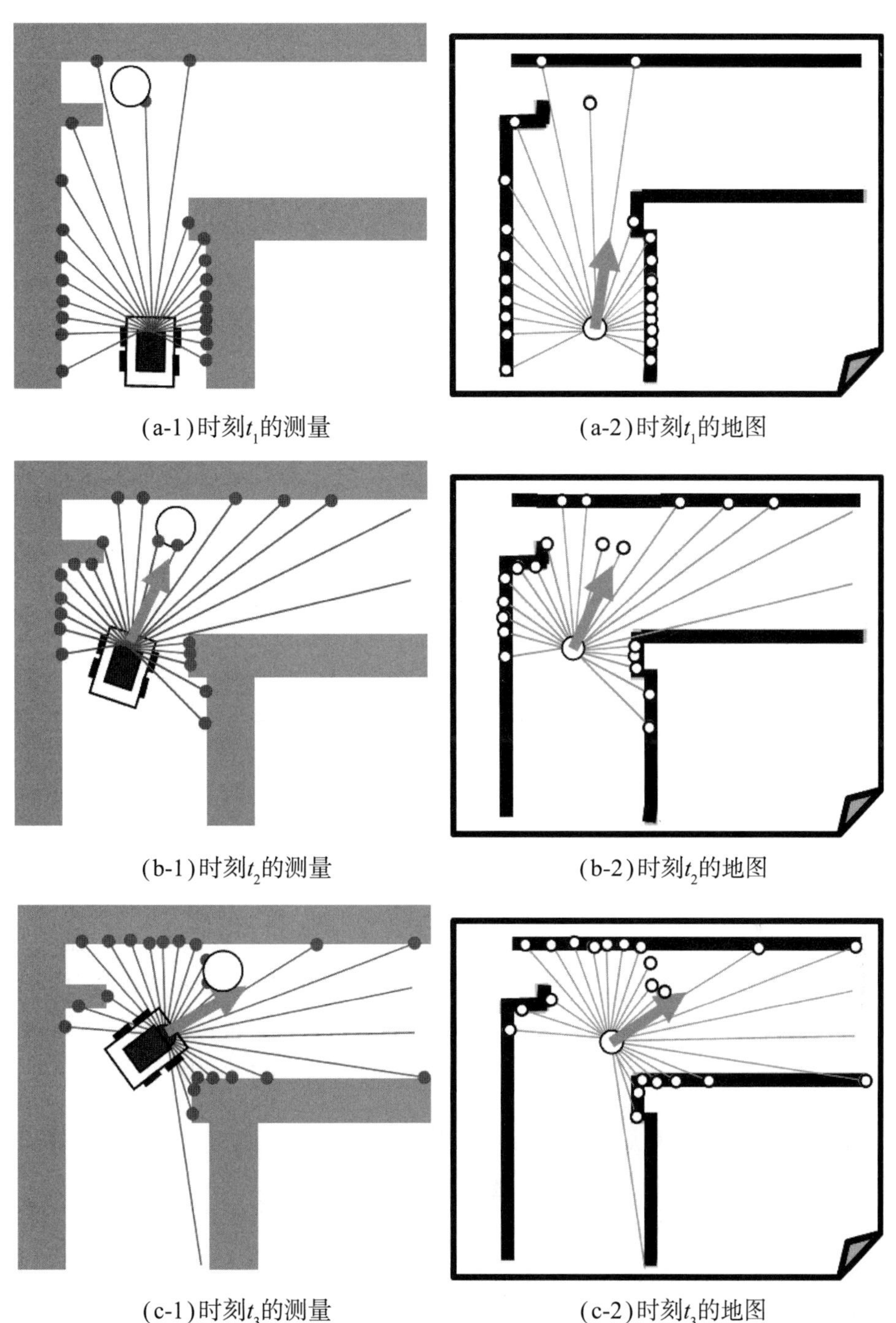

(a-1)时刻t_1的测量
(a-2)时刻t_1的地图
(b-1)时刻t_2的测量
(b-2)时刻t_2的地图
(c-1)时刻t_3的测量
(c-2)时刻t_3的地图

图6.15 在移动路径周围有其他移动物体存在时的同步定位举例

6.5.5 激光测位系统的技术指标与特征

激光测位系统ICHIDAS2-AX的技术指标示于表6.3。

在目前状态下，能够利用激光扫描仪的场景仅限于3种类型，今后期待能够增加对应的传感器。作为标准系统，能够保存的地图张数，在1ha尺寸的地图情况下，能保存10张，也就是说，自主移动机器人能够活动的范围大约是10ha。不过，能够保存的地图张数是受存储容量制约的，因此只要使用更大容量的存储器，扩大自主移动机器人的活动范围还是有可能的。

表 6.3 激光测位系统 ICHIDAS2-AX 的技术指标

项 目		ICHIDAS2-AX	
对应的传感器		UTM-30LX-EW、UST-20LX	UAM-05LP-T301
硬 件	尺寸、质量	101mm × 142.1mm × 41mm、0.37kg	
	接 口	LAN1（移动通信用） Ethernet UDP LAN2（传感器用） Ethernet	
	地图保存张数	128MB（用户 50MB）地图保存张数：相当于 10 张	
	电压 / 功率	DC12V / 10W	
标准功能	同步定位项目	位置 x, y（mm），姿势 θ（°）	
	输出周期	平均 25ms	平均 30ms
	精度（静止时）	位置：± 50mm、姿势：± 3°	
	地图生成	自动生成 + 修正功能，10 000m^2（例如 100m × 100m）	
	地图切换	高速切换（25ms）	
选项功能	ICHIDAS 功能	准 SLAM 功能、无须电脑生成地图功能	
	CHIZUDAS 功能	地图部分改写功能	

由于地图可以自动生成，因此用户只需要指定地图制作文件，就能够灵活运用地图了。但是，在大范围内制作地图的场合，绕外围一周回到地图制作开始地点时，有时会出现偏差。（例如，在角度具有 ± 0.6° 误差的时候，在X轴方向上如果前进100m，那么在Y轴方向上就会产生 ± 1m的误差。）

因此，如果绕上一圈后仍然能够回到同一个指定地点，就说明该系统具备自动修正的功能，这就是在表6.3的“地图生成”一栏中所示的“自动生成+修正功能”，一般把这样的处理称为“loop closing”。

另外，为了灵活运用10张地图，需要在各张地图之间切换，这个过程需要25ms的时间。因此，即使移动机器人处于移动状态，也可以进行地图切换，可以构建大范围快速运转的机器人系统。

在表6.3所示的技术指标中，该产品的同步定位精度为 ± 50mm、± 3°，重复精度为 ± 10mm、± 1°，这对于AGV的定位精度要求在 ± 10mm以内来说，已经充分满足。

第7章
用SLAM技术构建自主移动机器人控制系统

到上一章为止，我们已经概要地介绍了有关移动机器人控制的基本技术和SLAM技术。在技术层面上掌握这些知识以后，就可以采用SLAM技术制作自主移动机器人了。但是，现实中，为了在工厂和物流中心等现场运行机器人，如何构建控制系统整体是很重要的。其中需要讨论的课题有很多，例如给移动机器人提供活动的目标路径的具体方法、给移动机器人下达动作指令的方法、将通过SLAM技术获得的移动机器人的位置和角度恰当地用于行驶控制的方法等。

因此，本章将介绍构建用于现场活用的自主移动机器人控制系统的方法。

第7.1节介绍一种将引导式AGV无引导化，变为自主移动机器人的方法。本节的目标是早日普及自主移动机器人。为此，提出了一个方案，就是将SLAM技术与商品化了的AGV、特别是AGV组件相结合，显然任何人都能够比较容易地利用这种方法在现场完成一个自主移动机器人。本节内容主要针对的是，虽然已经能够灵活运用AGV，但在讨论引进AGV的时候，由于在地面上无法铺设引导线而对AGV绝望了的那些与生产技术相关联的技术人员和管理人员等。

第7.2节介绍了灵活运用第5章中所讲的移动机器人控制技术构建性能更高的系统的方法。考虑到目前自主移动机器人正在商品化、高性能化，可以把本节内容看作参考内容。

7.1 使用AGV组件的自主移动机器人系统

将引导式AGV廉价引入工厂车间和物流中心等现场的方法是，从多家厂商购入商品化的AGV组件。多种AGV组件，只要经过简单的设定，就可以灵活地满足现场的需求，因而经常被有技术能力的生产部门所采用。当然，在AGV组件之中用于掌握AGV位置的主要方法是，用磁传感器来检测作为目标路径而铺设在地面上的磁条的磁通。

在这里提出一个磁传感器的替代方案，那就是利用SLAM技术，实现AGV组件无引导化的方法。利用这种方法，可以解决AGV因为设置引导线而产生的种种问题。而且，这里所介绍的方法是一些在AGV组件的使用说明书中没有登载的内容。它是以能够充分了解磁传感器等规格方面的信息为基础，从SLAM技术提供的信息中输出与磁传感器的输出规格完全相同的输出信号。在灵活运用的时候，请充分吃透各种AGV组件的使用说明书的内容。而且，由这种方法实现的移动机器人的控制性能基本上都是由AGV组件的技术规格所决定的，请务必事先清楚地了解这一点。

此外，作为可供利用的SLAM技术，选用哪一种方法都可以，但实际上推荐使用6.4节介绍的ROS的SLAM组件或其他将SLAM技术商品化的组件。

7.1.1 AGV组件的结构

图7.1示出了使用AGV组件的引导式AGV系统结例子。可以根据移动方向的不同、移动路径的差异、标记的有无等因素考虑各种不同的构成方法。图7.1(a)是移动机器人可以前进和后退的双向移动时的结构例子，图7.1(b)是移动机器人只能够向前移动时的结构例子。

图7.1(a)的系统采用两轮差速驱动方式，由驱动AGV的2个驱动轮、控制该驱动行为的控制器、用于检测AGV位置的2个磁传感器组成，而且在移动的地面铺设用于引导AGV的磁条。在AGV的控制器中，装入了启动AGV电源的启动开关、前进与后退的切换开关、用于设定移动速度的速度设定信号单元。在2个磁传感器中，前进的时候用磁传感器F，后退的时候用磁传感器B，它们各自配置的位置分别位于AGV的前方与后方（以驱动轮为参照）。如5.4节所述，为了使角度控制系统稳定，从作为旋转中心的驱动轮到磁传感器的安装位置需要确保一定距离。因此，在前进和后退两个方向上移动的AGV的驱动轮大多配置在车身的中央附近。

这样，仅通过连接AGV控制器所需的设备，就能够轻而易举地构建跟踪引导线自动移动的系统，这是利用AGV组件的优点。

在图7.1(b)的系统中，省略了后退功能，是一个仅以AGV向前移动为前提的结构例子。因此图7.1(b)从图7.1(a)的结构中去掉了后退用的磁传感器。这样，在限制系统功能的情况下，如图7.1(b)所示，驱动轮也可以配置在AGV的最后部位。

在图7.1(b)中，将用于检测铺设于地面的标记的标记传感器连接到AGV控制器上，可以灵活运用传感器传来的信息。具体来讲就是，通过读取标记带的信息，识别停止的位置。除此之外，标记带还可以提供前进或者拐弯、并道、速度指令、地址读取等用于移动控制所必需的信息，这些信息是通过标记传感器进行收集的。

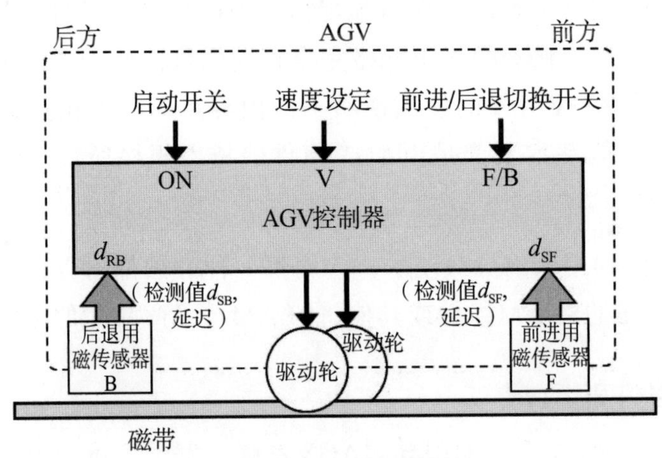

(a)进行前进与后退移动时

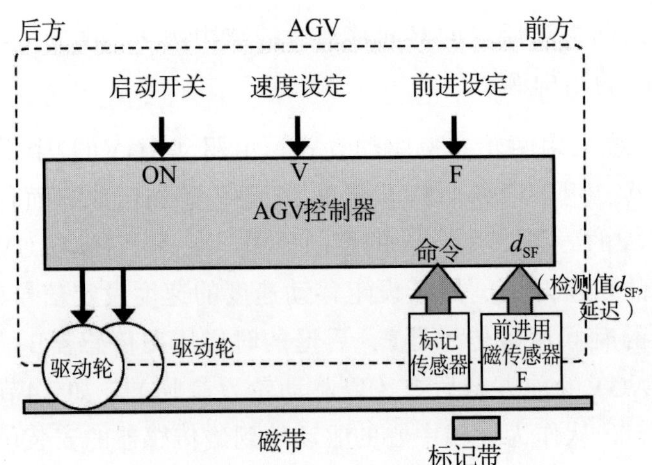

(b)仅进行前进移动时

图7.1 引导式AGV系统的结构举例

下面，我们介绍一下图7.1结构例中实现的引导式AGV移动系统的3种移动情况。

1. 在2个目的地之间沿直线路径往返

图7.2是沿直线路径往返的AGV的配置图与引导线图形的例子。在图7.2(a)中，AGV处于中央部位，位于2个驱动轮的中间，它到前方的前进用的磁传感器F的距离为W_{SF}，到后方的后退用的磁传感器B的距离为W_{SB}。AGV的停止地点有2个，分别为目的地1和目的地2，AGV根据现场操作者的指令在这2个目的地之间往返移动。目的地1和目的地2，分别是AGV的起点$\boldsymbol{S}_1$和起点$\boldsymbol{S}_2$，也是终点$\boldsymbol{G}_1$

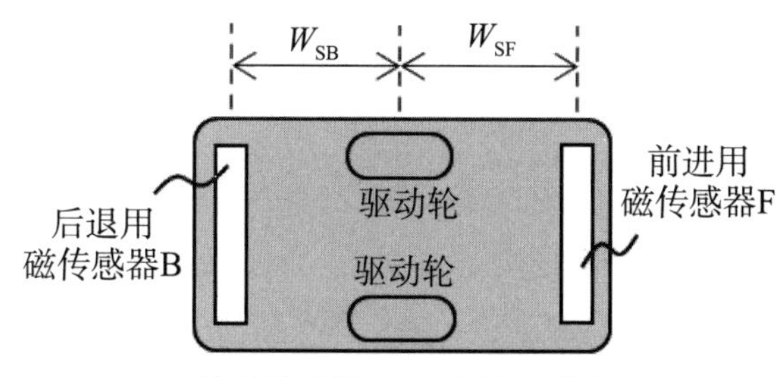

(a)往返移动用AGV的传感器配置

Y_I

10m（例）

O

磁　条

X_I

目的地
1

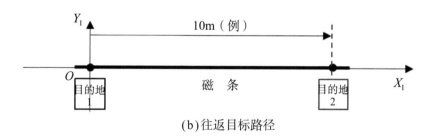

目的地
2

(b)往返目标路径

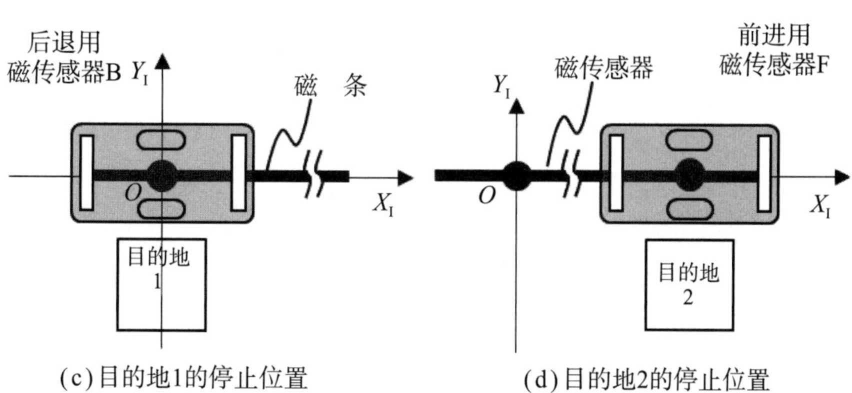

(c)目的地1的停止位置　　(d)目的地2的停止位置

图7.2　沿直线路径往返的AGV形态

和终点$\boldsymbol{G}_2$。由图7.2(b)可知，铺设的磁条所形成的引导线的长度等于目的地1和目的地2之间的直线距离（在本例子中为10m）。在画面上可以看出，铺设的磁条的两个端点并不是目的地1和目的地2，而是从左侧的目的地1往左延长了距离W_{SB}，从右侧的目的地2往右延长了距离W_{SF}。将引导线延长的目的是为了根据磁条有无磁通量来检测让AGV到达目的地1和目的地2的位置。例如，在AGV前进的场合，从作为起点$\boldsymbol{S}_1$的目的地1开始移动，当前进用的磁传感器F的位置穿过作为目的地2的终点$\boldsymbol{G}_2$的时候，磁传感器F检测到没有磁通了，就停止前进，这时候AGV驱动轮的位置与作为目的地2的终点$\boldsymbol{G}_2$刚好一致。图7.2(d)示出了这时候AGV停止位置与目的地2之间的关系。由于没有了磁通，脱线检测信号输入进AGV控制器，AGV发出指令，使移动机器人停止移动。在后退的时候，与上述情况相同，其状况示于图7.2(c)。因此，利用这种方式，不仅可以检测出磁传感器F、B到引导线的距离（检测值），还可以检测出AGV的停止位置。

图7.3示出了沿直线路径往返移动的场合，AGV的移动范围与此时前进用及后退用磁传感器检测位置之间的关系。其中目标点$\boldsymbol{P}_1$、$\boldsymbol{P}_2$、$\boldsymbol{P}_3$、$\boldsymbol{P}_4$，是第5章中所介绍过的用于设置目标路径的点，在实际应用中用它们取代引导线，而成为AGV控制器中假想的目标路径的起点与终点。目标点$\boldsymbol{P}_1$是在AGV从起点$\boldsymbol{S}_1$开始前进时的磁传感器F的位置；目标点$\boldsymbol{P}_2$是AGV与终点$\boldsymbol{G}_2$的位置一致时的磁传感器F的位置。同样道理，目标点$\boldsymbol{P}_3$和$\boldsymbol{P}_4$分别是前进与后退时，磁传感器B的位置。

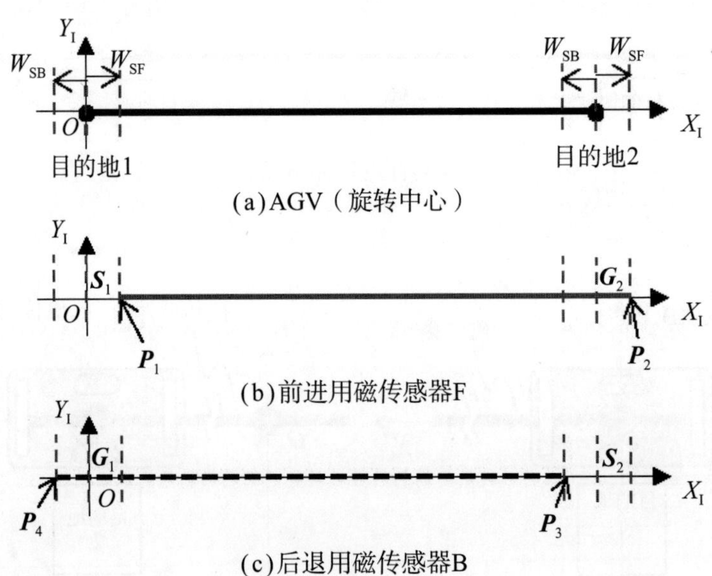

图7.3　沿直线路径往返移动的AGV与传感器的移动范围

2. 在2个目的地之间沿环形路径前进

图7.4是沿着环形路径前进时的AGV的传感器配置图与引导线图形的例子。如图7.4(a)所示，前进用磁传感器F与标记传感器作为移动控制用的传感器使用。在该引导线图形中，当从外部给它输入前进指令后，位于目的地1的AGV就会从该点出发向前移动，到达下一个目的地2的时候停止；当再度接到前进指令后，AGV就会从目的地2出发开始向前移动，绕过环形，经过中央的一根引导线，然后沿着左侧的环形逆时针旋转，返回原来的目的地1，完成整个搬运作业。这里必须注意的是，左右环形引导线在中央附近变成了一条引导线。另外，AGV选用右侧引导线还是左侧引导线，要么事先确定，要么根据铺设在地面的标记带信息进行判断。实际上，可以通过设定磁性传感器F的磁性读取方法来选择。在本例中，以始终相对于AGV前进方向选择右侧的引导线，来设定磁传感器F的读取方法。一般来说，磁传感器可以选择直行模式、右分支模式、左分支模式，本例选择右分支模式来实现。[57]

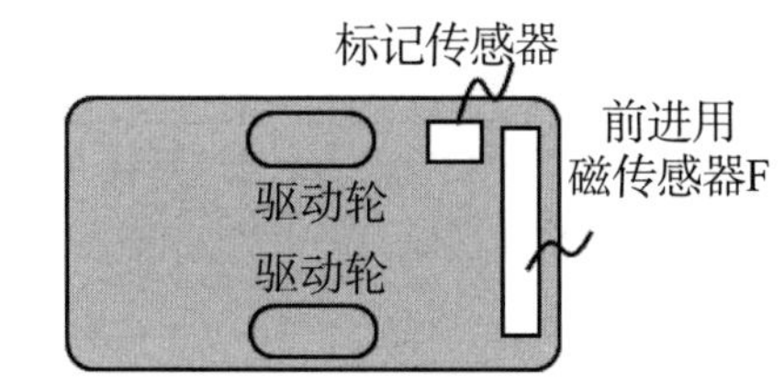

(a)环状移动用AGV的传感器配置

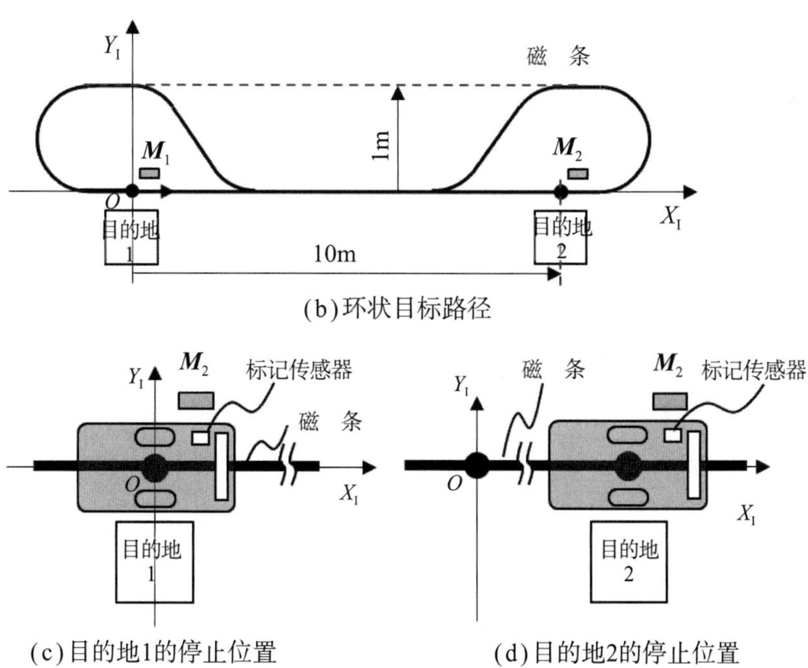

(c)目的地1的停止位置 (d)目的地2的停止位置

图7.4 沿着环形路径前进的AGV系统

另外，到达目的地1与目的地2时，通过安装在AGV上的标记传感器检测出地面的路标$\boldsymbol{M}_1$与$\boldsymbol{M}_2$，AGV就会停止，此时停止位置的状态如图7.4(c)和(d)所示。

3. 在具有多个分支的目的地之间往返

现在考虑AGV从目的地1出发，把3件物品分别送到目的地2、目的地3、目的地4以后，再返回到目的地1的场景。图7.5(a)示出了沿着分支路径前进与后退的AGV的传感器配置方法，由图可知，包括前进用的磁传感器F、后退用的磁传感器B以及标记传感器。图7.5(a)的结构可以看作是在图7.1(a)的结构中添加了图7.1(b)的标记传感器。

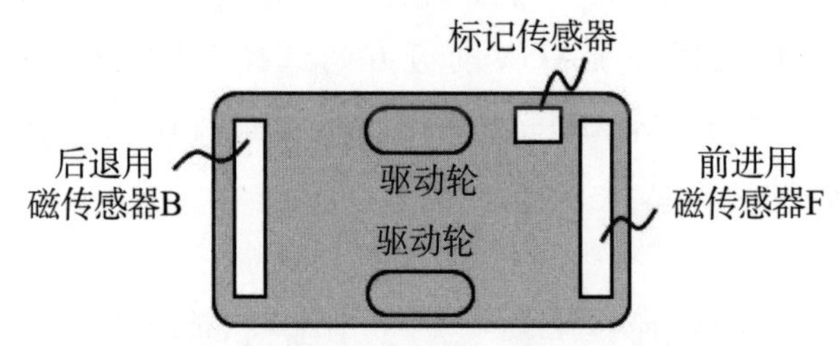

(a)沿有分支路径移动用AGV的传感器配置

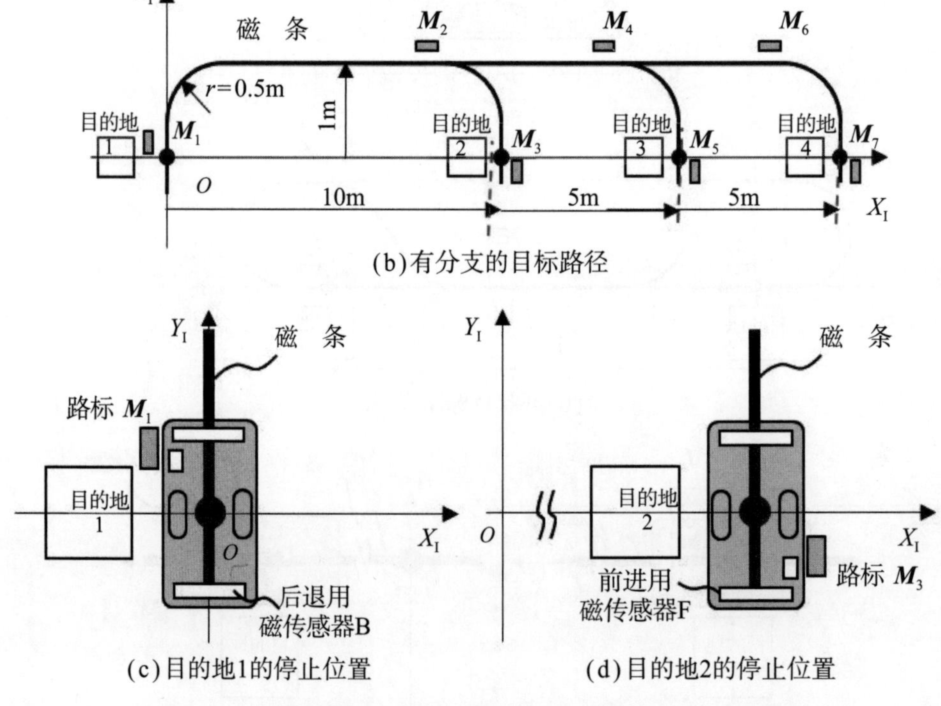

(b)有分支的目标路径

(c)目的地1的停止位置　　(d)目的地2的停止位置

图7.5　在具有多个分支的目的地之间往返的AGV系统

如前所述，当AGV离开目的地1往前移动时，由于引导线上存在分支，因此AGV读取地面$\boldsymbol{M}_1 \sim \boldsymbol{M}_7$路标的信息，辨认其所处的位置，根据所指示的目的地，选择右分支或直行，直到把物品送到指定地点。

上述事例被认为是AGV操作的基本方式。通过组合这种方法，可以实现各种复杂路径和复杂搬运形态。在这后面的各节中，将就这3种事例讨论无引导化的方法。

7.1.2　采用AGV组件的系统结构

在这里我们将介绍采用SLAM技术，把AGV组件无引导化的方法，也就是用AGV组件实现自主移动机器人的方法。作为SLAM技术，如第6章所述，读者可以灵活运用自己开发的程序、ROS的SLAM组件、商品化了的SLAM组件等，不过为了说明方便，关于移动机器人的活动范围，我们预先生成了地图，并在地图上预先制作出与引导线相对应目标路径。而且，预先确认了能够在所生成的地图上进行稳定的同步定位。采用这种方式实现的SLAM技术，在这里我们称之为SLAM组件。利用这种SLAM组件，就可以得到激光扫描仪S所处的位置(x_S, y_S)与角度θ_S。而激光扫描仪的位置矢量$\boldsymbol{S}$就可以表示为$\boldsymbol{S} = [x_S, y_S, \theta_S]^T$。

在这种激光扫描仪和SLAM组件的基础上，再组合以AGV控制器为中心的AGV组件，就形成了图7.6所示的结构。作为最基本的考虑方法，用SLAM组件和预处理运算部代替磁传感器的输出信号，输入AGV控制器。由于其动作方式与引导式AGV相同，因此AGV控制器本身可以原封不动地按照以往的设计方式

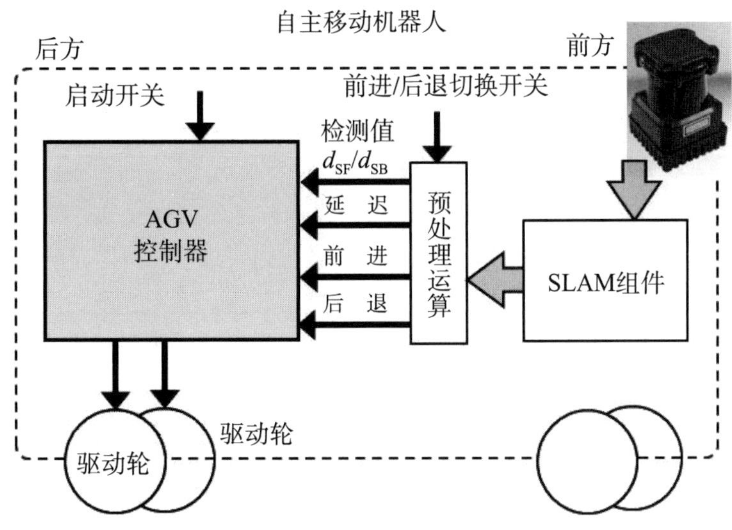

图7.6　使用AGV控制器的自主移动机器人系统的结构

进行设计。AGV的控制是由AGV控制器的设定来确定的，所以该系统并不是以提高AGV的行驶控制特性为目的，只是为了得到无引导化的效果。

在图7.6中，从SLAM组件获得的信息被暂时输入到预处理运算部。在这个预处理运输部，将输入来的信息变换成与磁传感器的输出信号相同的信号。在磁传感器的输出信号中，那些用于操纵AGV控制器的信号包括：与目标路径（引导线）的距离相当的检测值、检测出无磁通时的脱线信号、前进信号、后退信号。检测值d_{SF}和d_{SB}以及脱线信号分别提供前进与后退两个信号。

下面，我们就上一节所述的3种目标路径，利用AGV控制器来构建自主移动机器人系统。

7.1.3　沿直线路径往返

在这里我们利用图7.6的结构，说明一下7.1.1节中所介绍的沿直线路径往返的工作方式。来自外部的前进/后退切换开关的操作与图7.1(a)相同，当移动机器人位于图7.2(a)的目的地1时，给其下达前进指令；从目的地2开始移动时，给其下达后退指令，通过如此操作，就可以使其沿着直线路径往返了。

首先，设置与引导线相当的目标路径。表7.1是用于确定目标路径的目标点的矢量一览表。在一览表中将目标点$\boldsymbol{P}_i$的位置设定为(x_{Pi}, y_{Pi})、角度设定为θ_{Pi}、极限速度设定为v_{Pi}、目标曲率设定为$1/r_{Pi}$、停止信号设定为STOP。该表与5.2节所介绍的表5.1的目标点一览表是一样的，但删除了警告、照明、选择等项目。目标点矢量$\boldsymbol{P}_i=[x_{Pi}, y_{Pi}, \theta_{Pi}]^{T}$，表示移动机器人移动时应达到的位置与角度。用设定了目标曲率的曲线（在曲率为0时就是一条直线）把定义的目标点连接起来，就构成了目标路径，并以其替代引导线。

表 7.1　用于直线路径的目标点一览表（$W_{SF}=W_{SB}=0.4$m）

目标点序号 i	目标点	X 轴 x_{Pi} /m	Y 轴 y_{Pi} /m	角度 θ_{Pi} / °	极限速度 V_{Pi} /（m/s）	曲率 $1/r_{Pi}$ /m^{-1}	停止 STOP（on/off）
1	$\boldsymbol{P}_1$	0.4	0.0	0	0.3	0.0	off
2	$\boldsymbol{P}_2$	10.4	0.0	0	1.0	0.0	on
3	$\boldsymbol{P}_3$	9.6	0.0	0	−0.3	0.0	off
4	$\boldsymbol{P}_4$	−0.4	0.0	0	−1.0	0.0	on

极限速度v_{Pi}指的是，把AGV到目标点的区间作为移动环境，能够安全移动所允许的最高速度。在图7.6的系统中，由于没有使用速度信号作为AGV控制器的输入信号，所以可以忽略极限速度的信息。另外，可以运用极限速度的符号判断是前进，还是后退。

在表7.1中，目标点$\boldsymbol{P}_1$和$\boldsymbol{P}_2$用于设定移动机器人从目标点1（起点$\boldsymbol{S}_1$）前进并直行到目标点2（终点$\boldsymbol{G}_2$）的目标路径，这是以使用相当于前进用的磁传感器F输出的信息为前提的，目标路径如图7.3(b)所示。目标点$\boldsymbol{P}_3$和$\boldsymbol{P}_4$用于设定移动机器人直线后退的目标路径，并且设定移动机器人所使用的是相当于后退用的磁传感器B输出的信息，这两个目标点分别对应于起点$\boldsymbol{S}_2$和终点$\boldsymbol{G}_1$，如图7.3(c)所示。此外，表7.1所示的角度θ_{Pi}全部设为0，移动机器人不改变移动姿势，一直朝着全局坐标系中正X轴方向进行控制。

因为是沿着直线路径往返，所以表7.1中的目标曲率$1/r_{\mathrm{P}i}$全部设为0。对于目标点$\boldsymbol{P}_2$和$\boldsymbol{P}_4$，停止信号全部设为on。这意味着它们作为终点，理所当然地在该点停止。

接下来，我们用图7.6的处理运算单元所进行的演算内容来解释图7.7的方框图。在该图中，虚线围住的部分表示的是预处理演算单元的功能。这些功能大致可以划分为以下3方面。

1. 运转指示功能

该功能由运转开始方框与目标点选择方框组成。在运转开始方框中，如果从外部给它输入前进/后退的切换开关信号，就可以选择前进/后退路径。根据输入到该方框的终点到达信号，确认此前目标路径移动完毕到达终点后，检查是否可以切换到下一个路径。在目标点选择方框中，根据路径选择信号选择目标路径，根据目标点切换信号从该路径中依次设定目标点$\boldsymbol{P}_i$。

2. 机器人位置运算功能

该功能由目标点坐标中机器人的位置方框和传感器位置补偿值方框构成。该功能的目的是算出位于目标点$\boldsymbol{P}_i$的移动机器人的坐标矢量$\boldsymbol{R}_{\mathrm{P}i}$（$=[x_{\mathrm{RP}i}, y_{\mathrm{RP}i}, \theta_{\mathrm{RP}i}]^{\mathrm{T}}$）。由SLAM组件获取的表示激光扫描仪的位置和角度的传感器矢量$\boldsymbol{S}$（$=[x_{\mathrm{S}}, y_{\mathrm{S}}, \theta_{\mathrm{S}}]^{\mathrm{T}}$），被变换成目标点$\boldsymbol{P}_i$坐标系的传感器矢量$\boldsymbol{S}_{\mathrm{P}i}$（$=[x_{\mathrm{SP}i}, y_{\mathrm{SP}i}, \theta_{\mathrm{SP}i}]^{\mathrm{T}}$）后，就可以使用移动机器人中激光扫描仪安装位置的传感器矢量$\boldsymbol{S}_{\mathrm{R}}$（$=[x_{\mathrm{SR}}, y_{\mathrm{SR}}, \theta_{\mathrm{SR}}]^{\mathrm{T}}$）进行补偿，从而求出$\boldsymbol{R}_{\mathrm{P}i}$，也就是位置$(x_{\mathrm{RP}i}, y_{\mathrm{RP}i})$和角度$\theta_{\mathrm{RP}i}$。

3. 磁传感器输出功能

磁传感器输出功能由磁传感器输出方框、目标点判断方框、控制异常判断方框组成。在这里通过运算，可以得到相当于前进用的磁传感器F、后退用的磁传感器B输出的信号。详细内容将在后面介绍。另外，在控制异常判断方框中，用$\boldsymbol{R}_{\mathrm{P}i}$数据来确认该移动机器人的移动状态是否正常。

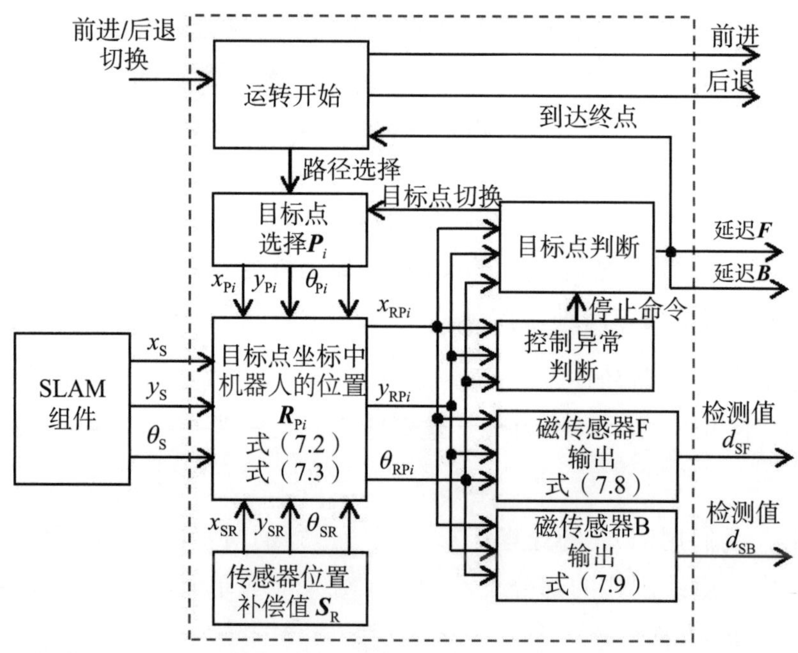

图7.7　AGV控制器的预处理运算单元方框图（前进/后退切换）

为了说明运转指示功能，在图7.8中给出了该系统的状态转换图。在图7.6中，如果开启启动开关，AGV控制器、SLAM组件、预处理运算单元等都将启动。在初始设定模式下，全部设备开始工作，SLAM组件进行初始位置同步定位，确认移动机器人位于目的地1或其附近。如果初始位置同步定位失败或者确认移动机器人没有位于目的地1附近，则切换到位置失败模式，检查故障的状态，重新启动，再次从初始设定模式开始动作。如果确认位于目的地1，就设定完毕，切换到起点S_1的待机模式。

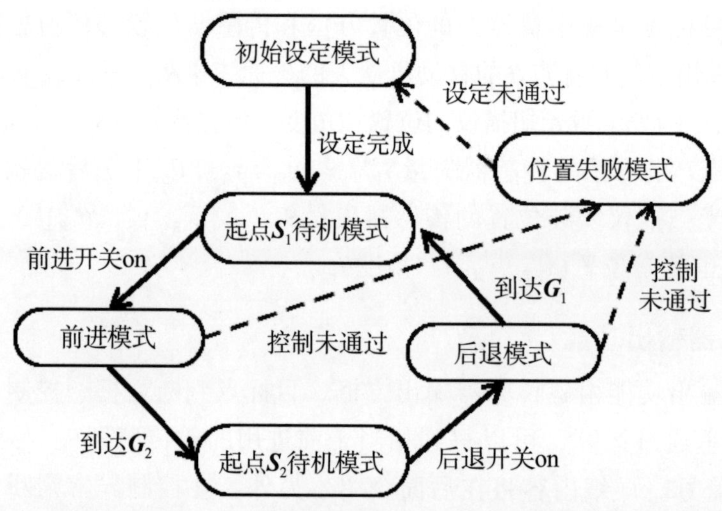

图7.8　使用AGV控制器的自主移动机器人系统的状态转换图（前进/后退切换）

这时候，操作前进/后退开关，前进开关处于on的状态，移动机器人变为前进模式。根据表7.1中的目标点序号1的信息，确认移动机器人的位置$\boldsymbol{R}$与起点$\boldsymbol{S}_1$是否一致，即确认移动机器人的磁传感器的位置F与目标点$\boldsymbol{P}_1$是否一致。在不一致的场合下，首先要使$\boldsymbol{R}$与起点$\boldsymbol{S}_1$相一致。如果达成一致，图7.7的目标点切换信号开始输出，把目标点$\boldsymbol{P}_1$切换为目标点$\boldsymbol{P}_2$。目标点$\boldsymbol{P}_2$意味着是移动机器人以终点$\boldsymbol{G}_2$为目的地，并且开始向这个目的地前进。当判断移动机器人已经到达终点$\boldsymbol{G}_2$，该移动机器人就会停止前进，并转换为起点为$\boldsymbol{S}_2$的待机模式。终点$\boldsymbol{G}_2$也就是起点$\boldsymbol{S}_2$，这时候磁传感器的位置$\boldsymbol{B}$与目标点$\boldsymbol{P}_3$的位置一致。接下来操作前进/后退转换开关，后退开关变为开的状态，移动机器人切换为后退模式。按照与前进模式相同的顺序，确认移动机器人的磁传感器的位置$\boldsymbol{B}$与目标点$\boldsymbol{P}_3$的位置一致后，将目标点切换为$\boldsymbol{P}_4$，移动机器人开始向这个方向后退。移动机器人到达终点$\boldsymbol{G}_1$后，又转换为起点为$\boldsymbol{S}_1$的待机模式。这样做的结果就是，操作人员通过操作移动机器人的前进/后退切换开关，就可以使移动机器人前进与后退了。

图7.9中显示了激光扫描仪的配置。在移动机器人的内部，激光扫描仪的位置可以是任意的，不过在本例中，我们考察的是左前方45° 的方向规定为激光扫描仪正面方向的场景。如前所述，SLAM组件得到的位置与角度数据，就是激光扫描仪在位置$\boldsymbol{S}$的信息。在全局坐标系中，参照式（2.5），进行如下展开，就可以求出移动机器人的位置与角度：

$$\boldsymbol{S}_{\mathrm{R}} = \boldsymbol{C}(\theta_{\mathrm{S}} - \theta_{\mathrm{SR}}) \cdot (\boldsymbol{S} - \boldsymbol{R}) \tag{7.1}$$

$$\boldsymbol{R} = \boldsymbol{S} - \boldsymbol{C}^{-1}(\theta_{\mathrm{S}} - \theta_{\mathrm{SR}}) \cdot \boldsymbol{S}_{\mathrm{R}} \tag{7.2}$$

在这里，矢量$\boldsymbol{S}_{\mathrm{R}}$（$=[x_{\mathrm{SR}}, y_{\mathrm{SR}}, \theta_{\mathrm{SR}}]^{\mathrm{T}}$）是从移动机器人的坐标系观察到的激光扫描仪的位置与角度。在图7.9(a)的场合下，$\theta_{\mathrm{SR}} = \pi/4$。

$\boldsymbol{C}(\theta_{\mathrm{R}})$按照第2.2.1节所述，由下式定义：

$$\boldsymbol{C}(\theta_{\mathrm{R}}) = \begin{bmatrix} \cos\theta_{\mathrm{R}} & \sin\theta_{\mathrm{R}} & 0 \\ -\sin\theta_{\mathrm{R}} & \cos\theta_{\mathrm{R}} & 0 \\ 0 & 0 & 1 \end{bmatrix}$$

其中，$\theta_{\mathrm{R}} = (\theta_{\mathrm{S}} - \theta_{\mathrm{SR}})$。

顺便说一下，SLAM组件也具备将检测出的激光扫描仪的位置与角度自动转换为移动机器人的位置与角度的功能，不过，为了方便理解，我们在这里进行解释的时候没有用到这种功能。

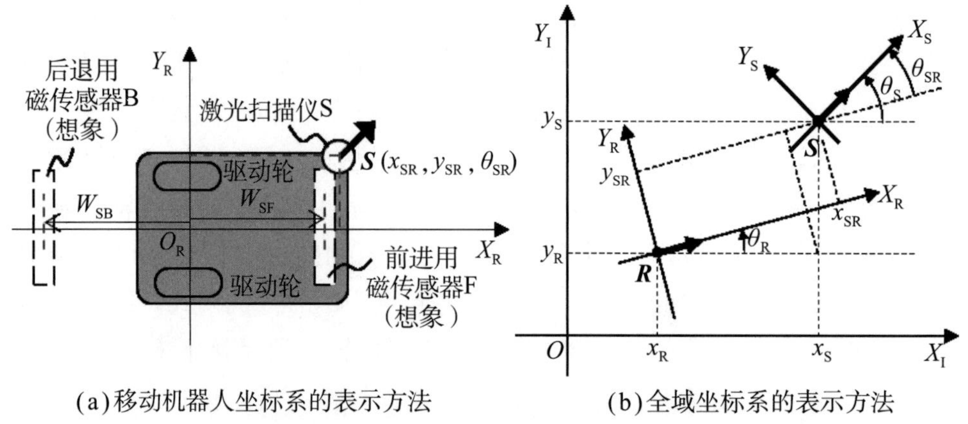

(a)移动机器人坐标系的表示方法　　(b)全域坐标系的表示方法

图7.9　激光扫描仪与磁传感器的位置关系（前进/后退切换）

从以目标点$\boldsymbol{P}_i$为原点的坐标系观察到的移动机器人位置$\boldsymbol{R}_{\mathrm{P}i}$可以用下式计算：

$$\boldsymbol{R}_{\mathrm{P}i}=\boldsymbol{C}(\theta_{\mathrm{P}i})\cdot(\boldsymbol{R}-\boldsymbol{P}_i) \tag{7.3}$$

于是，在图7.7的目标点坐标系的移动机器人方框图中，进行式（7.2）和式（7.3）的计算，就可以得到移动机器人的位置$\boldsymbol{R}_{\mathrm{P}i}$了。当$\boldsymbol{R}_{\mathrm{P}i}=0$时，意味着移动机器人包括角度在内都与目标点$\boldsymbol{P}_i$保持一致。根据$\boldsymbol{R}_{\mathrm{P}i}$的状态，可以评价移动控制特性。

接下来，借助图7.10和图7.11，介绍一下磁传感器的输出计算方法。图7.10是以图5.26为基础，添加了激光扫描仪的位置与角度$\boldsymbol{S}$而形成的，它显示了在以目标点$\boldsymbol{P}_i$为原点的坐标系中，移动机器人、激光扫描仪以及磁传感器F之间的位置关系。在图7.10(a)中，相对于目标点$\boldsymbol{P}_i$，移动机器人为向前移动的状态。图7.10(b)显示的是该系统得到的检测值d_{SF}的特性。在图5.26(b)所示的实际磁传感器的特性中，在超过磁传感器的出长度时，检测值d_{SF}为0，与其形成对照的是，在图7.10(b)中，d_{SF}值要么保持最大值d_{LMT}，要么保持最小值$-d_{\mathrm{LMT}}$。由于这种特性的存在，即使移动机器人偏离目标路径很大，也不会脱轨无法控制。在利用SLAM组件计算的场合下，无论移动机器人处于什么样的位置和角度，都能够求出它到目标路径之间的距离（检测值），这是直接检测引导线磁通的磁传感器所不具备的。另外，设置限制器的理由是，从磁传感器输入到AGV控制器的值是模拟信号，能够输入的最大电压在物理上受到限制。

图7.11(a)示出的是移动机器人朝着目标点$\boldsymbol{P}_i$后退时的移动状态。图7.11(b)中检测值d_{SB}的特性也和图7.11(a)一样，要么保持最大值d_{LMT}，要么保持最小值$-d_{\mathrm{LMT}}$。

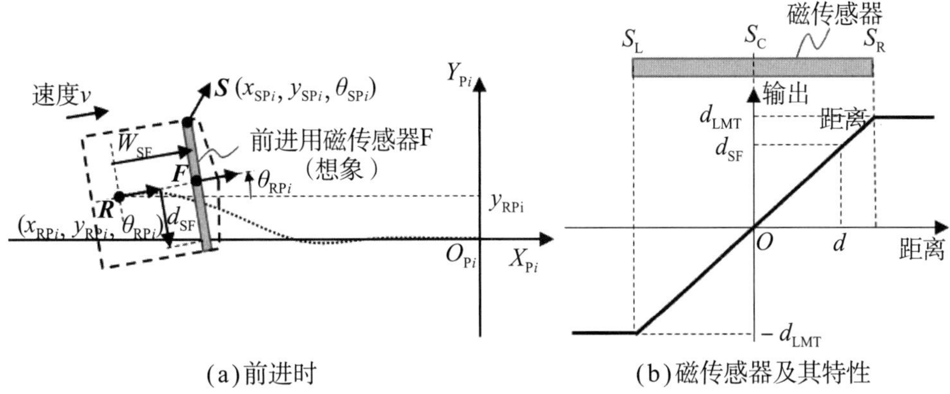

(a)前进时　　(b)磁传感器及其特性

图7.10　相对于目标点，机器人、激光扫描仪、磁传感器F之间的位置关系

在图7.11(a)中，当目标点为$\boldsymbol{P}_i$时，磁传感器F检测出的到达直线目标路径（X轴）的距离，即检测值d_{SF}也可以像式（5.27）那样，用下式导出（本例相当于表7.1中的目标点序号$i=2$时的场景）：

$$d_{SF}=y_{RPi}/\cos\theta_{RPi}+W_{SF}\cdot\tan\theta_{RPi} \tag{7.4}$$

其中，y_{RPi}和θ_{RPi}是由移动机器人位置$\boldsymbol{R}_{Pi}$计算出来的。同样，以式（5.28）为基准，图7.11所示的磁传感器B的检测值d_{SB}，相对于目标点$\boldsymbol{P}_i$，可由下式表示（本例相当于表7.1中目标点序号$i=4$时的场景）：

$$d_{SB}=-y_{RPi}/\cos\theta_{RPi}+W_{SB}\cdot\tan\theta_{RPi} \tag{7.5}$$

这里，如果$\cos\theta_{RPi}\approx1$，$\tan\theta_{RPi}\approx\theta_{RPi}$，就可以将式（7.4）和式（7.5）简化。顺便说一下，在$\cos\theta_{RPi}\approx1$，$\tan\theta_{RPi}\approx\theta_{RPi}$不成立的状态下，即使采用这种近似，也不至于给其控制特性带来恶劣影响，所以以下都采用这种近似值。

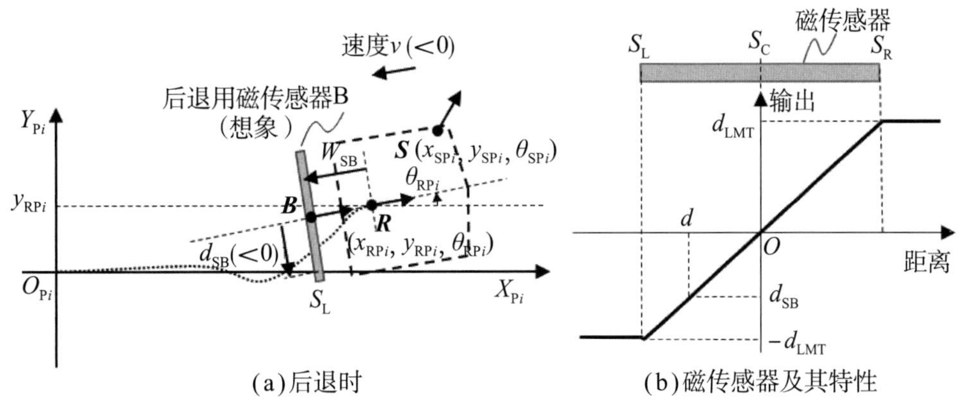

(a)后退时　　(b)磁传感器及其特性

图7.11　相对于目标点，机器人、激光扫描仪、磁传感器B之间的位置关系

此外，该值受2个限制器所限制的极限值，被定义为由SLAM组件得到的检测值d_{SF}和d_{SB}。

首先，受最大检测值d_{LMT}和最小检测值$-d_{LMT}$范围限制的检测值d_{SF1}和d_{SB1}如下式所示：

$$d_{SF1}=\max[-d_{LMT},\ \min(y_{RPi}+W_{SF}\cdot\theta_{RPi},\ d_{LMT})] \tag{7.6}$$

$$d_{SB1}=\max[-d_{LMT},\ \min(-y_{RPi}+W_{SB}\cdot\theta_{RPi},\ d_{LMT})] \tag{7.7}$$

其次，如图7.12所示，在角度θ_{RPi}比较大的场合下，按照5.4节的介绍，设置限制器的方式是有效的，这里为了使其具有与第5.4节那种做法相同的效果，通过下述的处理，也可以得到检测值d_{SF}和d_{SB}。

$$d_{SF}=\begin{cases}\min\{0,d_{SF1}\} & (\theta_{RPi}\leqslant-\theta_{LMT})\\ d_{SF1} & (-\theta_{LMT}<\theta_{RPi}<\theta_{LMT})\\ \max\{0,d_{SF1}\} & (\theta_{RPi}\geqslant\theta_{LMT})\end{cases} \tag{7.8}$$

$$d_{SB}=\begin{cases}\min\{0,d_{SB1}\} & (\theta_{RPi}\leqslant-\theta_{LMT})\\ d_{SB1} & (-\theta_{LMT}<\theta_{RPi}<\theta_{LMT})\\ \max\{0,d_{SB1}\} & (\theta_{RPi}\geqslant\theta_{LMT})\end{cases} \tag{7.9}$$

式中，θ_{LMT}是角度的极限值，这是为了避免在路径跟踪控制中，机器人本身相对于目标路径超过其值而出现倾斜。

后退用的磁传感器B所处的状态如图7.11(a)所示，被配置于以粗虚线表示的移动机器人的外侧。在两轮差速驱动方式的场合，为了目标路径的跟踪控制的稳

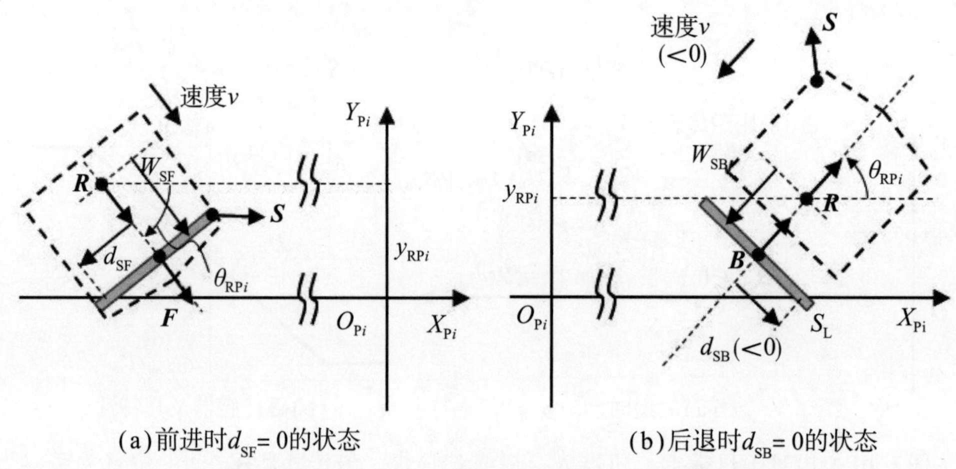

(a) 前进时$d_{SF}=0$的状态　　(b) 后退时$d_{SB}=0$的状态

图7.12　相对于目标点，机器人的角度过大时的位置关系

定性，磁传感器的位置与旋转中心之间需要保持一定距离，这一点在第5章中已经讲过。在图7.6那种后轮两轮差速驱动方式中，若将后退用的磁传感器B安装在移动机器人的本体上，则有时无法充分增大磁传感器与移动机器人的旋转中心的距离。与其形成对照的是，这里所示出的后退用的磁传感器B的位置被设定在了移动机器人的外侧。虽然实际的磁传感器是不能安装在那里的，但是如果假定在该位置有磁传感器B而进行式（7.5）的计算，则能够得到该检测值。利用激光扫描仪和SLAM组件，可以实现以往的引导式AGV难以实现的后轮两轮差速驱动方式中的后退方向稳定的路径跟踪控制。

如上所述，该系统的特点是，在使用SLAM组件的移动机器人的情况下，即使偏离目标路径也不会脱轨，移动机器人依然能够返回目标路径继续行驶。

在图7.8的状态转换中，通过图7.7的目标点判断方框来判断移动机器人的位置$\boldsymbol{R}$是否与起点$\boldsymbol{S}_1$保持一致、是否到达终点$\boldsymbol{G}_2$或者终点$\boldsymbol{G}_1$。通过检查目标点$\boldsymbol{P}_i$坐标系中移动机器人的位置$x_{\mathrm{P}i}$，来判断移动机器人是否已经到达目标点$\boldsymbol{P}_i$。因为该目标点是目标路径途中的一个通过的点，所以移动机器人接近目标点至规定距离时，应切换到下一个目标点。这个规定距离被定义为目标点切换距离$L_{\mathrm{P}i}$。该控制方法如果没有什么障碍，即使让这个目标点切换距离$L_{\mathrm{P}i}$的值等于0也没什么问题，不过，对于这个目标点切换距离$L_{\mathrm{P}i}$，最好在充分考虑所采用的移动控制后进行设定。如此操作后，坐标系也切换成了下一个目标点的坐标系，形成了新的目标路径。不过，在沿直线路径往返的场合，没有必要一边移动一边切换目标点。

在朝着相当于目标路径终点的目标点$\boldsymbol{P}_2$移动时，移动机器人的位置$\boldsymbol{R}$在$x_{\mathrm{P}i}=-W_{\mathrm{SF}}$的时间点，如果被判断到达了终点$\boldsymbol{G}_2$，它就会向运转开始方框输出到达终点的信号。同时代替磁传感器输出延迟信号F、B，使机器人停止移动。

利用图7.7的控制异常判断方框，可以根据移动机器人的位置与角度信息$\boldsymbol{R}_{\mathrm{P}i}$，评估其到目标路径的距离，以确认移动机器人的动作是否正常。

通过上述方法，可以使用AGV控制器实现无引导化。当能够计算磁传感器的位置时，就可以容易地通过该信息获得它到目标路径的距离（检测值）。

利用图7.10和图7.11还可以计算磁传感器的位置，因此可以推导出由该值求出检测值的公式。

在图7.10中，假想的磁传感器F在目标点$\boldsymbol{P}_i$坐标系内的位置矢量$\boldsymbol{F}_{\mathrm{P}i}$可由下式计算：

$$\boldsymbol{F}_{\mathrm{P}i}=[x_{\mathrm{FP}i},\ y_{\mathrm{FP}i},\ \theta_{\mathrm{FP}i}]^{\mathrm{T}}=\boldsymbol{R}_{\mathrm{P}i}+\boldsymbol{C}^{-1}(\theta_{\mathrm{RP}i})\cdot\boldsymbol{F}_{\mathrm{R}} \tag{7.10}$$

其中，移动机器人坐标系中的磁传感器F的位置矢量$\boldsymbol{F}_{\mathrm{R}}$由下式求得：

$$\boldsymbol{F}_{\mathrm{R}}=[W_{\mathrm{SF}},\ 0,\ 0]^{\mathrm{T}}$$

同样道理，根据图7.11，目标点$\boldsymbol{P}_i$坐标系中的假想的磁传感器B的位置矢量$\boldsymbol{B}_{\mathrm{p}i}$也可以如下计算：

$$\boldsymbol{B}_{\mathrm{P}i}=[x_{\mathrm{BP}i},\ y_{\mathrm{BP}i},\ \theta_{\mathrm{BP}i}]^{\mathrm{T}}=\boldsymbol{R}_{\mathrm{P}i}+\boldsymbol{C}^{-1}(\theta_{\mathrm{RP}i})\cdot\boldsymbol{B}_{\mathrm{R}} \tag{7.11}$$

式中，移动机器人坐标系中磁传感器B的位置矢量$\boldsymbol{B}_{\mathrm{R}}$可用下式表示：

$$\boldsymbol{B}_{\mathrm{R}}=[-W_{\mathrm{SB}},\ 0,\ 0]^{\mathrm{T}}$$

图7.10中的磁传感器F的检测值d_{SF}和图7.11中的磁传感器B的检测值d_{SB}，分别由下式计算：

$$d_{\mathrm{SF}}=y_{\mathrm{FP}i}/\cos\theta_{\mathrm{RP}i} \tag{7.12}$$

$$d_{\mathrm{SB}}=-y_{\mathrm{BP}i}/\cos\theta_{\mathrm{RP}i} \tag{7.13}$$

取$\cos\theta_{\mathrm{RP}i}\approx 1$，进行近似计算，上述两式则变为下面的形式：

$$d_{\mathrm{SF}}\approx y_{\mathrm{FP}i} \tag{7.14}$$

$$d_{\mathrm{SB}}\approx -y_{\mathrm{BP}i} \tag{7.15}$$

考虑到检测值会受到最大值d_{LMT}与最小值$-d_{\mathrm{LMT}}$范围的限制，所以检测值d_{SF1}和检测值d_{SB1}如下所示：

$$d_{\mathrm{SF1}}=\max[-d_{\mathrm{LMT}},\ \min(y_{\mathrm{FP}i},\ d_{\mathrm{LMT}})] \tag{7.16}$$

$$d_{\mathrm{SB1}}=\max[-d_{\mathrm{LMT}}、\min(-y_{\mathrm{BP}i},\ d_{\mathrm{LMT}})] \tag{7.17}$$

显然，将这些值带入式（7.8）和式（7.9），就可以更简单地得到磁传感器F和磁传感器B的检测值。

7.1.4　沿环状路径前进的方法

图7.13是用AGV控制器与SLAM技术实现的沿着图7.4的环状路径前进的移动机器人系统。相对于沿直线路径往返的图7.6的系统，因为不进行后退，所以在图7.13的结构中删减了若干功能。

作为输入预处理运算单元的信号只有前进指令。另外，相当于磁传感器输出的，也只有前进用的磁传感器F的输出值d_{SF}及其延迟信号。很显然，系统的结构变得简单了。

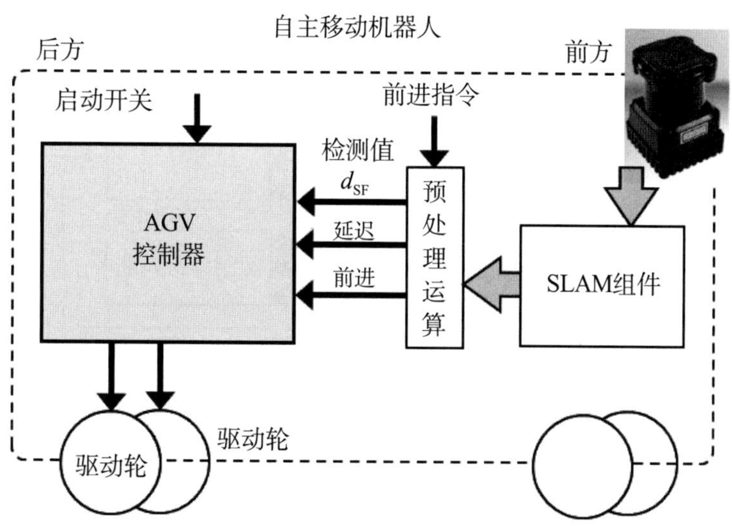

图7.13 使用AGV控制器的自主移动机器人系统的结构（对象：环状目标路径，仅向前移动）

该系统的预处理运算单元的方框图示于图7.14。当由外部发出前进指令时，该运算单元就会判断是否处于可以开始运转的状态，针对移动机器人所处位置，指示目标点选择方框选择下一段目标路径。当往该方框中输入目标点切换信号时，就会切换成下一个目标点。因此，移动机器人能够以给定的目标点作为前进的方向，沿着目标路径移动。

图7.7显示了在目标点坐标的机器人位置方框内计算$\boldsymbol{R}_{Pi}$的方法。虽然也可以按照那种方法来计算，但是这里通过图7.14介绍一种利用激光扫描仪位置$\boldsymbol{S}_{Pi}$的计算方法。作为该计算方法的前提，考虑激光扫描仪位置如图7.15(a)所示设置在移动机器人的正前方的情况。在接下来进行的讨论中，我们把这个激光扫描仪设置在与假想的前进用的磁传感器F相同的位置。

目标点$\boldsymbol{P}_i$坐标系中的激光扫描仪位置$\boldsymbol{S}_{Pi}$（$=[x_{SPi}, y_{SPi}, \theta_{SPi}]^T$），与式（7.3）一样，也可以利用$\boldsymbol{S}=[x_{SP}, y_S, \theta_S]^T$、$\boldsymbol{P}_i=[x_{Pi}, y_{Pi}, \theta_{Pi}]^T$进行如下计算：

$$\boldsymbol{S}_{Pi}=\boldsymbol{C}(\theta_{Pi})\cdot(\boldsymbol{S}-\boldsymbol{P}_i) \tag{7.18}$$

如图7.14所示，式（7.18）计算的结果分别从目标点坐标系中的传感器位置$\boldsymbol{S}_{Pi}$方框输出。

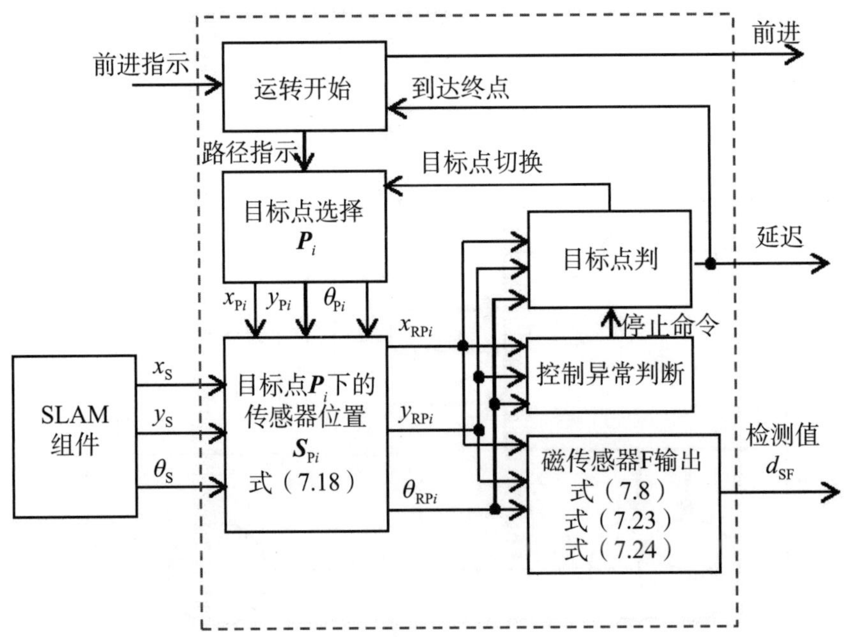

图7.14　AGV控制器中预处理运算单元的方框图（对象：环状目标路径，仅向前移动）

另外，虽然这里并没有使用，但从机器人坐标系观察的激光扫描仪的矢量$\boldsymbol{S}_{\mathrm{R}}$与前进用的磁传感器的矢量$\boldsymbol{F}_{\mathrm{R}}$相同，根据图7.15(a)，可以用下式表示：

$$\boldsymbol{S}_{\mathrm{R}}=\boldsymbol{F}_{\mathrm{R}}=[W_{\mathrm{SF}},\ 0,\ 0]^{\mathrm{T}}$$

图7.12的磁传感器F输出方框的计算公式如式（7.16）所示，由于$\boldsymbol{S}_{\mathrm{R}}=\boldsymbol{F}_{\mathrm{R}}$，所以可以将$y_{\mathrm{FP}i}$等价置换为$y_{\mathrm{SP}i}$。因此，磁传感器F的检测值$d_{\mathrm{SF1}}$为

$$d_{\mathrm{SF1}}=\max[-d_{\mathrm{LMT}},\ \min(y_{\mathrm{SP}i},\ d_{\mathrm{LMT}})] \tag{7.19}$$

最终，考虑到与移动机器人角度相关的限制器的检测值d_{SF}，可以利用由式（7.19）得到的d_{SF1}，通过式（7.8）求出。另外，$\theta_{\mathrm{RP}i}=\theta_{\mathrm{SP}i}$。

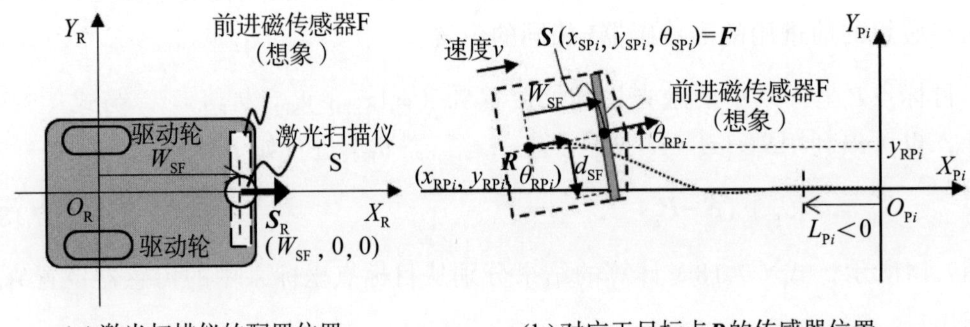

图7.15　激光扫描仪S与磁传感器F矢量相同时相对于目标点$\boldsymbol{P}_i$的位置关系

通过这些公式我们可以明白，检测值d_{SF}几乎就是Y轴方向上的传感器的位置y_{FPi}。通过以上的讲述，希望能够体会到，借助于设定方法和传感器配置方法的调整，计算公式可以变得非常简单。而且，为了统一设计控制系统，可以像图7.7所示那样，暂时拘泥于机器人的位置与角度的计算。

接下来我们利用图7.16来解释一下移动机器人系统的状态转换。该图与图7.8几乎完全相同，不同之处在于，来自起点$\boldsymbol{S}_2$的待机模式的状态转换不是“后退开关on”，而是“前进开关on”。操作人员只要按一下前进按钮，移动机器人就可以活动了，更容易操作。

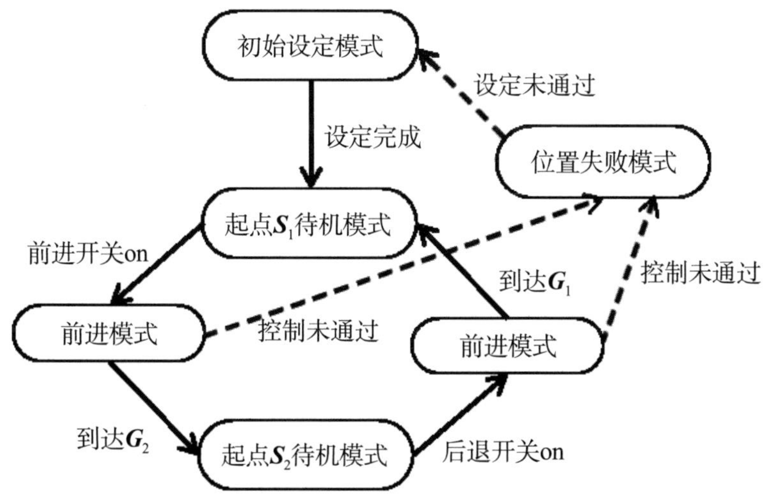

图7.16　使用AGV控制器的自主移动机器人系统的状态转换图
（对象：环状目标路径，仅向前移动）

关于移动机器人的运动方式，我们通过图7.17的环状目标路径和在这种路径上设置的目标点，以及表7.2的目标点一览表来说明。

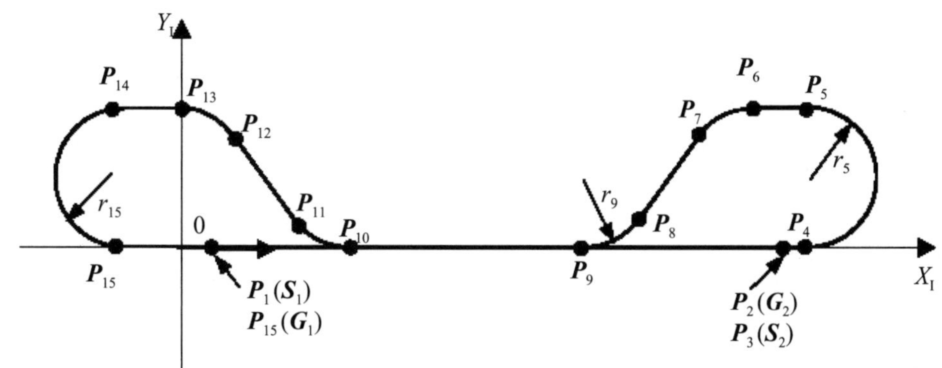

图7.17　环状目标路径与设定的目标点

表 7.2　用于环状路径的目标点一览表（$W_{SF}=W_{SB}=0.4$m）

目标点序号 i	目标点	X 轴 x_{Pi}/m	Y 轴 y_{Pi}/m	角度 θ_{Pi}/°	极限速度 V_{Pi}/（m/s）	曲率 $1/r_{Pi}$/m^{-1}	停止 STOP（on/off）
1	$\boldsymbol{P}_1(\boldsymbol{S}_1)$	0.4	0.0	0	0.3	0.0	off
2	$\boldsymbol{P}_2(\boldsymbol{G}_2)$	10.4	0.0	0	1.0	0.0	on
3	$\boldsymbol{P}_3(\boldsymbol{S}_2)$	10.4	0.0	0	0.3	0.0	off
4	$\boldsymbol{P}_4$	10.5	0.0	0	0.5	0.0	off
5	$\boldsymbol{P}_5$	10.5	1.0	180	0.3	2.0	off
6	$\boldsymbol{P}_6$	10.0	1.0	180	0.5	0.0	off
7	$\boldsymbol{P}_7$	9.85	0.85	−135	0.3	2.0	off
8	$\boldsymbol{P}_8$	9.15	0.15	−135	0.5	0.0	off
9	$\boldsymbol{P}_9$	9.0	0.0	180	0.3	−2.0	off
10	$\boldsymbol{P}_{10}$	1.0	0.0	180	1.3	0.0	off
11	$\boldsymbol{P}_{11}$	0.85	0.15	135	0.3	−2.0	off
12	$\boldsymbol{P}_{12}$	0.15	0.85	135	0.5	0.0	off
13	$\boldsymbol{P}_{13}$	0.0	1.0	180	0.3	2.0	off
14	$\boldsymbol{P}_{14}$	−0.5	1.0	180	0.5	0.0	off
15	$\boldsymbol{P}_{15}$	−0.5	0.0	0	0.3	2.0	off
16	$\boldsymbol{P}_{16}(\boldsymbol{G}_1)$	0.4	0.0	0	0.3	0.0	on

在图7.16中，如果在起点$\boldsymbol{S}_1$待机模式的时候，将前进开关on，移动机器人就会从图7.17的起点$\boldsymbol{S}_1$开始，朝着终点$\boldsymbol{G}_2$前进。起点$\boldsymbol{S}_1$与终点$\boldsymbol{G}_2$在表7.2中分别对应目标点$\boldsymbol{P}_1$与$\boldsymbol{P}_2$，其移动状况与图7.6的动作相同。

如果在起点$\boldsymbol{S}_2$待机模式的时候，将前进开关on，移动机器人就变为前进模式，从起点$\boldsymbol{S}_2$开始，朝着终点$\boldsymbol{G}_1$移动。最开始的时候，如果确认在目标点$\boldsymbol{P}_3$（起点$\boldsymbol{S}_2$）上有移动机器人，则在图7.14的目标点判断方框中输出目标点切换信号，在目标点选择方框中将目标点切换成$\boldsymbol{P}_4$。移动机器人朝着目标点$\boldsymbol{P}_4$沿直线前进，直到接近目标点$\boldsymbol{P}_4$的位置。如前所述，如果x_{SPi}的数值与目标点切换距离L_{P4}一致，就会输出目标点切换信号，目标点被切换成$\boldsymbol{P}_5$。

在这里必须注意的是，移动机器人朝目标点$\boldsymbol{P}_5$移动的时候，目标曲率$1/r_{P5}$不再为0，目标路径变成了圆弧。从表7.2可知，目标点$\boldsymbol{P}_5$时候的曲率为2.0（1/m）（曲率半径$r_5 = 0.5$m）。移动机器人的角度在0°到180°之间变化。而且，曲率为正值的时候，意味着在前进的时候向逆时针方向旋转。此时相当于磁传感器F的检测值d_{SF}的计算方法将在后面讲解。

如果在移动机器人到达目标点$\boldsymbol{P}_4$前，将目标点由$\boldsymbol{P}_4$切换成$\boldsymbol{P}_5$，那么此时移动机器人的位置$\boldsymbol{R}_{P5}=[x_{RP5}, y_{RP5}, \theta_{RP5}]^T$就变成了图7.18所示的状态，其中，$x_{RP5}>0$、$y_{RP5}\approx 2r_{P5}$、$\theta_{RP5}\approx 180°$。在目标点判断方框中，仅通过$x_{RP5}\geqslant 0$来判断是否已经到达目标点显然是错误的。因此，在进行目标点切换判断时，除了$x_{RP5}\geqslant 0$的条件外，还需考虑y_{RP5}的值。移动机器人接近目标点$\boldsymbol{P}_i$的时候，每次x_{RPi}到达目标点切换距离L_{Pi}时，目标点判断方框中都要做出是否可切换的判断。就这样，经过一次次的目标点切换，按照图7.17的环状目标路径，移动机器人就可以自动地移动到作为终点$\boldsymbol{G}_1$的目标点$\boldsymbol{P}_{16}$。

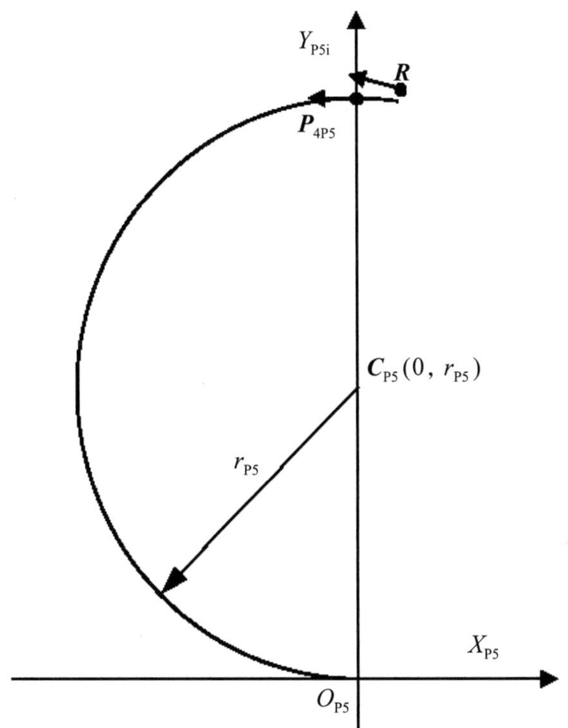

图7.18　切换为目标点$\boldsymbol{P}_5$时候的状态

关于在终点$\boldsymbol{G}_2$和$\boldsymbol{G}_1$的停止，也可以分别根据目标点$\boldsymbol{P}_2$、$\boldsymbol{P}_{16}$坐标系中移动机器人的位置与角度$\boldsymbol{R}_{P2}$和$\boldsymbol{R}_{P16}$，轻而易举地进行判断。

下面，我们通过图7.19介绍磁传感器F检测出的检测值d_{SF}的计算方法。由该图可知，如果是真实的磁传感器F，不管是直线路径还是圆弧状路径，都可以很轻松地获得检测值d_{SF}。当然，如果是具有一定曲率$1/r_{Pi}$的圆弧，则可以根据传感器的位置与目标路径的关系式，在几何上求出检测值d_{SF}。但是，由于计算公式复杂，我们在这里采用近似公式求出。在图7.19中，求出激光扫描仪的位置$\boldsymbol{S}_{Pi}$，就可以计算出它到目标路径圆弧中心$\boldsymbol{C}_{Pi}$的距离r_S：

$$r_{\mathrm{S}}=[x_{\mathrm{SP}i}{}^{2}+(r_{\mathrm{SP}i}-y_{\mathrm{SP}i})^{2}]^{1/2}>0 \tag{7.20}$$

接下来，求圆弧到激光扫描仪位置$\boldsymbol{S}_{\mathrm{P}i}$的距离，即检测值（近似值）$d_{\mathrm{SFO}}$。曲率为$1/r_{\mathrm{P}i}$的圆弧的中心位置$\boldsymbol{C}=[0,\ r_{\mathrm{P}i}]^{\mathrm{T}}$，在$Y$轴上的读数为$r_{\mathrm{P}i}$。在图7.19中，当曲率$1/r_{\mathrm{P}i}$为正值时，$\boldsymbol{S}_{\mathrm{R}}$位于圆弧的内侧，也就是说，当激光扫描仪位于圆弧内侧时检测值d_{SFO}为正值，当激光扫描仪位于圆弧外侧时检测值d_{SFO}为负值。在曲率$1/r_{\mathrm{P}i}$为正值的情况下，检测值d_{SFO}可以用下式计算：

$$d_{\mathrm{SF0}}\approx r_{\mathrm{P}i}-r_{\mathrm{S}}=r_{\mathrm{P}i}-[x_{\mathrm{SP}i}{}^{2}+(r_{\mathrm{P}i}-y_{\mathrm{SP}i})^{2}]^{1/2}\quad(1/r_{\mathrm{P}i}>0) \tag{7.21}$$

反过来，在曲率$1/r_{\mathrm{P}i}$为负值的情况下，如果按照图7.19(b)所示的那样将检测值d_{SFO}的正负取值重新定义，即当激光扫描仪位于圆弧外侧时检测值d_{SFO}为正值，激光扫描仪位于圆弧内侧时检测值d_{SFO}为负值，则检测值d_{SFO}可以由下式给出：

$$d_{\mathrm{SF0}}\approx r_{\mathrm{P}i}+r_{\mathrm{S}}=r_{\mathrm{P}i}+[x_{\mathrm{SP}i}{}^{2}+(r_{\mathrm{P}i}-y_{\mathrm{SP}i})^{2}]^{1/2}\quad(1/r_{\mathrm{P}i}<0) \tag{7.22}$$

曲率除了$1/r_{\mathrm{P}i}>0$和$1/r_{\mathrm{P}i}<0$之外，还有$1/r_{\mathrm{P}i}=0$（也就是为一条直线）的情况，所以检测值d_{SFO}除了用式（7.21）和式（7.22）表述之外，还应当把式（7.14）也考虑进去，于是就归纳成了下式：

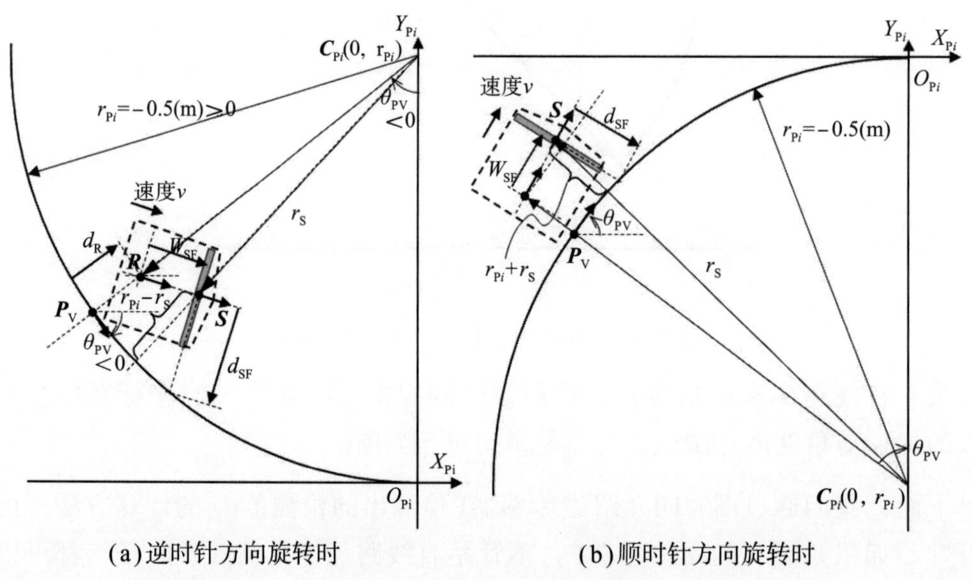

(a)逆时针方向旋转时　　(b)顺时针方向旋转时

图7.19　相对于圆弧形目标路径的检测值d_{SF}的计算方法

$$d_{SF0}=\begin{cases} r_{Pi}-[x_{FPi}^{2}+(r_{Pi}-y_{FPi})^{2}]^{1/2} & (1/r_{Pi}>0) \\ y_{FPi} & (1/r_{Pi}=0) \\ r_{Pi}+[x_{FPi}^{2}+(r_{Pi}-y_{FPi})^{2}]^{1/2} & (1/r_{Pi}<0) \end{cases} \tag{7.23}$$

需要说明一下，在本例中，$x_{FPi}=x_{SPi}$，$y_{FPi}=y_{SPi}$。而且，为了计算上的方便，最好把曲率半径r_{Pi}的最大值设定为r_{MAX}。

对于该检测值d_{SFO}，用最大值为d_{LMT}、最小值为$-d_{LMT}$的限制器进行限制。假设此时的检测值为d_{SF1}，则可用下式表示：

$$d_{SF1}\approx \max[-d_{LMT},\ \min(y_{SF0},\ d_{LMT})] \tag{7.24}$$

进而我们再考虑上述的角度限制器。将由式（7.24）得出的检测值d_{SF1}代入式（7.8），可以求出相当于磁传感器F检测值的检测值d_{SF}：

$$d_{SF}=\begin{cases} \min\{0,d_{SF1}\} & (\theta_{RPi}\leqslant -\theta_{LMT}) \\ d_{SF1} & (-\theta_{LMT}<\theta_{RPi}<\theta_{LMT}) \\ \max\{0,d_{SF1}\} & (\theta_{RPi}\geqslant \theta_{LMT}) \end{cases}$$

如上所述，代替磁传感器，灵活运用SLAM组件和图7.14中预处理运算单元，可以比较容易地操纵移动机器人在环状目标路径上稳定地移动。关于AGV控制器没有公开的内部机理，虽然不能武断地做出明确的表述，但是在通常的AGV的情况下，即使是旋转困难的几十厘米以下的小曲率半径的圆弧，本系统也不会迷失目标路径，适合在狭窄的场所使用。

7.1.5 沿有分支的路径前进和后退

图7.20是沿有分支的路径移动的使用SLAM组件与AGV控制器的自主移动机器人的系统结构。与到此为止已经介绍过的方式相比较，该系统的主要区别在于：

（1）能够应对操作人员指定的多个目的地。

（2）能够应对含有分支与并道的目标路径。

（3）能够沿着圆弧状目标路径进行后退控制和移动。

下面我们来解释一下具体的实现方法。

图7.20的结构与图7.6几乎一样，不同点在于，由外部给移动机器人发出从多个目的地之中选择一个目的地的指令。目的地的选择，具体地讲，就是通过从

图7.21所示的预处理运算单元的运转开始方框输出路径指令实现的。关于路径指令和其目标点的给出方式见表7.3和表7.4，详细内容将在后面介绍。另外，为了使其能够沿圆弧状目标路径进行后退控制，有必要详细说明一下磁传感器B输出方框中的计算公式。

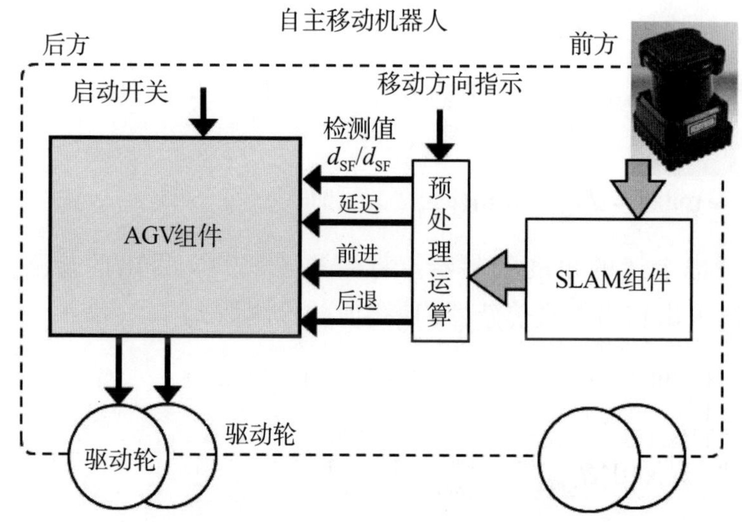

图7.20　使用AGV控制器的自主移动机器人的系统结构

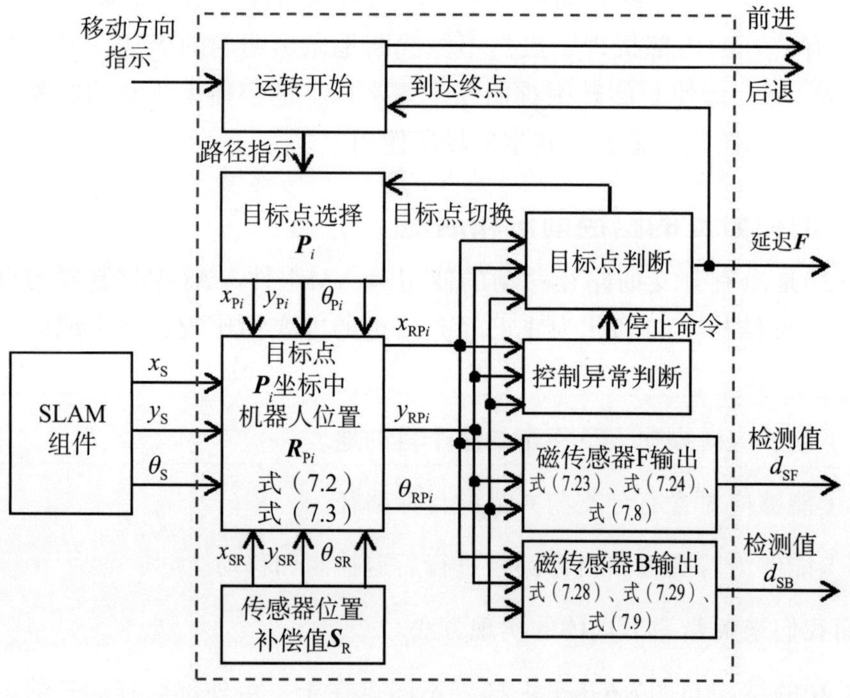

图7.21　AGV控制器的预处理运算方框图

表 7.3 用于有分支的目标路径的目标点一览表（$W_{SF}=W_{SB}=0.4\mathrm{m}$）

目标点序号 i	目标点	X 轴 x_{Pi}/m	Y 轴 y_{Pi}/m	角度 θ_{Pi}/°	极限速度 V_{Pi}/（m/s）	曲率 $1/r_{Pi}$/m^{-1}	停止 STOP（on/off）
1	$P_1(S_1)$	0.0	0.4	90	0.3	0.0	off
2	P_2	0.0	0.5	90	0.3	0.0	off
3	P_3	1.0	1.0	0	0.3	−2.0	off
4	P_4	9.5	1.0	0	1.0	0.0	off
5	P_5	10.0	0.5	−90	0.3	−2.0	off
6	$P_6(G_2)$	10.0	−0.4	−90	0.3	0.0	on
7	$P_7(S_2)$	10.0	0.4	−90	−0.3	0.0	off
8	P_8	10.0	0.5	−95	−0.3	0.0	off
9	P_9	9.5	1.0	0	−0.3	−2.0	off
10	P_{10}	0.5	1.0	0	−0.5	0.0	off
11	P_{11}	0.0	0.5	90	−0.3	−2.0	off
12	$P_{12}(G_1)$	0.0	−0.4	90	−0.3	0.0	on
13	P_{13}	14.5	1.0	0	1.0	0.0	off
14	P_{14}	15.0	0.5	−90	0.3	2.0	off
15	$P_{15}(G_3)$	15.0	−0.4	−90	0.3	0.0	on
16	$P_{16}(S_3)$	15.0	0.4	−90	−0.3	0.0	on
17	P_{17}	15.0	0.5	−90	−0.3	0.0	on
18	P_{18}	14.5	1.0	0	−0.3	−2.0	off
19	P_{19}	19.5	1.0	0	1.0	0.0	off
20	P_{20}	20.0	0.5	−90	0.3	2.0	off
21	$P_{21}(G_4)$	20.0	−0.4	−90	0.3	0.0	on
22	$P_{22}(S_4)$	20.0	0.4	−90	−0.3	0.0	off
23	P_{23}	20.0	0.5	−90	0.3	0.0	off
24	P_{24}	19.5	1.0	0	0.3	2.0	off

表 7.4 用于有分支的目标路径的不同目的地的路径一览表

路径序号 i	起 点	终 点	路 径
1	$P_1(S_1)$	$P_6(G_2)$	P_2, P_3, P_4, P_5
2	$P_1(S_1)$	$P_{15}(G_4)$	P_2, P_4, P_{13}, P_{14}
3	$P_1(S_1)$	$P_{21}(G_4)$	P_2, P_3, P_{19}, P_{20}
4	$P_7(S_2)$	$P_{12}(G_1)$	P_8, P_9, P_{10}, P_{11}
5	$P_{16}(S_4)$	$P_{12}(G_4)$	$P_{17}, P_{18}, P_{10}, P_{11}$
6	$P_{22}(S_4)$	$P_{15}(G_5)$	$P_{24}, P_{24}, P_{10}, P_{11}$

图7.22是该系统中激光扫描仪与假想设定的前进用的磁传感器F及后退用的磁传感器B之间的位置关系。这是在图7.15的激光扫描仪S与前进用磁传感器F的位置配置的基础上，又在移动机器人的本体后方外侧、相距W_{SB}的位置添加了一个后退用的磁传感器B。也就是，在移动机器人坐标系中，激光扫描仪S、磁传感器F和B的位置与角度$\boldsymbol{S}_R$、$\boldsymbol{F}_R$、$\boldsymbol{B}_R$分别由下式给出：

$$\boldsymbol{S}_R=\boldsymbol{F}_R=[W_{SF},\ 0,\ 0]^T,\ \boldsymbol{B}_R=[-W_{SB},\ 0,\ 0]^T$$

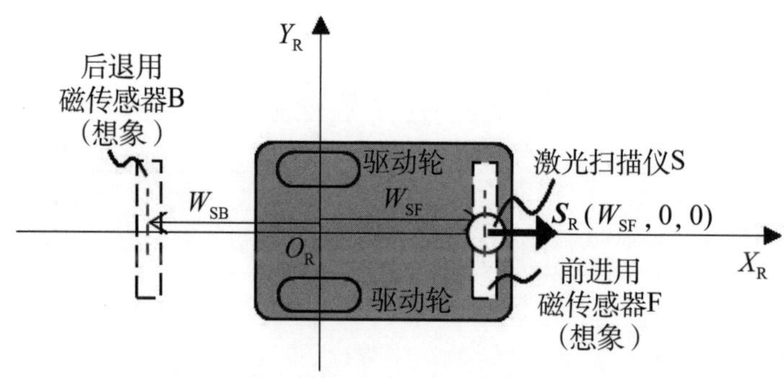

图7.22　激光扫描仪与磁传感器的位置关系（对象：环形路径，仅向前移动）

图7.23是该系统的状态转换图，比图7.8和图7.16所示的状态转换图复杂了一些。起点$\boldsymbol{S}_i$（在这里$i=1, 2, 3, 4$）的待机模式有4个，其中，只有起点$\boldsymbol{S}_1$待机状态，可以选择去3个目的地中的任意一个。移动机器人根据来自外部的目的地指令，确定对应的目的路径，向前移动到指定的目的地。

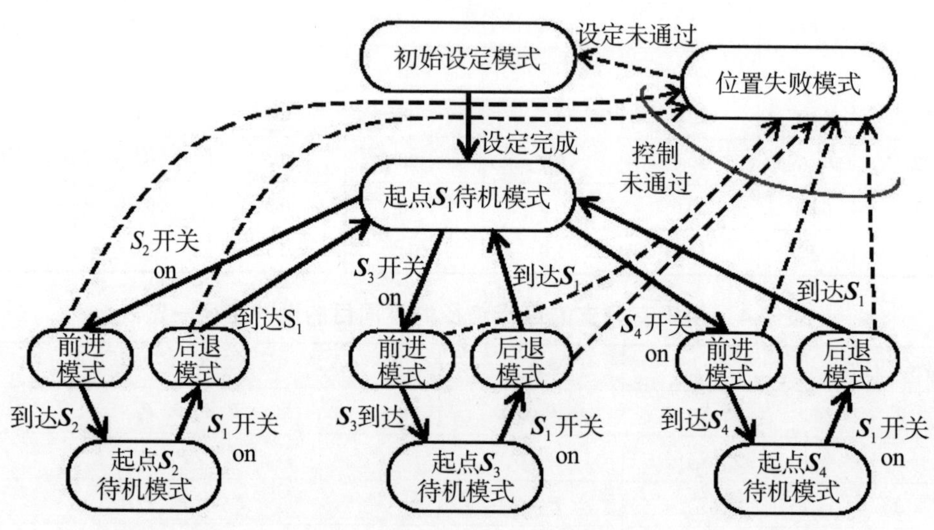

图7.23　使用AGV控制器的自主移动机器人系统的整体转移图
（对象：环形路径，仅向前移动）

一旦到达了各个目的地，就又处于起点$\boldsymbol{S}_i$（这里$i=2, 3, 4$）待机模式，移动机器人待机。在这3个位置的待机状态中，如果接到从外部发出的前往目的地1移动的指令，移动机器人则通过后退返回目的地1。

这种结构方式，可以用于把出库区（目的地1）准备好的物品搬送到多个库存区（目的地2, 3, 4）。

接下来，图7.24示出了具有分支的目标路径以及为了在这种有分支的目标路径上移动而设置的目标点的分布。由图7.24可知，目标点$\boldsymbol{P}_i$的数目比图7.17所示的环状目标路径有所增加，而且在这里路径的分支必须表示出来。到上一节为止，只要依次切换目标点，就可以实现目标路径。

对于这种含有分支的环状目标路径的设定方法，除了表7.3的目标点一览表之外，还提出了增加表7.4那样的不同移动目的地的路径一览表的提案。与传统的表7.1和表7.2一样，表7.3把目标点$\boldsymbol{P}_i$的位置(x_i, y_i)、移动机器人的角度θ_i，以及到达目标点的路径中的极限速度$v_{\mathrm{max}i}$、目标曲率$1/r_{\mathrm{P}i}$、停止指示（on、off）都收入其中，即使在同一个场所，朝向某一点的目标路径不同，极限速度和目标曲率等也不同，因此需要作为不同的目标点来处理。例如，在图7.24中，目标点$\boldsymbol{P}_4$和目标点$\boldsymbol{P}_9$指的是同一个位置，但是目标点$\boldsymbol{P}_4$位于来自目标点$\boldsymbol{P}_3$的路径，而目标点$\boldsymbol{P}_9$却位于来自目标点$\boldsymbol{P}_8$的路径，在设定的时候需要特别注意这一点。

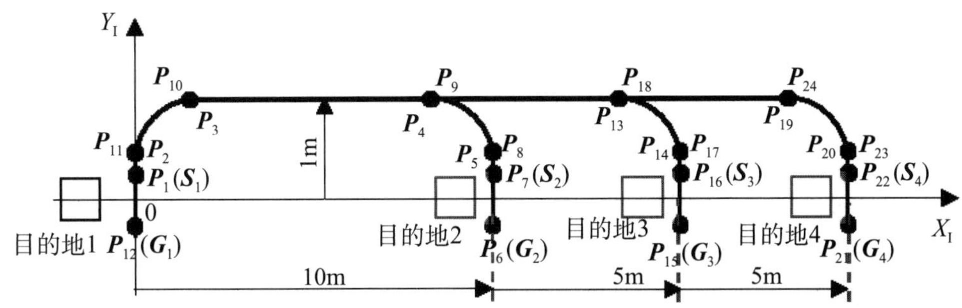

图7.24　环状目标路径及其上面设定的目标点

起点$\boldsymbol{S}_\mathrm{k}$是移动机器人停止与待机的场所，紧接着的下一个目的地是终点$\boldsymbol{G}_1$。看表7.4就可以明白，当移动机器人位于起点$\boldsymbol{S}_1$的时候，它可以去的目的地有3个。而在起点$\boldsymbol{S}_2$、$\boldsymbol{S}_3$、$\boldsymbol{S}_4$的场合下，则意味着其终点只有一个，不容有其他选择，这是设定好了的。

按照恒定曲率的圆弧前进的磁传感器F的检测值在前面的章节中已经做过说明，在这里仅就后退时候的磁传感器B的检测值的运算方法进行说明。

图7.25显示的是沿圆弧状目标路径后退的时候，移动机器人与磁传感器B之间的位置关系。首先我们来计算磁传感器的位置$\boldsymbol{B}_{\mathrm{P}i}$到目标路径圆弧中心$\boldsymbol{C}_{\mathrm{P}i}$之间的距离：

$$r_{\mathrm{B}}=[x_{\mathrm{BP}i}^{\ 2}+(r_{\mathrm{P}i}-y_{\mathrm{BP}i})^2]^{1/2}>0 \tag{7.25}$$

其次，求出圆弧到$\boldsymbol{B}_{\mathrm{P}i}$的距离，并将其作为检测值（近似值）$d_{\mathrm{BFO}}$。

如图7.25(a)所示，曲率$1/r_{\mathrm{P}i}$为正值的情况下，磁传感器处于圆弧外侧，检测值d_{SBO}定义为正值，那么后退时的检测值d_{SBO}可以用下式计算：

$$d_{\mathrm{SF0}}\approx r_{\mathrm{B}}-r_{\mathrm{P}i}=[x_{\mathrm{BP}i}^{\ 2}+(r_{\mathrm{P}i}-y_{\mathrm{BP}i})^2]^{1/2}-r_{\mathrm{P}i}\quad(1/r_{\mathrm{P}i}>0) \tag{7.26}$$

如图7.25(b)所示，曲率$1/r_{\mathrm{P}i}$为负值的情况下，磁传感器处于圆弧外侧，检测值d_{SBO}定义为负值，那么后退时的检测值d_{SBO}就变成了下面的近似计算式：

$$d_{\mathrm{SF0}}\approx r_{\mathrm{B}}-r_{\mathrm{P}i}=-[x_{\mathrm{BP}i}^{\ 2}+(r_{\mathrm{P}i}-y_{\mathrm{BP}i})^2]^{1/2}-r_{\mathrm{P}i}\quad(1/r_{\mathrm{P}i}>0) \tag{7.27}$$

在上面这两个式子的基础上，再加上曲率$1/r_{\mathrm{P}i}=0$时的式（7.15），就可以归纳为

$$d_{\mathrm{SF0}}\approx\begin{cases}[x_{\mathrm{BP}i}^{\ 2}+(r_{\mathrm{P}i}-y_{\mathrm{BP}i})^2]^{1/2}-r_{\mathrm{P}i} & (1/r_{\mathrm{P}i}>0)\\ -y_{\mathrm{BP}i} & (1/r_{\mathrm{P}i}=0)\\ -[x_{\mathrm{BP}i}^{\ 2}+(r_{\mathrm{P}i}-y_{\mathrm{BP}i})^2]^{1/2}-r_{\mathrm{P}i} & (1/r_{\mathrm{P}i}<0)\end{cases} \tag{7.28}$$

此后的处理，与前进时检测值的运算方法是一样的。对于式（7.28）的检测

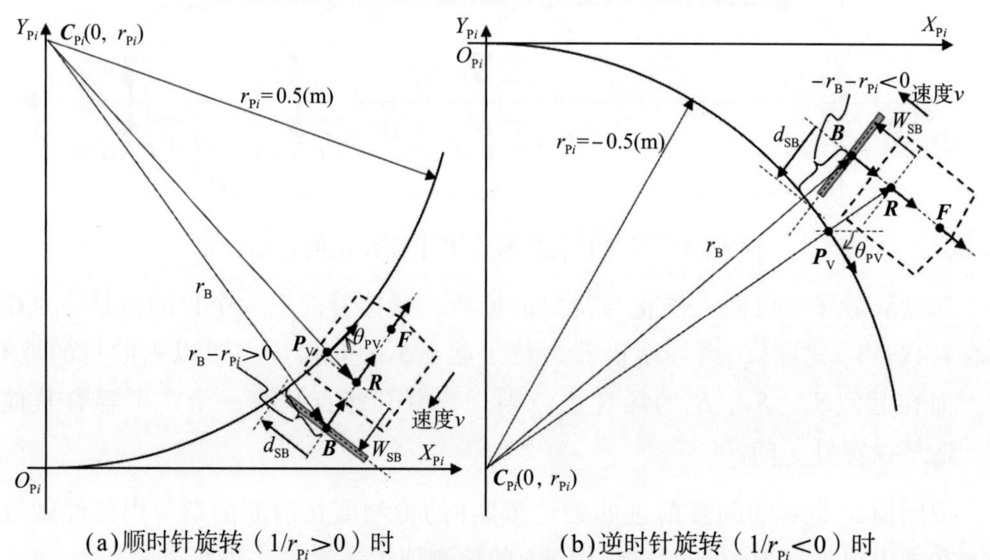

(a)顺时针旋转（$1/r_{\mathrm{P}i}>0$）时　　(b)逆时针旋转（$1/r_{\mathrm{P}i}<0$）时

图7.25　沿圆弧状目标路径后退时求检测值d_{SB}的方法

值d_{SBO}，要由最大值为d_{LMT}、最小值为$-d_{LMT}$的限制器进行限制。例如，设检测值为d_{SB1}，则

$$d_{SB1} \approx \max[-d_{LMT},\ \min(d_{SB0},\ d_{LMT})] \tag{7.29}$$

为了进一步考虑角度限制器，可以把式（7.29）的检测值d_{SB1}代入式（7.9），求出相当于磁传感器B检测值的检测值d_{SB}。

利用上述公式计算出图7.20的磁传感器F和磁传感器B的检测值，就可以前进或者后退了。关于目标路径，因为可以应对直线路径和圆弧状路径，所以移动机器人可以在各种各样的路径上移动。另外，用于计算磁传感器F和磁传感器B检测值的计算公式分别归纳于表7.5和表7.6中，请在需要的时候灵活运用。

表 7.5　前进用的磁传感器 F 检测值的计算公式

磁传感器 F	磁传感器 F d_{SF0}/m	磁传感器 F 限制器 d_{SF1}/m	检测值（带角度限制） d_{SF}/m
参　数	目标曲率 r_{Pi}	传感器限制值 d_{LMT}	机器人姿势 θ_{RPi}（$=\theta_{FPi}$） 角度限制值 θ_{LMT}
位置 ***F*** x_{FPi} y_{FPi} θ_{FPi}	$r_{Pi}-\sqrt{x_{FPi}^2+(r_{Pi}-y_{FPi})^2}$ （$1/r_{Pi}>0$时）	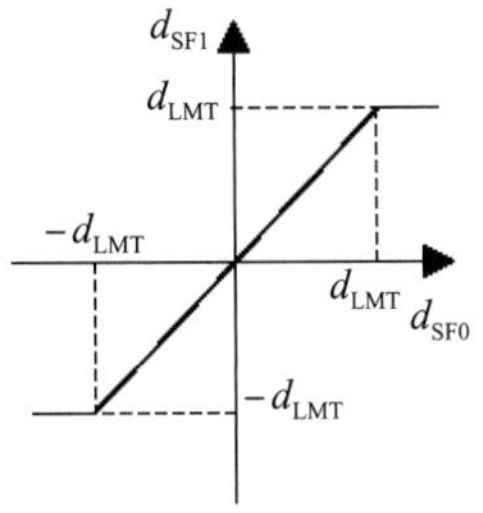 d_{SF1} d_{LMT} $-d_{LMT}$ d_{LMT}　d_{SF0} $-d_{LMT}$	$\min(O, d_{SF1})$ （$\theta_{RPi} \leqslant -\theta_{LMT}$ 时）
	y_{FPi}（$1/r_{Pi}=0$ 时）		d_{SF1} （$-\theta_{LMT} < \theta_{RPi} < \theta_{LMT}$ 时）
	$r_{Pi}+\sqrt{x_{FPi}^2+(r_{Pi}-y_{FPi})^2}$ （$1/r_{Pi}<0$时）		$\max(O, d_{SF1})$ （$\theta_{RPi} \geqslant \theta_{LMT}$ 时）
计算公式	式（7.23）	式（7.24）	式（7.8）

表 7.6　后退用的磁传感器 B 检测值的计算公式

磁传感器 B	磁传感器 B d_{SB0}/m	磁传感器 B 限制器 d_{SB1}/m	检测值（带角度限制） d_{SB}/m
参　数	目标曲率 r_{Pi}	传感器限制值 d_{LMT}	机器人姿势 θ_{RPi}（$=\theta_{BPi}$） 角度限制值 θ_{LMT}
位置 ***B*** x_{BPi} y_{BPi} θ_{BPi}	$-r_{Pi}+\sqrt{x_{BPi}^2+(r_{Pi}-y_{BPi})^2}$ （$1/r_{Pi}>0$时）	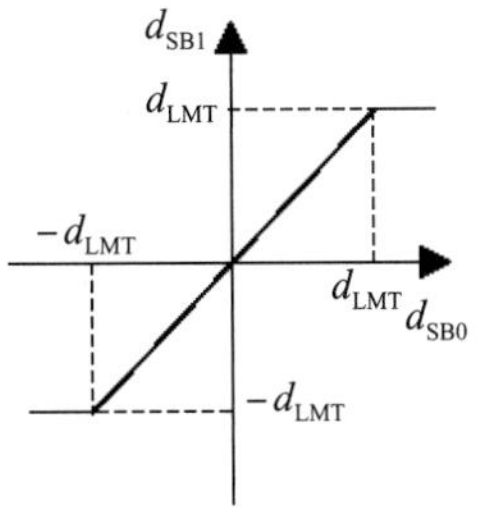 d_{SB1} d_{LMT} $-d_{LMT}$ d_{LMT}　d_{SB0} $-d_{LMT}$	$\min(O, d_{SB1})$ （$\theta_{RPi} \leqslant -\theta_{LMT}$ 时）
	y_{BPi}（$1/r_{Pi}=0$ 时）		d_{SB1} （$-\theta_{LMT} < \theta_{RPi} < \theta_{LMT}$ 时）
	$-r_{Pi}-\sqrt{x_{BPi}^2+(r_{Pi}-y_{BPi})^2}$ （$1/r_{Pi}<0$时）		$\max(O, d_{SB1})$ （$\theta_{RPi} \geqslant \theta_{LMT}$ 时）
计算公式	式（7.28）	式（7.29）	式（7.9）

以上是灵活运用AGV控制器的移动机器人系统的示例。通过这些想法，可以构建更复杂的系统。

在本章介绍的移动机器人系统中，用激光扫描仪和SLAM组件代替磁传感器，相对于传统的AGV来说，具有以下特点：

（1）不需要在地面上铺设引导线。这是所有采用SLAM组件的移动机器人都具备的特点，路径变更和布局变更变得更加容易。因为没有变更路径和布局所需要的施工费用，因此可以大幅削减维护费用。在长距离移动的AGV的场合下，引导线的费用也会成为负担，因而使用SLAM组件的移动机器人在节省成本方面效果显著。而且，由于生产形态变化等原因，即使不再需要使用移动机器人，也可以将其部署到其他地方，有效提高设备的利用率。在难以铺设引导线的清洁环境、妨碍磁通检测的铁质地面等环境中，也可以灵活运用移动机器人。如果能够根据建筑物和设置物等制作地图，也可以将移动机器人用作室外行驶的搬运车辆。

（2）驱动方式不受磁传感器的安装条件制约。7.1.5节已经介绍过，后轮两轮差速驱动方式无法保障后退用的磁传感器的安装距离，因此这种方式不适用于后退。与此相对，采用激光扫描仪与SLAM组件就不存在这种制约，适用范围更加广泛。

（3）不存在找不到引导线的问题，几乎没有脱线的可能性。在AGV的场合，如果AGV本身大幅偏离引导线，往往无法测量它与引导线之间的距离，但是在采用激光扫描仪和SLAM组件的场合下，只要用SLAM组件检测出移动机器人的位置与角度，就可以计算出机器人与目标路径（相当于引导线）之间的距离，因此很难出现脱线和停止的现象。

（4）因为可以设置与角度相关的限制，所以移动机器人的动作状态稳定。在计算假想的磁传感器检测值的情况下，通过限制器等处理，可以使移动机器人的姿势保持稳定。

7.2　紧盯着移动轨迹的自主移动机器人系统

将SLAM技术与第5章所介绍的移动机器人的控制技术相融合，就有可能构建起更高性能的系统。因此，本节介绍一种笔者独自设计的不使用AGV控制器的控制方式。

7.2.1 系统构建的方法

在系统的构建方面，要想提高控制性能，必须使用转矩控制和速度控制响应好的电机，即第3章中所介绍的具有速度反馈的伺服电机。该伺服电机应当能够按照移动机器人要求的速度指令进行移动控制。

在引导式AGV的场合，如5.4节所述，通过磁传感器检测AGV与引导线之间的距离，控制角速度使该距离为0，从而使AGV与引导线保持一致。AGV在引导线上移动时，经常是一边改变姿势一边移动。因此，不仅可以在直线路径上移动，而且还可以在1m以下曲率半径的曲线路径上移动。但是，AGV在移动时，主机总是稍微摇晃，其控制缺乏稳定性。特别是在旋转时，会给控制带来干扰，摇晃进一步变大。其主要原因在于，传统的路径跟踪控制是以移动速度v和角速度ω为控制变量构成控制系统的，而且主要是以直线路径为对象进行评价的。

因此，这里提出的系统必须满足以下条件：

（1）能够准确无误地通过目标点或到达目标点。在终点处定位移动机器人，使其与目标点矢量完全一致。移动机器人通过终点以外的目标点时，其矢量也必须与目标点矢量保持一致，以确保更高的移动性能，该精度是移动机器人的重要评价指标。

（2）必须沿着目标路径稳定移动。沿着目标路径移动是首要目标，其次我们需要考虑的是，如何降低移动机器人的摇晃，并使其与目标路径的距离最小。

（3）不管速度是多少，都必须按照相同的轨迹移动。控制方法不同，导致移动速度不同，即使是相同的目标路径，移动轨迹也会不同。尤其沿曲线状目标路径移动时，更容易产生此类问题。在通常情况下，移动速度都是根据路径预先设定好的，但是也有因障碍物的有无、操作者靠近等因素，不得不减速或停止的情况。即使在这种情况下，只要目标路径上没有障碍物，不管机器人的移动速度如何，通过预定的目标路径是最重要的。另外，无论基于何种原因，从偏离目标路径的状态恢复正常后，不管移动速度有没有改变，都要确保相同的移动轨迹。

2.2节已经介绍过，在角速度ω保持恒定的状态下，如果改变移动速度v，曲率半径也随之改变，这就意味着移动轨迹发生了变化。因此，作为新的控制方式的控制变量，建议使用移动速度v和曲率$1/r$。曲率$1/r$是与移动轨迹直接相关的变量，将其作为控制变量，不仅可以满足上述条件（3），而且也有利于条件（1）和（2）的实施。

图7.26示出了本节提案的自主移动机器人的系统结构。

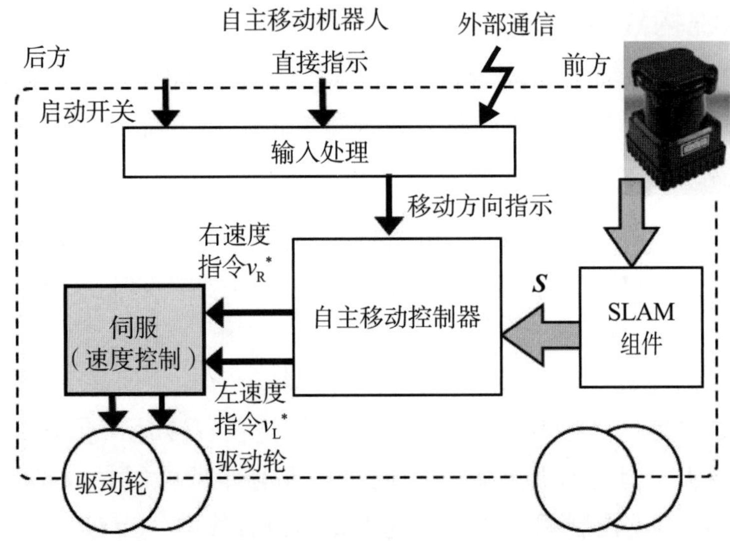

图7.26　本节提案的自主移动机器人系统的结构

与采用AGV控制器的系统结构（图7.20）相比较，虽然AGV控制器换成了伺服电机，预处理运算单元换成了自主移动控制器，但系统结构几乎相同。使用伺服电机的方式有很多，只着眼于自主移动控制器的控制软件就可以了。另外，除了通过机器人面板向输入处理单元输入启动开关、直接显示等信号外，还可以借助外部通信向其输入移动方法指令。

移动机器人性能的优劣取决于自主移动控制器，因此自主移动控制器向伺服电机输入右轮速度指令v_R*和左轮速度指令v_L*的方法非常重要。另外，激光扫描仪的位置如图7.27所示，状态为

$$\boldsymbol{S}_R=[W_{SF},\ 0,\ 0]^T$$

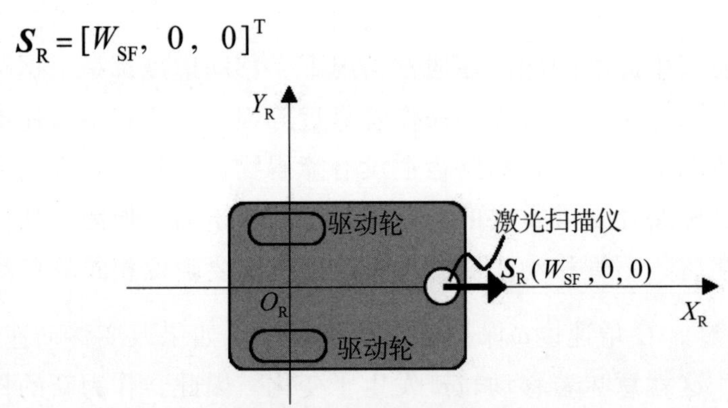

图7.27　激光扫描仪的位置关系

7.2.2　使用曲率的路径跟踪控制方式

在构建系统之前，我们先介绍一下使用曲率的路径跟踪控制方式。

在直线目标路径的场合下，如图5.32所介绍的那样，将目标路径到移动机器人的距离（Y轴的位置）y_{RP}、移动机器人相对于目标路径的角度θ_{RP}进行反馈，就可以在直线目标路径上进行控制了。此时，反馈运算的结果作为角速度指令ω_R*用于控制输入。虽然能够进行稳定控制，但如前所述，移动速度v的变化会引起曲率半径r的变化，因此这里取曲率半径的倒数，即曲率$1/r$作为控制变量。另外，如式（2.28）所示，曲率与角速度成正比例关系$\omega_R = (1/r) \cdot v$，如果速度v保持恒定，控制稳定性则不会发生变化。

当目标路径为圆弧状时，试着扩展一下这个想法。移动机器人前进的时候，与直线路径的距离（Y轴位置）y_{RP}，即与圆弧状路径的距离d_R，就像在7.1.4节所讲的那样，由圆弧中心$\boldsymbol{C}_{Pi}$到$\boldsymbol{R}_{Pi}$的距离与曲率半径r_{Pi}的差决定。将$\boldsymbol{R}_{Pi}$值代入式（7.23），就可以改写成如下形式：

$$d_R \approx \begin{cases} r_{Pi} - [x_{RPi}^2 + (r_{Pi} - y_{RPi})^2]^{1/2} & (1/r_{Pi} > 0) \\ y_{RPi} & (1/r_{Pi} = 0) \\ r_{Pi} + [x_{RPi}^2 + (r_{Pi} - y_{RPi})^2]^{1/2} & (1/r_{Pi} < 0) \end{cases} \tag{7.30}$$

采用同样的代换方式，在移动机器人后退的时候，也可以把式（7.28）改写成下述形式，求出它与目标路径之间的距离d_R：

$$d_R \approx \begin{cases} -r_{Pi} + [x_{RPi}^2 + (r_{Pi} - y_{RPi})^2]^{1/2} & (1/r_{Pi} > 0) \\ -y_{RPi} & (1/r_{Pi} = 0) \\ -r_{Pi} - [x_{RPi}^2 + (r_{Pi} - y_{RPi})^2]^{1/2} & (1/r_{Pi} < 0) \end{cases} \tag{7.31}$$

当距离$d_R = 0$时，意味着移动机器人的位置与目标路径一致。因此，反馈d_R进行距离控制，补偿角度θ_{RPi}，使$d_R = 0$就可以了。在图7.28的控制方框图中，虚

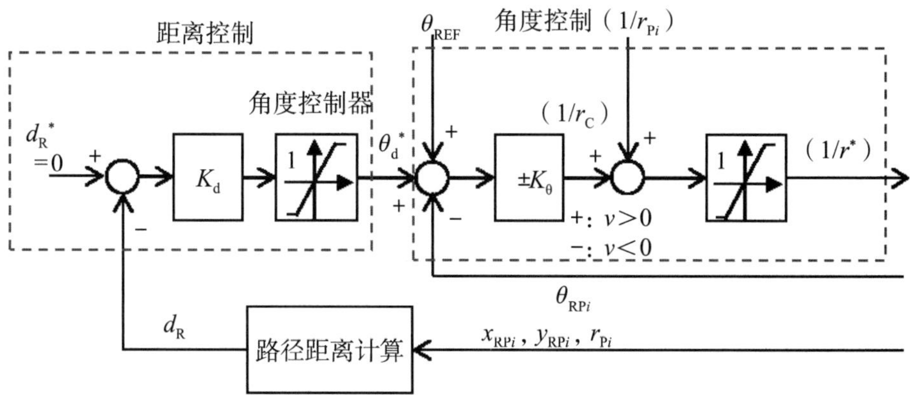

图7.28 输出曲率指令的路径跟踪控制的方框图

线包围的距离控制单元相当于这种功能。于是，如果目标距离d_R* = 0，距离控制增益设为K_d，那么距离补偿角θ_d*可以计算如下：

$$\theta_{dC}=K_d \cdot (d_R^* - d_R) = -K_d \cdot d_R \tag{7.32}$$

$$\theta_d^* = \max[-\theta_{LMT}, \min(\theta_{dC}, \theta_{LMT})] \tag{7.33}$$

在直线路径的场合，目标角θ_{REF}在目标点坐标系中为0°。在圆弧路径的场合，把与$\boldsymbol{R}_{Pi}$的距离最短的目标路径上的点$\boldsymbol{P}_V$（在图7.19中表示为$\boldsymbol{P}_V$）的目标路径倾斜角θ_{PV}作为θ_{REF}比较合适。在图7.19(a)所示的$r_i > 0$的场合下，其倾斜角θ_{PV}可以根据$\boldsymbol{R}_{Pi}$由下式求出：

$$\theta_{REF} = \theta_{PV} = \text{atan2}[x_{RPi}, (r_{Pi} - y_{RPi})] \tag{7.34}$$

在这里，atan2是C语言的函数，它是$\arctan[x_{RPi}/(r_{Pi}-y_{RPi})]$在第4象限里的扩展。就像图7.19(b)那样，在$r_{Pi} < 0$的情况下，$\theta_{PV}$由下式给出：

$$\theta_{REF} = \theta_{PV} = \text{atan2}[x_{RPi}, (r_{Pi} - y_{RPi})] - \pi \tag{7.35}$$

上述两个公式全都在$-\pi < \theta_{REF} \leq \pi$范围内计算。

移动机器人的角度θ_{RPi}相对于该目标角度θ_{REF}的差值，相当于直线目标路径中的θ_{RPi}。使$\theta_{RPi}-\theta_{REF}$的值与由式（7.33）计算得到的距离补偿角$\theta_d$*的和为0，就可以改变移动机器人的角度$\theta_{RPi}$，进行曲率控制了。也就是，利用下式计算出曲率指令（1/r*）：

$$(1/r_C) = K_\theta \cdot (\theta_{REF} + \theta_d^* - \theta_{RPi}) \tag{7.36}$$

$$(1/r^*) = \max[-1/r_{LMT}, \min(1/r_C, 1/r_{LMT})] \tag{7.37}$$

另外，曲率的绝对值限制在$1/r_{LMT}$以下，意味着移动机器人弯道移动的最小曲率半径是r_{LMT}。在该限定的曲率半径范围内，可以控制移动机器人到达目标点。

即使在后退的场合下，也可以作同样的考虑。在目标角度为θ_{REF}的目标路径上，目标路径倾角θ_{PV}与前进时的一样，所以可以原封不动地使用式（7.34）和式（7.35）。由于与前进方向相反，所以计算曲率指令（1/r*）时，角度增益K_θ像式（7.38）那样改变正负号进行运算：

$$(1/r_C) = -K_\theta \cdot (\theta_{REF} + \theta_d^* - \theta_{RPi}) \tag{7.38}$$

如上所述，只要得到了曲率指令（1/r*），再将其与速度指令v*相乘，就可以计算出角速度指令ω*：

$$\omega^* = (1/r_C^*)\cdot v^*$$

这种控制系统的主要计算公式汇总于表7.7。表7.7(a)是移动机器人前进时的计算公式，表7.7(b)是移动机器人后退时的计算公式。该系统的优点是，通过控制曲率，即使目标路径是圆弧状的，只要使移动机器人与目标路径保持一致，就可以使其按照目标点$\boldsymbol{P}_v$一览表中所示的目标曲率r_{Pi}稳定移动。

表 7.7　使用曲率的路径跟踪控制的主要计算公式

(a)前进时

<table>
<tr><th></th><th>移动机器人
偏离目标路径的量
d_R/m</th><th>目标路径的目标角度
θ_{REF}/°</th><th>曲率指令
$1/r^*$/m^{-1}</th></tr>
<tr><td>参　数</td><td>目标曲率 $1/r_{Pi}$</td><td>目标曲率 $1/r_{Pi}$</td><td>目标曲率 $1/r_{Pi}$、曲率限制值 $1/r_{LMT}$、
角度限制值 θ_{LMT}、距离控制增益 K_{1d}、
角度控制增益 K_θ</td></tr>
<tr><td rowspan="3">移动机器人 $\boldsymbol{R}$
x_{RPi}
y_{RPi}
θ_{RPi}</td><td>$r_{Pi}-\sqrt{x_{RPi}^2+(r_{Pi}-y_{RPi})^2}$
（$1/r_{Pi}>0$时）</td><td>atan2[x_{RPi}, ($r_{Pi}-y_{RPi}$)]
（$1/r_{Pi}>0$ 时）</td><td rowspan="3">距离控制运算 — 距离补偿角度 θ_d*
$\theta_{dC}^*=-K_d^*d_R$
$\theta_d^*=\max[-\theta_{LMT}, \min(\theta_{dC}, \theta_{LMT})]$
角度控制运算 — 曲率指令（$1/r^*$）
$(1/r_C)=K_\theta\cdot(\theta_{REF}+\theta_d^*-\theta_{RPi})+(1/r_{Pi})$
$(1/r^*)=\max[-1/r_{LMT}, (1/r_C), 1/r_{LMT}]$</td></tr>
<tr><td>y_{RPi}（$1/r_{Pi}=0$ 时）</td><td>O（$1/r_{Pi}=0$ 时）</td></tr>
<tr><td>$r_{Pi}+\sqrt{x_{RPi}^2+(r_{Pi}-y_{RPi})^2}$
（$1/r_{Pi}<0$时）</td><td>atan2[x_{RPi}, ($r_{Pi}-y_{RPi}$)] − π
（$1/r_{Pi}<0$ 时）</td></tr>
<tr><td>计算公式</td><td>式（7.30）</td><td>式（7.34）、式（7.35）</td><td>式（7.32）、式（7.33）、
式（7.36）、式（7.37）</td></tr>
</table>

(b)后退时

<table>
<tr><th></th><th>移动机器人
偏离目标路径的量
d_R/m</th><th>目标路径的目标角度
θ_{REF}/°</th><th>曲率指令
$1/r^*$/m^{-1}</th></tr>
<tr><td>参　数</td><td>目标曲率 $1/r_{Pi}$</td><td>目标曲率 $1/r_{Pi}$</td><td>目标曲率 $1/r_{Pi}$、曲率限制值 $1/r_{LMT}$、
角度限制值 θ_{LMT}、距离控制增益 K_{1d}、
角度控制增益 K_θ</td></tr>
<tr><td rowspan="3">移动机器人 $\boldsymbol{R}$
x_{RPi}
y_{RPi}
θ_{RPi}</td><td>$-r_{Pi}+\sqrt{x_{RPi}^2+(r_{Pi}-y_{RPi})^2}$
（$1/r_{Pi}>0$时）</td><td>atan2[x_{RPi}, ($r_{Pi}-y_{RPi}$)]
（$1/r_{Pi}>0$ 时）</td><td rowspan="3">距离控制运算 — 距离补偿角度 θ_d*
$\theta_{dC}^*=-K_d^*d_R$
$\theta_d^*=\max[-\theta_{LMT}, \min(\theta_{dC}, \theta_{LMT})]$
角度控制运算 — 曲率指令（$1/r^*$）
$(1/r_C)=K_\theta\cdot(\theta_{REF}+\theta_d^*-\theta_{RPi})+(1/r_{Pi})$
$(1/r^*)=\max[-1/r_{LMT}, (1/r_C), 1/r_{LMT}]$</td></tr>
<tr><td>y_{RPi}（$1/r_{Pi}=0$ 时）</td><td>O（$1/r_{Pi}=0$ 时）</td></tr>
<tr><td>$-r_{Pi}-\sqrt{x_{RPi}^2+(r_{Pi}-y_{RPi})^2}$
（$1/r_{Pi}<0$时）</td><td>atan2[x_{RPi}, ($r_{Pi}-y_{RPi}$)] − π
（$1/r_{Pi}<0$ 时）</td></tr>
<tr><td>计算公式</td><td>式（7.31）</td><td>式（7.34）、式（7.35）</td><td>式（7.32）、式（7.33）、
式（7.38）、式（7.37）</td></tr>
</table>

只要按照上述方法进行路径跟踪控制，不管是沿直线方向移动，还是顺时针

方向旋转抑或逆时针方向旋转，无论是前进，还是后退，都能够遵循目标路径稳定地移动。而且，也无关移动速度的快慢，偏离目标路径时的回归轨迹都是恒定的。换句话说，7.2.1节中所提出的3个条件（到达目标点、路径跟踪、相同的移动轨迹）都能够实现。

下面，我们介绍一下通过仿真计算出的这种控制方式的响应特性。

图7.29是移动机器人沿直线目标路径移动到目标点$\boldsymbol{P}_i$时，$\boldsymbol{R}_{\mathrm{P}i}$在$[-10,\ 0.2,\ 0]^{\mathrm{T}}$状态时的响应特性。图7.29(a)表示的是$Y$轴距离$y_{\mathrm{RP}i}$的时间响应特性，图7.29(b)表示的是角度$\theta_{\mathrm{RP}i}$的时间响应特性，实线、点划线、双点划线、虚线分别对应移动机器人的移动速度为1.0m/s、0.5m/s、0.2m/s、0.1m/s时的特性。$y_{\mathrm{RP}i}$和$\theta_{\mathrm{RP}i}$都不能采用超调控制方式，只能平滑地调整。另外，无论这两种响应特性中的哪一种，随着移动速度的增加，调整时间都会反比例减小。图7.29(c)所示是移动机

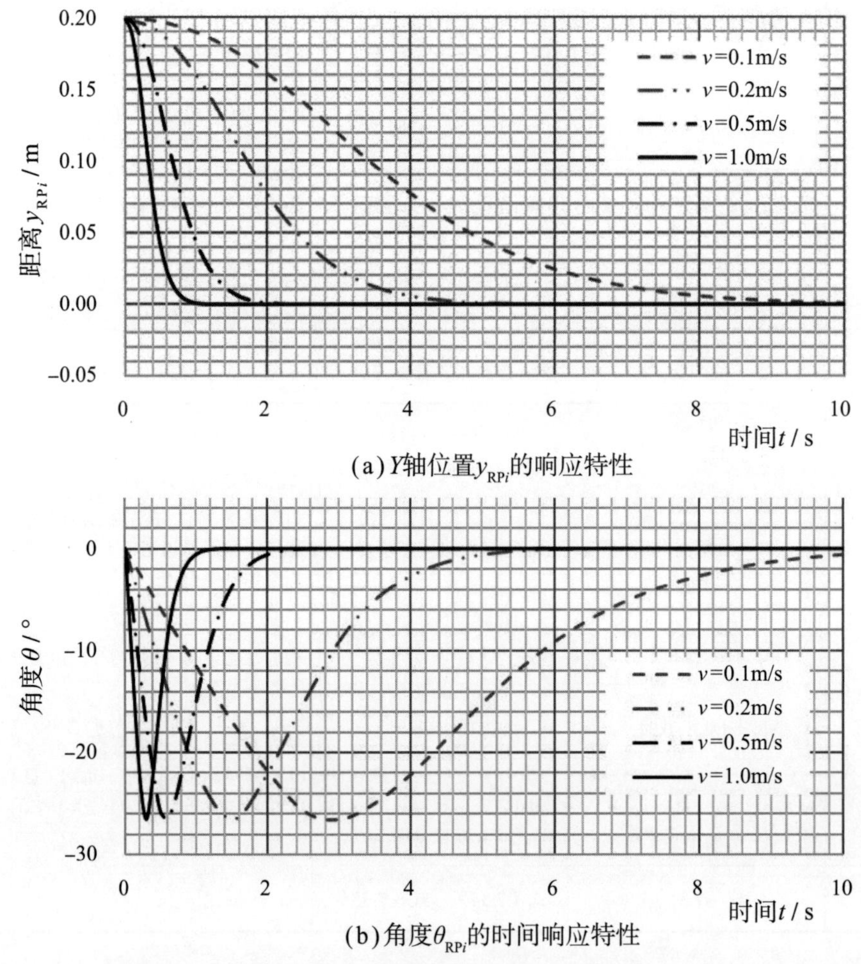

(a) Y轴位置$y_{\mathrm{RP}i}$的响应特性

(b) 角度$\theta_{\mathrm{RP}i}$的时间响应特性

图7.29　路径跟踪控制的响应特性1（移动速度的影响）

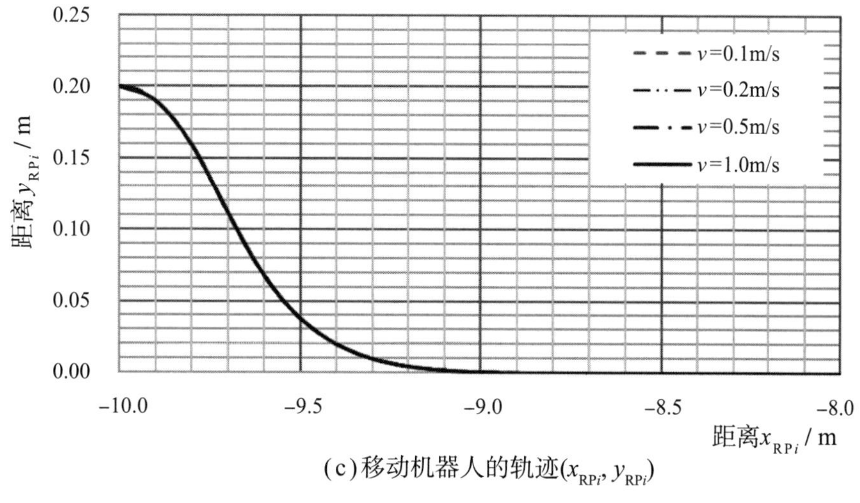

(c)移动机器人的轨迹(x_{RPi}, y_{RPi})

续图7.29

器人的轨迹(x_{RPi}, y_{RPi})。由速度0.1m/s ~ 1.0m/s的特性曲线可以看出，它们的轨迹几乎都保持一致，这是将曲率指令作为控制输入的路径跟踪控制的特点。当高速移动且曲率的时间变化非常快时，受电机响应速度滞后的影响，移动轨迹可能会出现异常，但是，在移动速度比较低的情况下，移动轨迹几乎不受影响。

图7.30是移动速度恒定为1.0m/s时，将开始仿真时的移动机器人的角度θ_{RPi}作为参量进行评价的特性。在该图中，θ_{RPi}为0°、20°、−20°时的特性，分别用实线、虚线、点划线表示。由于该仿真中的最小曲率半径是0.5m，所以θ_{RPi} = 20°时，y_{RPi}的最大值变成了约0.23m，对X轴的稳定状态没有超调，而是稳定地进行控制。另外，由于最小曲率半径是可以任意决定的，因此可以根据必要的特性进行设计。

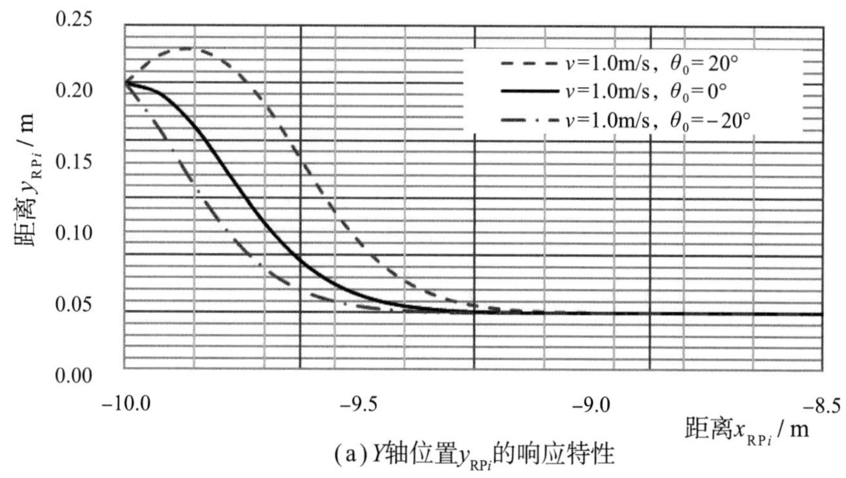

(a) Y轴位置y_{RPi}的响应特性

图7.30 路径跟踪控制的响应特性2（移动姿势的影响）

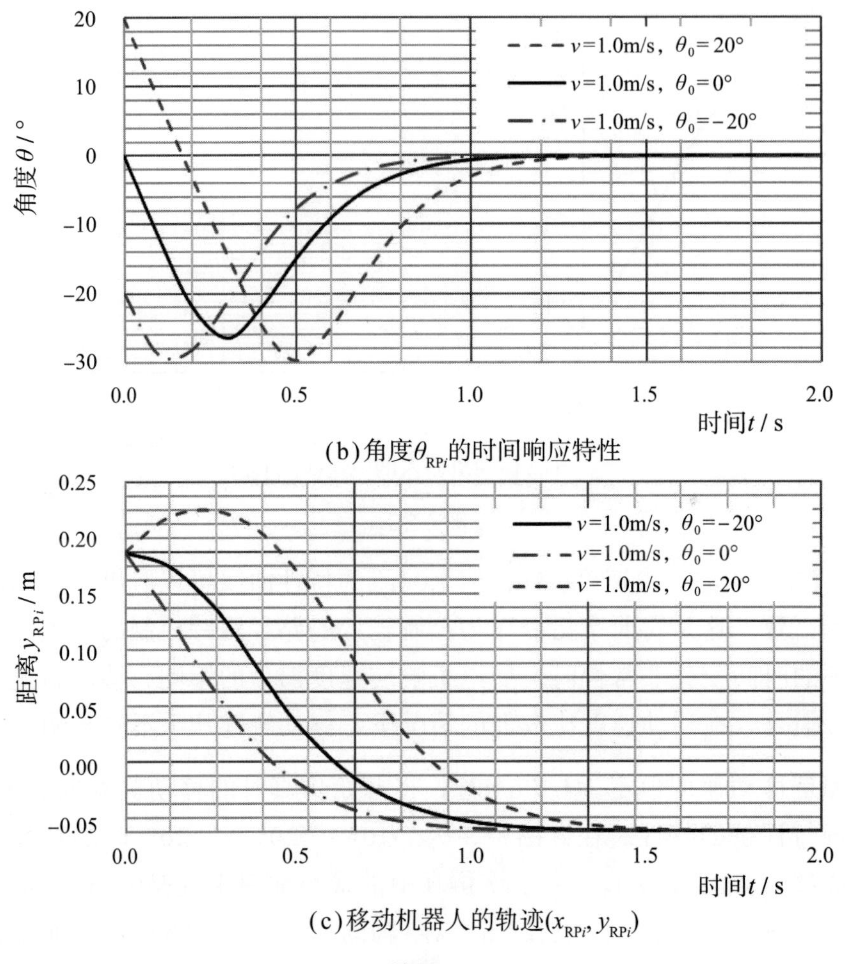

(b)角度θ_{RPi}的时间响应特性

(c)移动机器人的轨迹(x_{RPi}, y_{RPi})

续图7.30

7.2.3　系统结构

在图7.26介绍的系统结构中，自主移动控制器的软件结构示于图7.31。由图7.31可知，其与图7.21非常相似。

图7.21计算并输出磁传感器的检测值d_{SF}和d_{SB}，而图7.31输出的是通过速度指令方框计算的左右速度指令v_L*和v_R*。此外，与图7.21的不同点在于，图7.31用定位控制方框和路径跟踪控制方框替代了磁传感器的输出方框。实际上，仅通过这些变更，就能够实现自主移动控制。

定位控制方框和路径跟踪控制方框的主要输入均为目标点$\boldsymbol{P}_i$坐标系中$\boldsymbol{R}_{Pi}$ = [x_{RPi}, y_{RPi}, θ_{RPi}]^{T}的值。关于路径跟踪控制，可以利用图7.28的控制方框，根据表7.7的计算公式，求出曲率指令（1/r*）。

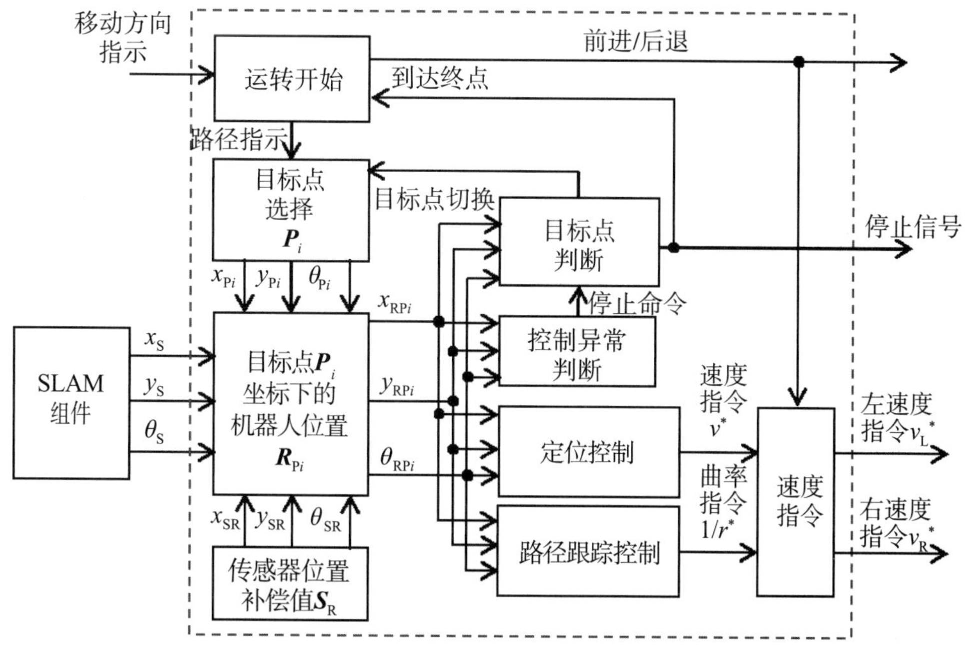

图7.31 自主移动控制器方框图

关于定位控制，可以利用图5.22(b)所示的蠕变速度定位控制，解决高速移动与高精度、高响应的定位问题。这个定位控制方框的最终目的是在终点$\boldsymbol{G}$进行定位，但由于需要进行速度指令运算，所以在沿着目标路径移动时，它起着控制移动机器人速度的作用。

实际上，必须考虑一些速度限制问题，如图7.32所示，根据各种规格，对于速度的各种限制，逐个进行计算。

当然，移动机器人的规格决定了最高前进速度v_{MAXF}和最高后退速度v_{MAXB}。作为决定极限速度的重要因素，列举出目标路径的极限速度$v_{\mathrm{P}i}$，这些可以根据目标点一览表进行设定。另外，对应于曲率，最高速度的限制对于确保移动机器人的稳定性十分重要，曲率极限速度$v_{1\mathrm{Pr}}$作为曲率指令（$1/r*$）的函数而给出。在其他方面，为了在电机的最高速度v_{MOTOR}范围内进行控制，有时必须考虑曲率指令（$1/r*$）引起的左右车轮速度差和此时移动机器人的速度。一般情况下，设定曲率极限速度$v_{1\mathrm{Pr}}$时，如果事先考虑到上述情况，也可以不需要与电机最高速度v_{MOTOR}有关的输入。在根据各种状况确定的这些极限速度中，可以将最小值作为极限速度v_{LMT}。

前进时，选择极限速度v_{LMT}与最高前进速度v_{MAXF}中小的那个值作为前进极限速度v_{LMTF}，而后退极限速度v_{LMTB}则选择极限速度v_{LMT}与后退最高速度v_{MAXB}中绝

对值大的那个值。根据前进/后退信号的不同，也可以考虑前进时进一步限制后退极限速度v_{LMTB}，后退时进一步限制前进极限速度v_{LMTF}的方法。根据由此而确定的极限速度，进行速度限制器的运算。另外，为了能够在速度限制器的输出中进行角速度限制和减速度限制运算，在图7.32的结构中插入了加减速控制方框。在沿着目标路径移动的状态下，该定位控制方框专门用来运算由速度限制决定的速度指令。

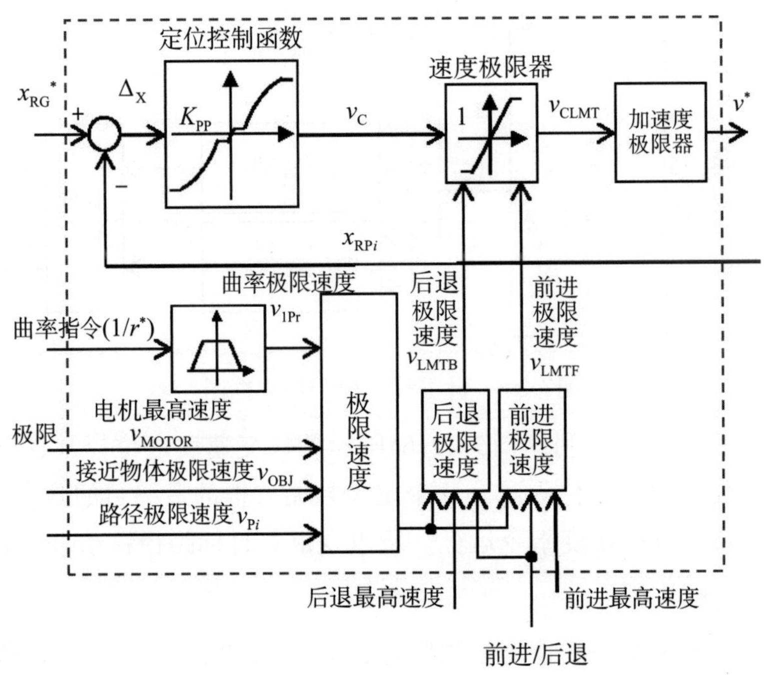

图7.32　蠕变速度定位控制方框图（对象：图7.31）

当目标点为终点，在接近该终点的时候，定位控制功能开始起作用。除此之外，将下一个目标点设定为暂时停止点时，定位控制功能也会发挥作用，关于这一点，将在后面介绍。

当移动机器人的目标点$\boldsymbol{P}_i$为终点或者被设定为暂时停止点时，图7.32所示的目标位置x_{RG}*则为该目标点的位置（取0）。当目标点$\boldsymbol{P}_i$仅为通过（路过）点时，从目标点$\boldsymbol{P}_i$沿着目标路径移动，到下一个目标点停止或暂时停止，我们就把这两个目标点之间的距离设为目标位置x_{RG}*。一般情况下，如果移动机器人的位置到停止位置之间的距离出现偏差，只要将定位函数的输出值v_C设定为最大值（前进时）或最小值（后退时），目标位置x_{RG}*即使以近似值给出也不会出现问题。

利用这种处理方法，就可以对移动机器人进行定位了。如前所述，移动机器人的移动轨迹仅与路径跟踪控制有关，因此移动速度仅由定位方向确定。这么一来，即使当物体突然接近移动机器人时，也可以放心地限制速度，不改变移动轨迹。当然，在躲避障碍物等场合下，不受此限制。

图7.33是基于曲率指令的自主移动机器人系统的状态转换图。与图7.23相比较，图7.33中移动机器人停止的目的地由1个增加到了5个，表示目的地1、2（相当于起点$\boldsymbol{S}_1$、$\boldsymbol{S}_2$）与目的地3、4、5（相当于起点$\boldsymbol{S}_3$、$\boldsymbol{S}_4$、$\boldsymbol{S}_5$）相互往来时的状态转换，只是状态转换数量增加，稍微复杂了一点而已。

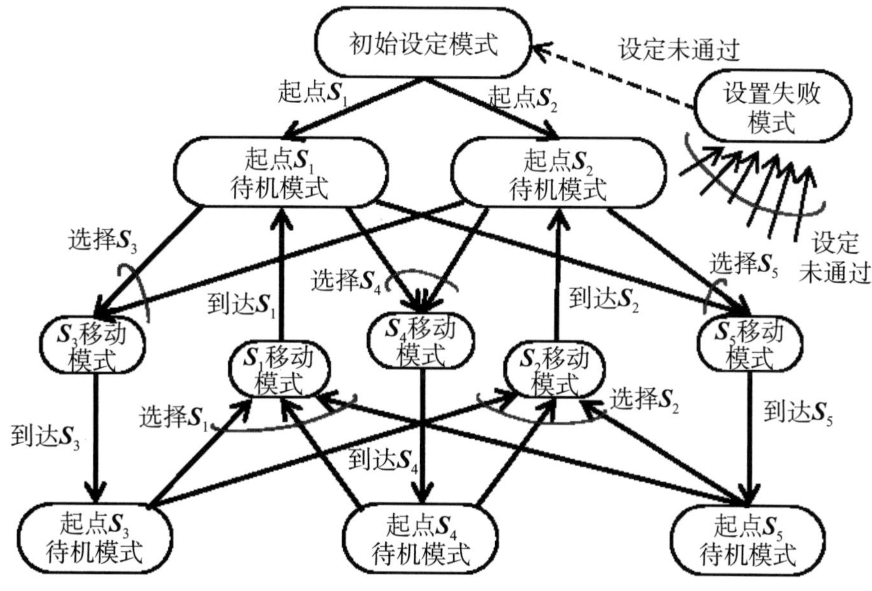

图7.33 基于曲率指令的自主移动机器人系统的状态转换图

表7.8所示是往来于多个目的地的路径一览表，其目标点如表7.9所示。将它们用图来表示就是图7.34的目标路径图，不过这是该系统假想的路线。

表 7.8 往来于多个目的地的路径一览表

路径序号 i	起 点	终 点	路 径
1	$P_1(S_1)$	$P_6(G_3)$	P_2, P_3, P_4, P_5
2	$P_1(S_1)$	$P_{12}(G_4)$	P_2, P_3, P_{10}, P_{11}
3	$P_1(S_1)$	$P_{15}(G_5)$	P_2, P_3, P_{13}, P_{14}
4	$P_7(S_2)$	$P_6(G_3)$	P_8, P_9, P_4, P_5
5	$P_7(S_2)$	$P_{12}(G_4)$	P_8, P_9, P_{10}, P_{11}
6	$P_7(S_2)$	$P_{15}(G_5)$	P_8, P_9, P_{13}, P_{14}
7	$P_{16}(S_3)$	$P_{24}(G_1)$	$P_{17}, P_{18}, P_{19}, P_{20}, P_{21}, P_{22}, P_{23}$
8	$P_{16}(S_3)$	$P_{33}(G_2)$	$P_{17}, P_{18}, P_{19}, P_{20}, P_{21}, P_{31}, P_{32}$

续表 7.8

路径序号 i	起　点	终　点	路　径
9	$\boldsymbol{P}_{25}(\boldsymbol{S}_4)$	$\boldsymbol{P}_{24}(\boldsymbol{G}_1)$	$\boldsymbol{P}_{26}, \boldsymbol{P}_{27}, \boldsymbol{P}_{28}, \boldsymbol{P}_{29}, \boldsymbol{P}_{30}, \boldsymbol{P}_{31}, \boldsymbol{P}_{32}$
10	$\boldsymbol{P}_{25}(\boldsymbol{S}_4)$	$\boldsymbol{P}_{33}(\boldsymbol{G}_2)$	$\boldsymbol{P}_{26}, \boldsymbol{P}_{27}, \boldsymbol{P}_{28}, \boldsymbol{P}_{29}, \boldsymbol{P}_{30}, \boldsymbol{P}_{31}, \boldsymbol{P}_{32}$
11	$\boldsymbol{P}_{34}(\boldsymbol{S}_5)$	$\boldsymbol{P}_{24}(\boldsymbol{G}_1)$	$\boldsymbol{P}_{35}, \boldsymbol{P}_{36}, \boldsymbol{P}_{37}, \boldsymbol{P}_{38}, \boldsymbol{P}_{39}, \boldsymbol{P}_{22}, \boldsymbol{P}_{23}$
12	$\boldsymbol{P}_{34}(\boldsymbol{S}_5)$	$\boldsymbol{P}_{33}(\boldsymbol{G}_2)$	$\boldsymbol{P}_{35}, \boldsymbol{P}_{36}, \boldsymbol{P}_{37}, \boldsymbol{P}_{38}, \boldsymbol{P}_{39}, \boldsymbol{P}_{31}, \boldsymbol{P}_{32}$

表 7.9　往来于多个目的地的目标点一览表

目标点序号 i	目标点	X 轴 x_{Pi}/m	Y 轴 y_{Pi}/m	角度 θ_{Pi}/°	极限速度 V_{Pi}/（m/s）	曲率 $1/r_{Pi}$/m^{-1}	停止 STOP （on/off）
1	$\boldsymbol{P}_1(\boldsymbol{S}_1)$	0.0	0.0	90	0.5	0.0	off
2	$\boldsymbol{P}_2$	0.0	3.5	90	0.5	0.0	off
3	$\boldsymbol{P}_3$	0.5	4.0	0	0.3	−2.0	off
4	$\boldsymbol{P}_4$	14.5	4.0	0	1.0	0.0	off
5	$\boldsymbol{P}_5$	15.0	4.5	90	0.3	2.0	off
6	$\boldsymbol{P}_6(\boldsymbol{G}_3)$	15.0	5.0	90	0.3	0.0	on
7	$\boldsymbol{P}_7(\boldsymbol{S}_2)$	5.0	0.0	90	0.5	0.0	off
8	$\boldsymbol{P}_8$	5.0	3.5	90	0.5	0.0	off
9	$\boldsymbol{P}_9$	5.5	4.0	0	0.3	−2.0	off
10	$\boldsymbol{P}_{10}$	19.5	4.0	0	1.0	0.0	off
11	$\boldsymbol{P}_{11}$	20.0	4.5	90	0.3	2.0	off
12	$\boldsymbol{P}_{12}(\boldsymbol{G}_4)$	20.0	5.0	90	0.3	0.0	on
13	$\boldsymbol{P}_{13}$	24.5	4.0	0	1.0	0.0	off
14	$\boldsymbol{P}_{14}$	25.0	4.5	90	0.3	2.0	off
15	$\boldsymbol{P}_{15}(\boldsymbol{G}_5)$	25.0	5.0	90	0.3	0.0	on
16	$\boldsymbol{P}_{16}(\boldsymbol{S}_3)$	15.0	5.0	90	−0.3	0.0	off
17	$\boldsymbol{P}_{17}$	15.0	4.5	90	−0.3	0.0	off
18	$\boldsymbol{P}_{18}$	15.5	4.0	180	−0.3	−2.0	暂　停
19	$\boldsymbol{P}_{19}$	15.0	3.5	−90	0.3	2.0	off
20	$\boldsymbol{P}_{20}$	15.0	1.5	−90	0.5	0.0	off
21	$\boldsymbol{P}_{21}$	14.5	1.0	180	0.3	−2.0	off
22	$\boldsymbol{P}_{22}$	−0.5	1.0	180	1.0	0.0	暂　停
23	$\boldsymbol{P}_{23}$	0.0	0.5	90	−0.3	2.0	off
24	$\boldsymbol{P}_{24}(\boldsymbol{G}_1)$	0.0	0.0	90	−0.3	0.0	on
25	$\boldsymbol{P}_{25}(\boldsymbol{S}_4)$	20.0	5.0	90	−0.3	0.0	off
26	$\boldsymbol{P}_{26}$	20.0	4.5	90	−0.3	0.0	off

续表 7.9

目标点序号 i	目标点	X 轴 x_{Pi}/m	Y 轴 y_{Pi}/m	角度 θ_{Pi}/°	极限速度 V_{Pi}/（m/s）	曲率 $1/r_{Pi}$/m^{-1}	停止 STOP（on/off）
27	$\boldsymbol{P}_{27}$	20.5	4.0	180	−0.3	−2.0	暂 停
28	$\boldsymbol{P}_{28}$	20.0	3.5	−90	0.3	2.0	off
29	$\boldsymbol{P}_{29}$	20.0	1.5	−90	0.5	0.0	off
30	$\boldsymbol{P}_{30}$	19.5	1.0	180	0.3	−2.0	off
31	$\boldsymbol{P}_{31}$	4.5	1.0	180	1.0	0.0	off
32	$\boldsymbol{P}_{32}$	5.0	0.5	90	−0.3	2.0	off
33	$\boldsymbol{P}_{33}(\boldsymbol{G}_2)$	5.0	0.0	90	−0.3	0.0	on
34	$\boldsymbol{P}_{34}(\boldsymbol{S}_5)$	25.0	5.0	90	−0.3	0.0	off
35	$\boldsymbol{P}_{35}$	25.0	4.5	90	−0.3	0.0	off
36	$\boldsymbol{P}_{36}$	25.5	4.0	180	−0.3	−2.0	off
37	$\boldsymbol{P}_{37}$	25.0	3.5	−90	0.3	2.0	off
38	$\boldsymbol{P}_{38}$	25.0	1.5	−90	0.5	0.0	off
39	$\boldsymbol{P}_{39}$	24.5	1.0	180	0.3	−2.0	off

从表7.8可以看出，当移动机器人位于目的地1（起点$\boldsymbol{S}_1$）时，可供选择的路径有1号路径、2号路径、3号路径。例如，路径序号$j=3$时，从目标点$\boldsymbol{P}_1$（起点$\boldsymbol{S}_1$）开始，经由目标点$\boldsymbol{P}_2$、$\boldsymbol{P}_3$、$\boldsymbol{P}_{13}$、$\boldsymbol{P}_{14}$，到达目标点$\boldsymbol{P}_{15}$（终点$\boldsymbol{G}_5$），其中，到达目标点$\boldsymbol{P}_2$的过程中需要直行，再到目标点$\boldsymbol{P}_3$的过程中需要顺时针旋转，从目标点$\boldsymbol{P}_{13}$到目标点$\boldsymbol{P}_{14}$的过程中需要逆时针旋转。

从目的地5出发，可以从11号路径和12号路径中选择任意一条，由此可知，从目标点5开始，可以向目标点1或目标点2任意一个方向移动。例如，路径序号$j=11$时，移动机器人从目标点$\boldsymbol{P}_{34}$（起点$\boldsymbol{S}_5$）出发，往后退，经由目标点$\boldsymbol{P}_{35}$后，逆时针旋转向目标点$\boldsymbol{P}_{36}$移动。表7.9内的停止一栏中设置了暂时停止，这意味着边旋转、边后退的移动机器人在目标点$\boldsymbol{P}_{36}$做一个短暂的停留。接下来，就开始向目标点$\boldsymbol{P}_{37}$移动，这一次的移动是边前进、边逆时针旋转。从目标点$\boldsymbol{P}_{38}$到目标点$\boldsymbol{P}_{39}$的过程中，是边顺时针旋转、边前进。

这样，即使是路径比较简单的图7.34，也构成了包含前进与后退、直行和逆时针旋转与顺时针旋转的全部组合的移动图形。

通过以上方法，就可以构建高性能的自主移动机器人系统。为了高效率地运用多台移动机器人，还可以在顶层系统中，通过外部通信构建操纵移动机器人的机器人运用系统。

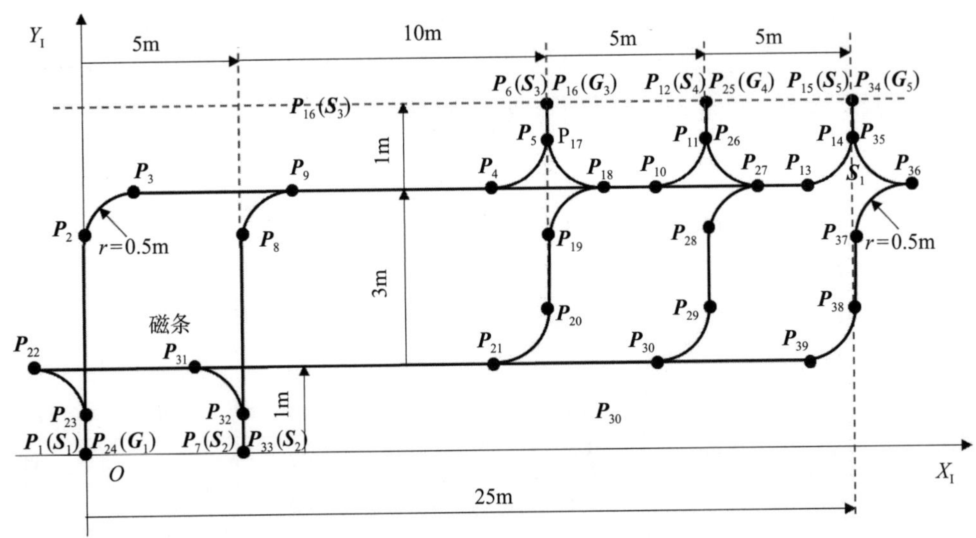

图7.34　往来于多个目的地的目标路径与目标点的例子

7.2.4　移动控制特性

本节将讲述使用曲率的自主移动机器人系统的移动控制特性。7.2.2节已经介绍过，直线目标路径的场合，即使移动机器人处于偏离目标路径的位置，也不进行超调，稳定地控制其与目标路径保持一致，而且不受移动速度的影响。即使是圆弧目标路径，也与速度无关。鉴于移动机器人的速度指令和曲率指令之间的关系，即使电机的速度指令超过其最高速度，也可以根据图7.32的定位控制方框图限制速度指令，移动轨迹不会发生变化。因此，移动轨迹的一致性不受移动速度影响。这里，除了表示定位特性的图7.37之外，所有的例子都是以0.2m/s的速度进行仿真的。

图7.35是在曲率（$1/r_{\mathrm{P}i}$）为±2（曲率半径$r_{\mathrm{P}i}$为±0.5m）的圆弧状目标路径上，移动机器人从某个时刻开始移动的移动轨迹特性。实线表示$\theta_{\mathrm{RP}i}$与目标路径一致时的特性，虚线表示$\theta_{\mathrm{RP}i}$朝着X轴的正方向仅有20°偏差时（即+70°或者−70°的时候）的特性，点划线表示$\theta_{\mathrm{RP}i}$朝着X轴的负方向仅有20°偏差时（即+110°或者−110°的时候）的特性。图7.35(a)表示的是前进过程中逆时针旋转时的特性，相当于图7.34的目标路径中从目标点$\boldsymbol{P}_4$到目标点$\boldsymbol{P}_5$的移动状态。图7.35(b)中所描述的状态，则相当于图7.34的目标路径中从目标点$\boldsymbol{P}_2$到目标点$\boldsymbol{P}_3$的移动状态，即顺时针旋转前进的状态。图7.35(c)表示的是后退过程中顺时针旋转时的特性，相当于图7.34的目标路径中从目标点$\boldsymbol{P}_{22}$到目标点$\boldsymbol{P}_{23}$的移动状态。图7.35(d)表示的是逆时针旋转后退的特性，相当于图7.34的目标路径中从目标点$\boldsymbol{P}_{17}$到目标点$\boldsymbol{P}_{18}$的移动状态。

图7.35(a)是$\boldsymbol{R}_{Pi}=[-0.5\text{m}, 0.5\text{m}, -90° \pm\alpha]^{T}$（其中，$\alpha=0°$、$\pm20°$）时的特性。$\theta_{RPi}=-90°$ 的特性是没有外部干扰时的仿真，是目标路径上的移动轨迹。$\theta_{RPi}=-70°$ 的特性（虚线）是从圆弧的内侧跟踪目标路径。移动轨迹与目标路径

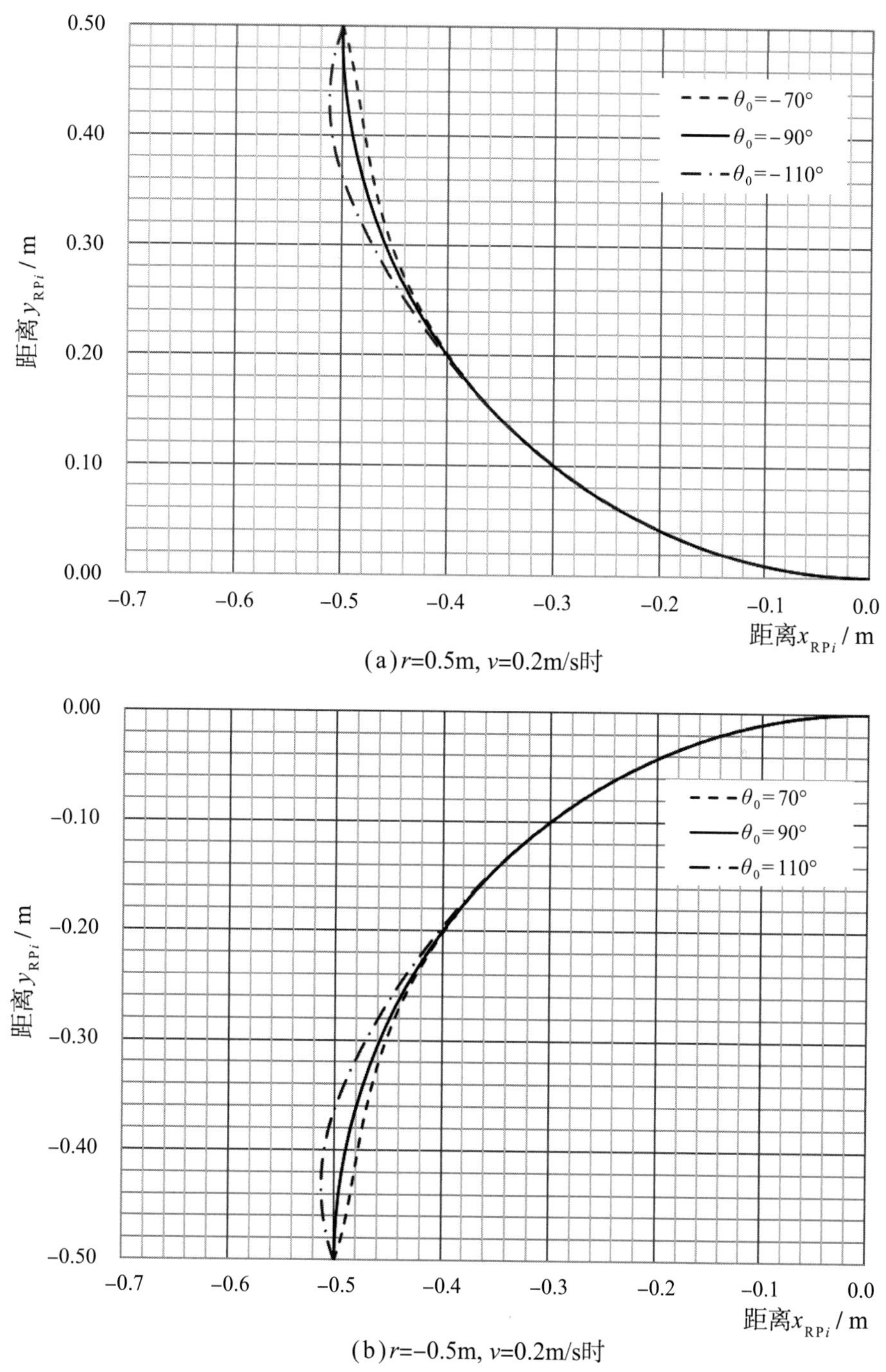

(a) r=0.5m, v=0.2m/s时

(b) r=−0.5m, v=0.2m/s时

图7.35 使用曲率的路径跟踪控制的移动轨迹

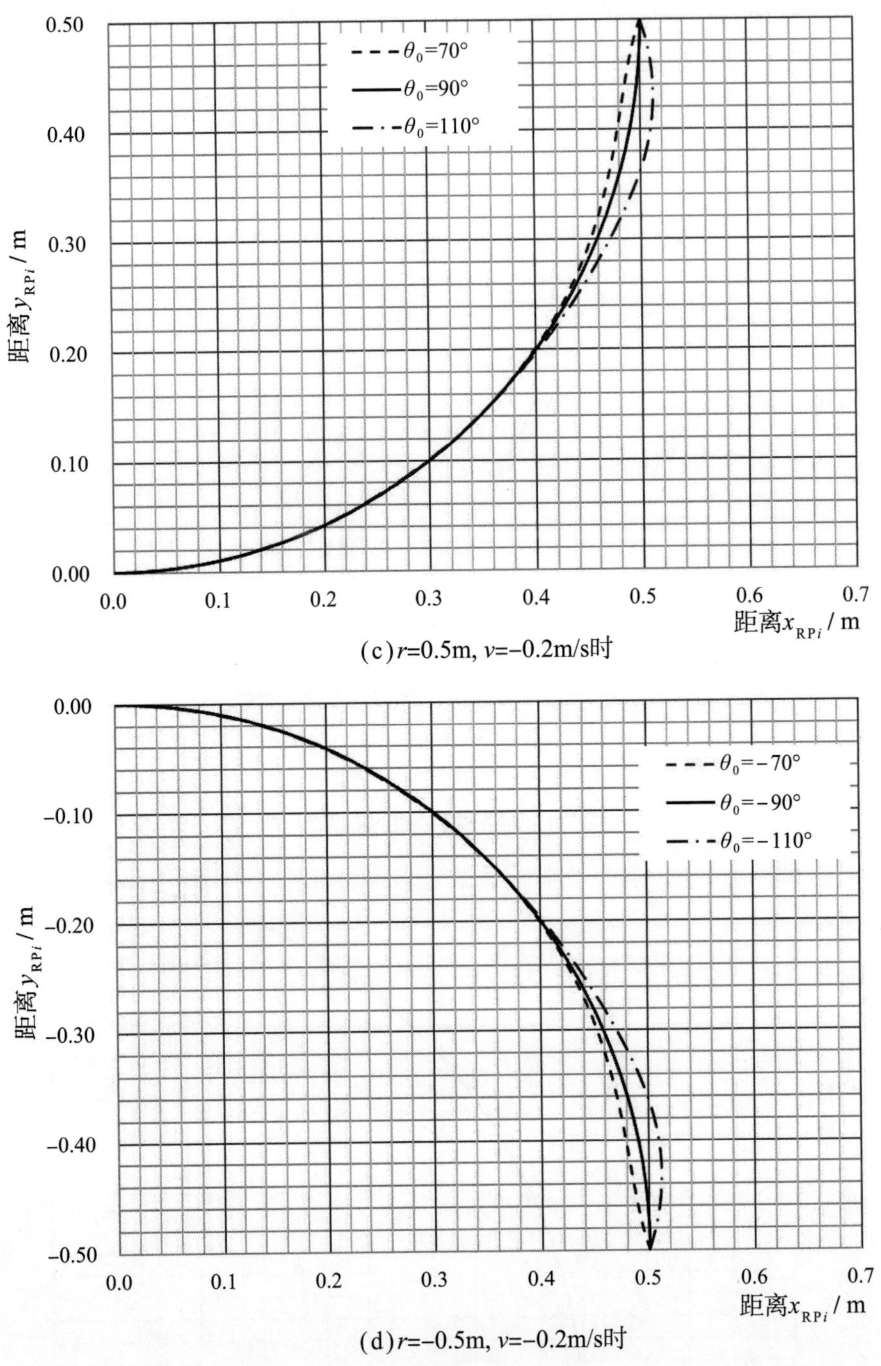

(c) r=0.5m, v=−0.2m/s时

(d) r=−0.5m, v=−0.2m/s时

续图7.35

的最大偏差约为15mm。$\theta_{RPi}=-110°$ 的特性（点划线）是从圆弧的外侧跟踪目标路径，此时移动轨迹与目标路径的最大偏差约为30mm。本次仿真是将最大曲率设定为2（即曲率半径r_{Pi}为 ± 0.5m）的轨迹特性。

在图7.35(b)、(c)、(d)中，虽然仿真开始时的移动机器人的位置皆不相同，但它们都展现出了与图7.35(a)相同的特性。

图7.36是在曲率为2的圆弧状目标路径的内侧距离目标路径0.1m的位置，面

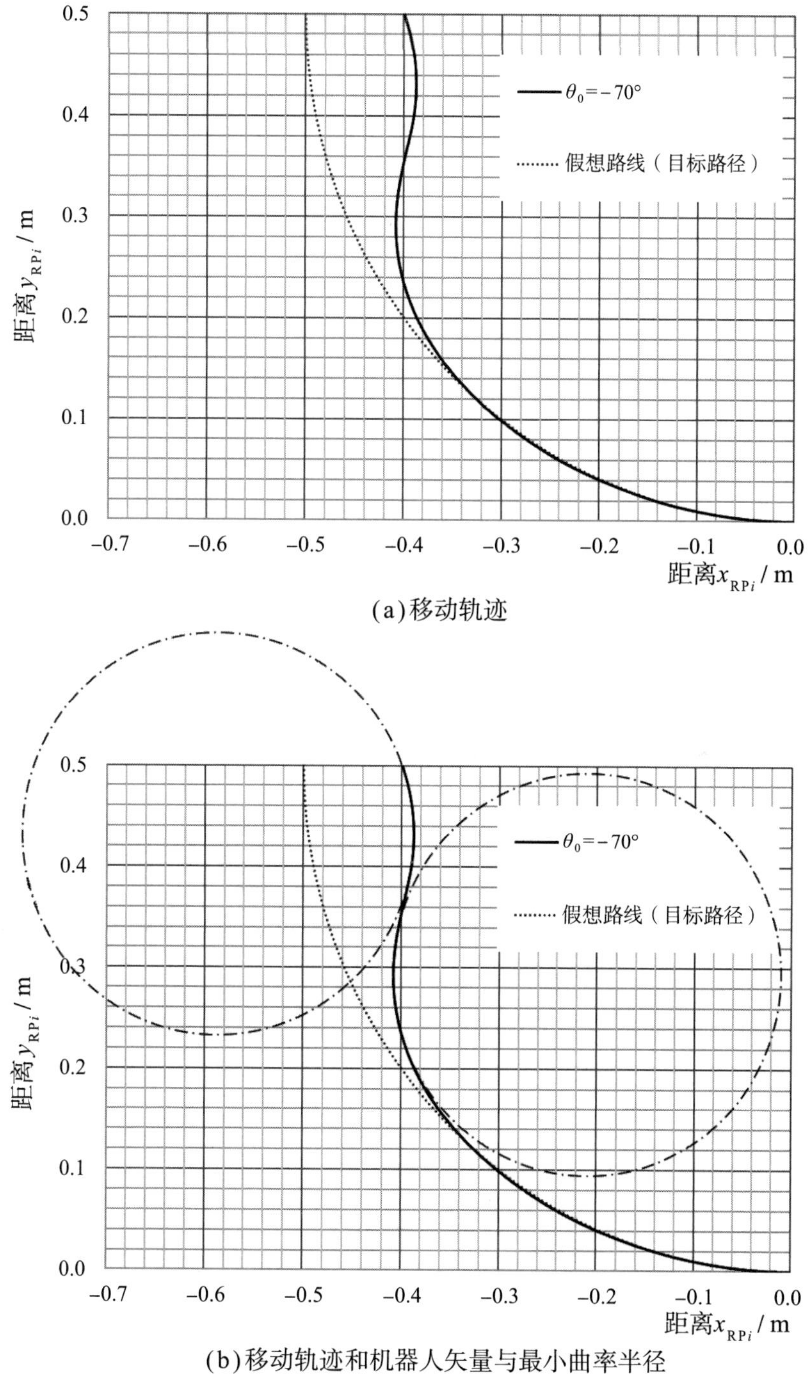

(a)移动轨迹

(b)移动轨迹和机器人矢量与最小曲率半径

图7.36　使用曲率的路径跟踪控制的移动轨迹（偏离目标路径+0.1m）

向偏离目标路径20° 的X轴方向的移动机器人移动时的仿真特性，也就是从$\boldsymbol{R}_{\mathrm{P}i}$ = [−0.4m, 0.5m, −70° $]^{\mathrm{T}}$位置开始仿真。在图7.36(a)中，目标路径与移动轨迹分别用虚线与实线表示。由于移动机器人的角度偏离了目标路径的方向，因此刚一开始的时候偏离目标路径的距离变大，不过随后移动机器人的方向$\theta_{\mathrm{RP}i}$转向了目标路径的方向，于是读取到的偏离目标路径的距离变小了。这么一来，就变得与直线目标路径时的情况一样了，移动机器人不会超调，而是追随目标路径平稳地移动。图7.36(b)是在其移动轨迹上，将路径跟踪控制中所设定的最小曲率半径为0.2m的圆（点划线的2个圆）一同显示[53]。

在该控制中，一开始的时候，为了使移动机器人尽可能地接近目标路径，移动机器人几乎是在最小曲率半径为0.2m的圆上顺时针旋转。当接近目标路径时，移动机器人又在最小曲率半径为0.2m的圆上逆时针旋转，在与目标路径的距离逐步减小的同时，移动机器人的角度也逐步与目标路径的方向达成一致。作为由最小曲率半径所限制的移动机器人的移动轨迹，当最小曲率半径的两个圆与目标路径的圆弧都接触时，移动轨迹与目标路径之间包围的面积最小，这便是最佳的一条移动轨迹。从这个意义上来说，使用曲率的路径跟踪控制可以提供几乎最佳的控制系统。在图7.36(b)中，两个最小曲率半径的圆之间的距离，以及第二个圆与目标路径圆弧之间的距离，都是由图7.28的控制中的角度控制增益K_θ与距离控制增益K_{d}决定的。

图7.37所显示的特性，是将图7.36的仿真结果作为时间响应特性而表示出来的，是此时对目标点$\boldsymbol{P}_i$进行定位控制的结果。图7.37(c)是在图7.36(a)移动轨迹上追加了经历时间，从移动速度为0.2m/s开始，经过4.5s，在距离0.7m的目标点（原点）$\boldsymbol{P}_i[0, 0, 0]^{\mathrm{T}}$处进行定位。由其移动轨迹可知，这是在$X$轴方向的距离$x_{\mathrm{RP}i}$为−0.4m附近进行往返移动。到目标路径的距离$d_{\mathrm{R}}$从100mm开始，增加到大约110mm。移动机器人的角度偏离目标路径朝向X轴方向+20° ，所以在开始阶段移动轨迹暂时偏离目标路径的距离增加了大约10mm。在控制过程中，角度指令θ_{d}*在时刻t = 0.5s之前为−20° 。因此，在大致相同的时刻之前，曲率指令（1/r*）一直是−5。由此可知，为了使移动机器人能够在最小旋转半径的圆（r* = −0.2m）上移动，应当进行角度控制。另外，如果r*为负值，则意味着前进时要顺时针旋转。

图7.38汇总了移动机器人在圆弧状目标路径内侧偏离0.1m时，组合前进/后退、逆时针方向旋转/顺时针方式旋转等移动姿势开始移动时的特性。图7.38(a)、(b)、(c)、(d)显示的是与图7.35相同配置时的特性。可以看出，都可

以进行稳定的控制。同样，图7.39是移动机器人在圆弧状目标路径外侧偏离0.1m时的仿真结果。

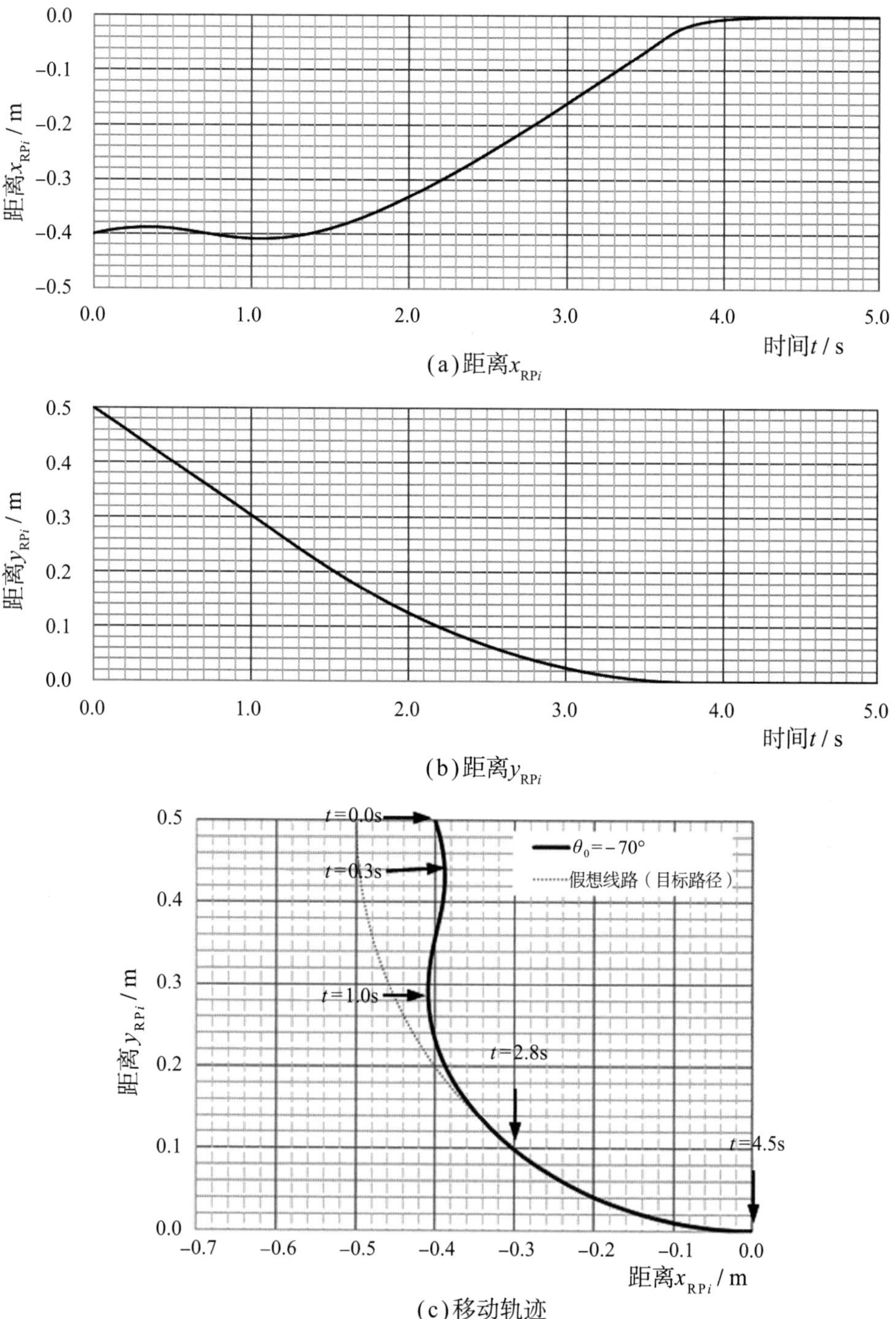

(a) 距离x_{RPi}

(b) 距离y_{RPi}

(c) 移动轨迹

图7.37 使用曲率的路径跟踪控制的响应特性（偏离目标路径+0.1m）

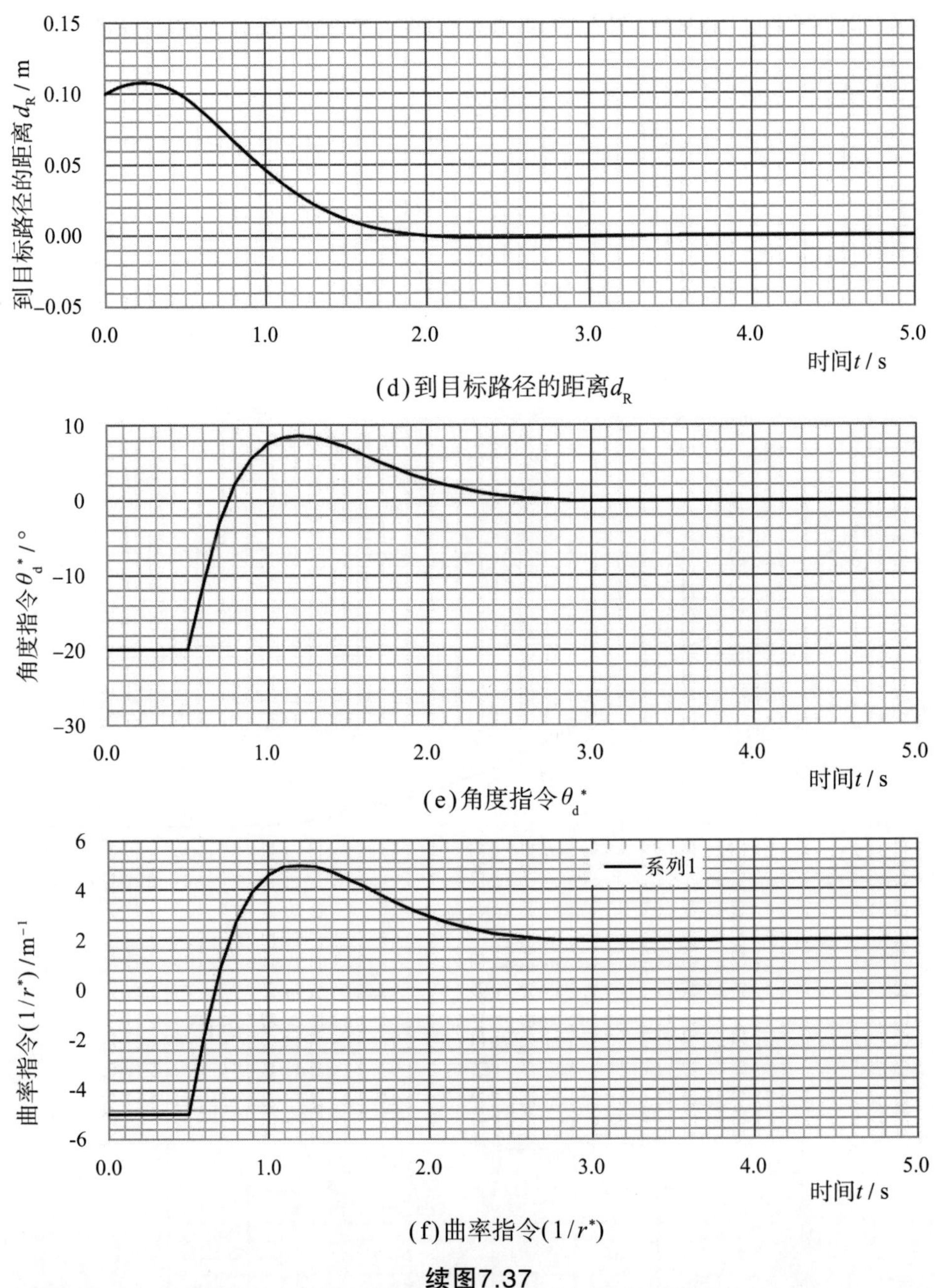

(d) 到目标路径的距离d_R

(e) 角度指令θ_d^*

(f) 曲率指令$(1/r^*)$

续图7.37

控制曲率的优势在于，与角速度控制的场合相比，偏离目标路径的分散度大幅减小。虽然我们在这里给出的仿真是没有外部干扰时的特性，但是我认为即使存在外部干扰，其特性也依然非常优秀。作为主要的外部干扰，一般包括驱动轮的滑动、传感器的检测噪声等。关于驱动轮的滑动，相比于位置偏差，更需要考虑角度的变化，这种状况下的控制可以参考图7.35所示的控制方法。当滑动的影响较大的时候，还往往需要采取降低移动速度、减小驱动转矩等控制措施。

另外，存在传感器检测噪声时，如图7.38和图7.39所示，检测移动机器人的位置偏差时，不要着急改变角度，控制曲率就可以了。存在噪声时，检测值有时会恢复到原来的正确值，此时无须改变移动机器人的角度，只要继续进行曲率控制，就可以获得为稳定的移动特性。

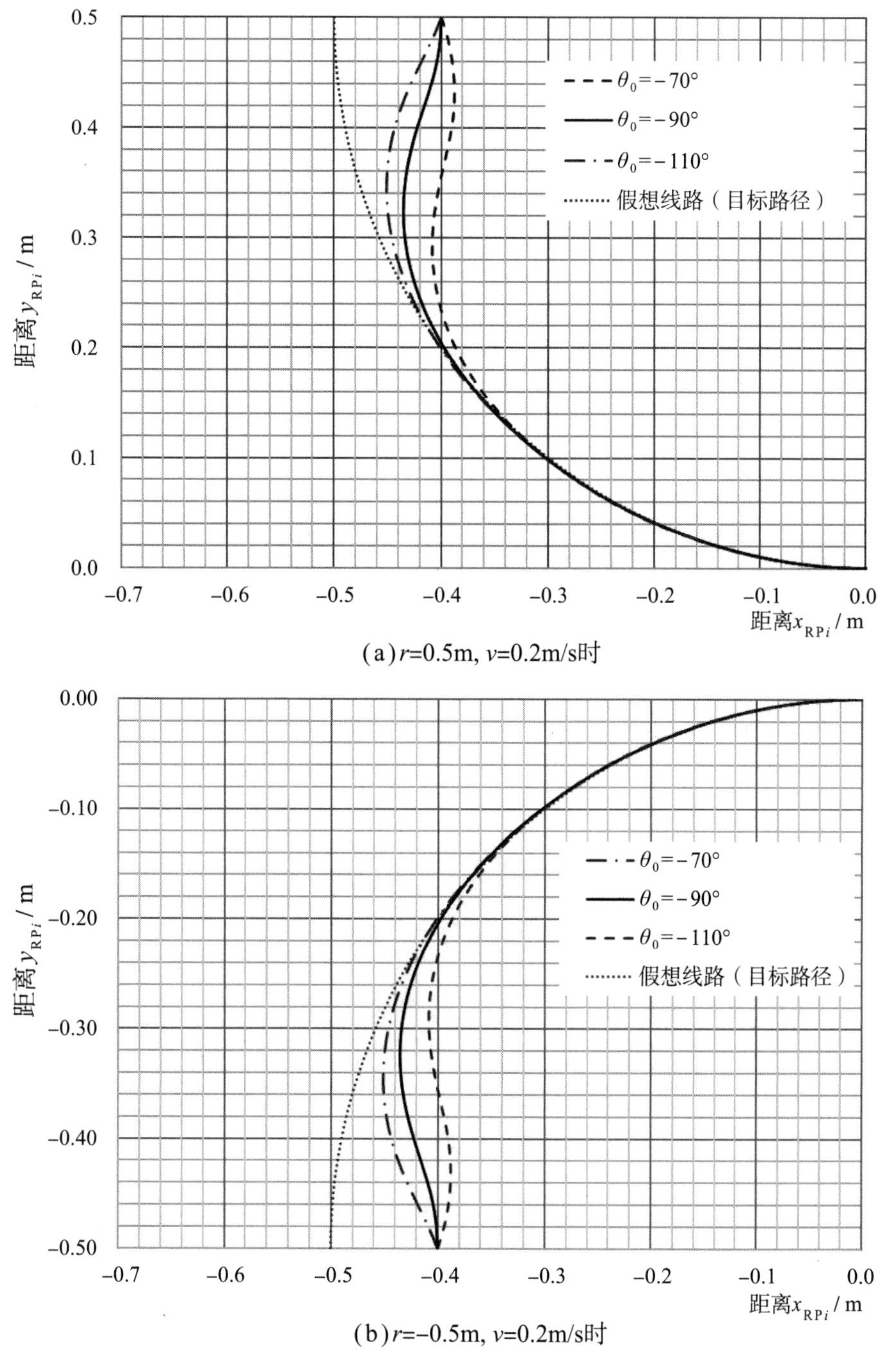

(a) r=0.5m, v=0.2m/s时

(b) r=−0.5m, v=0.2m/s时

图7.38　使用曲率的路径跟踪控制的移动轨迹（在圆弧状目标路径内侧偏离+0.1m）

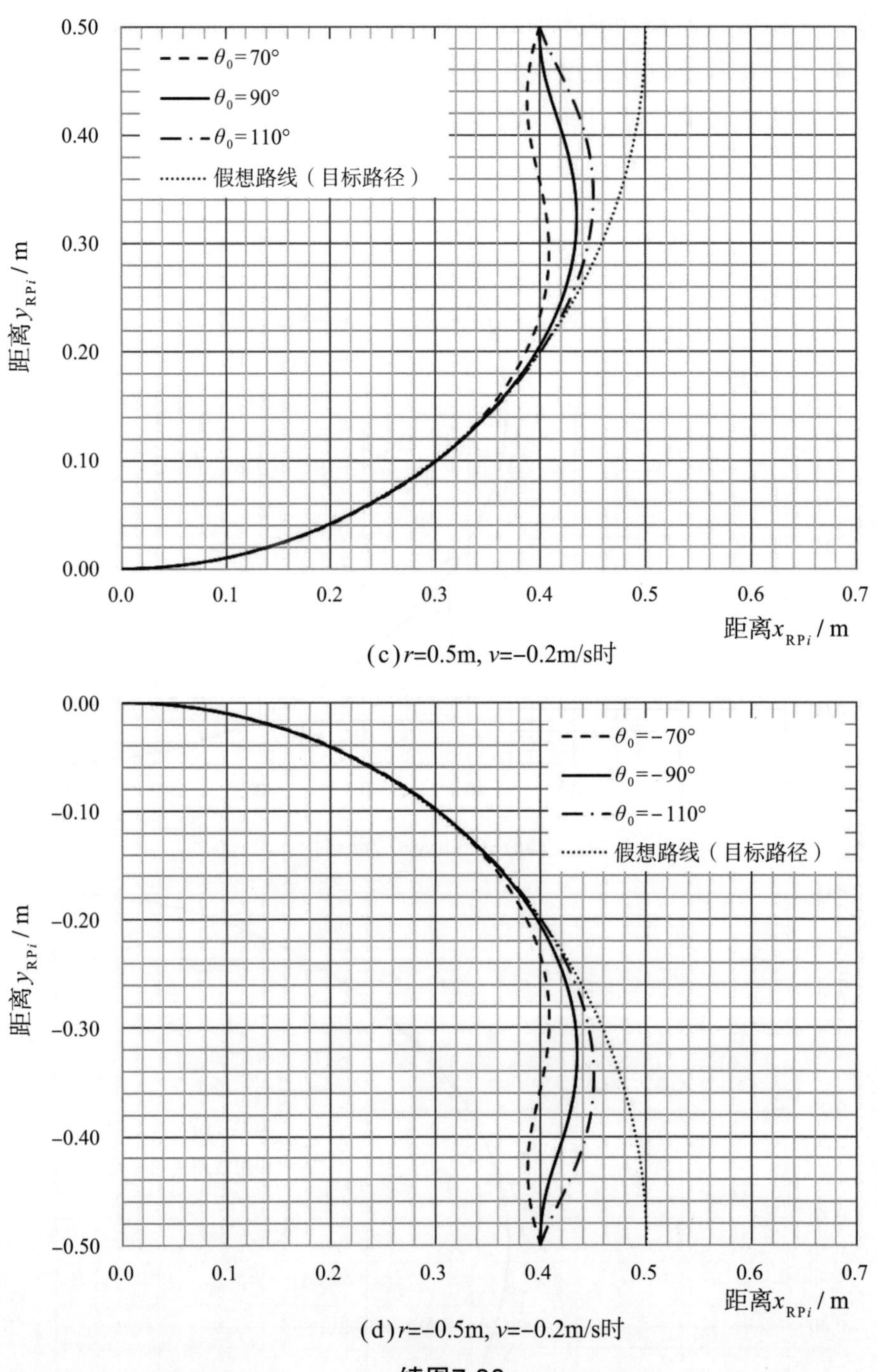

(c) r=0.5m, v=-0.2m/s时

(d) r=-0.5m, v=-0.2m/s时

续图7.38

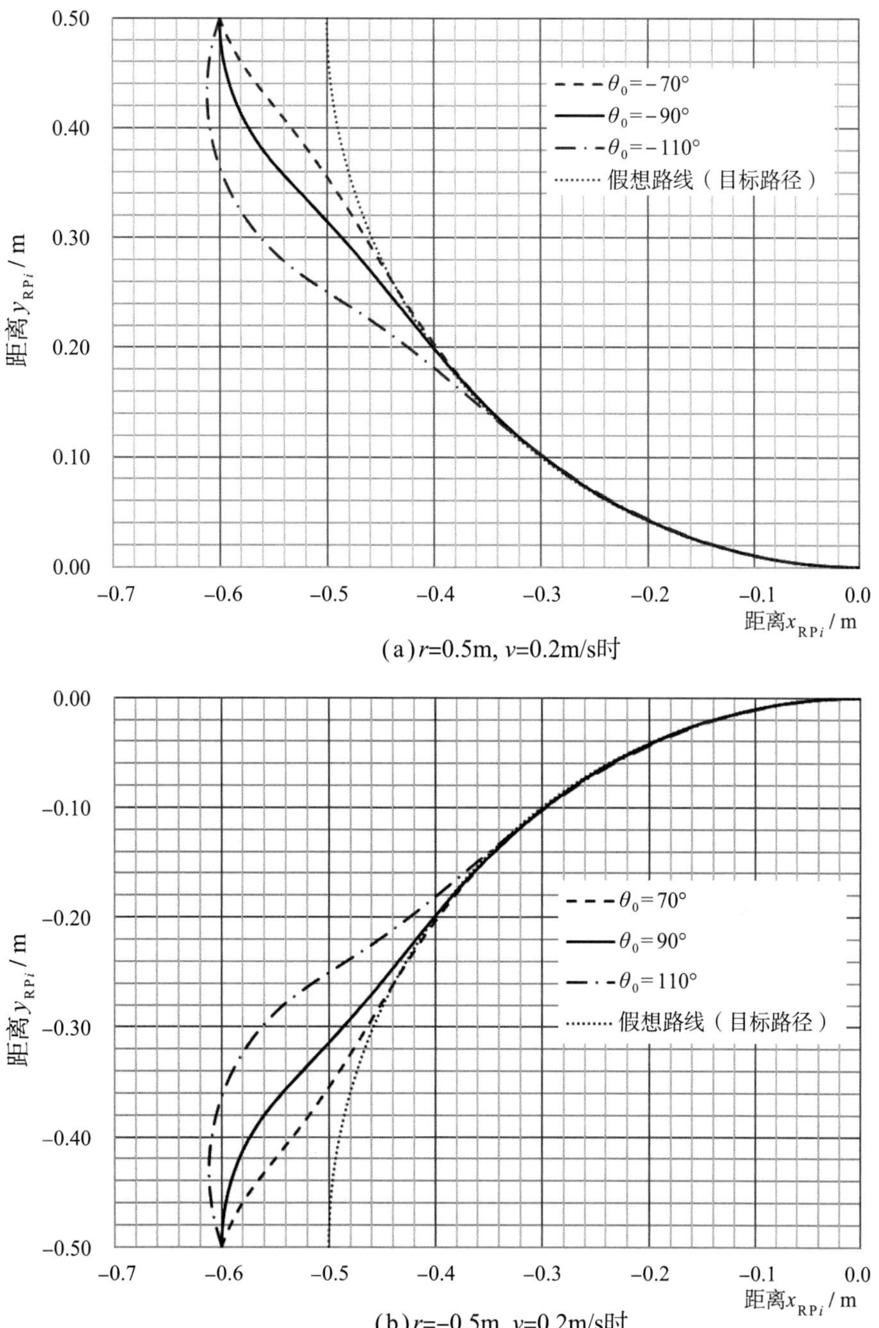

图7.39　使用曲率的路径跟踪控制的移动轨迹（在圆弧状目标路径外侧偏离+0.1m）

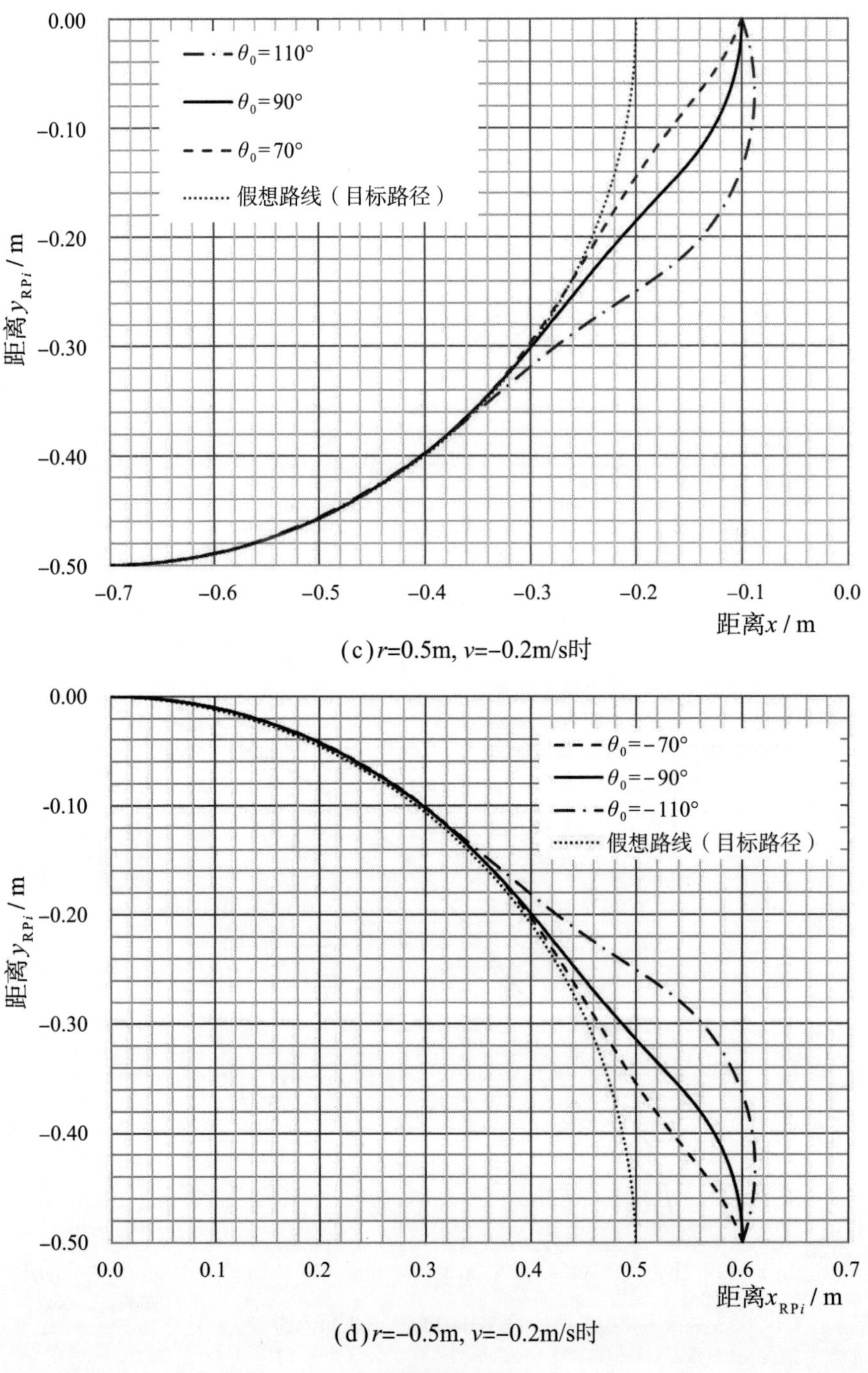

(c) r=0.5m, v=−0.2m/s时

(d) r=−0.5m, v=−0.2m/s时

续图7.39

虽然这个控制系统是以两轮差速驱动方式为前提的，但在控制曲率的方式下，对于前轮操舵方式或者4轮操舵驱动方式等其他控制方式仍然有效。

参考文献

[1] 米田完, 坪内孝司, 大隅久. 初めてのロボット創造設計 改訂第2 版. 講談社, 2013.
[2] 米田完, 大隅久, 坪内孝司. ここが知りたいロボット創造設計. 講談社, 2005.
[3] 日本工業規格JIS D6801-1994. 無人搬送車システム- 用語.
[4] (一社) 日本産業車両協会. 平成29 年(2017 年) 無人搬送車システム納入実績. 2018/9/1. http://www. jiva. or. jp/news. html.
[5] 矢野経済研究所. AGV(無人搬送車) 市場に関する調査結果 2014. 2015. 1. 19.
[6] 日立製作所. 無人搬送車に登録された倉庫内の配置図をリアルタイムに更新し自車の位置を認識する技術を開発. 2015 年8 月4 日.
[7] 津村俊弘. 無人搬送車とその制御. 計測と制御, 1987, 26(7): 593 - 598.
[8] 柏原功. 産業界における無人搬送設備- Ⅱ. 無人搬送車. 電気学会論文集D, 1994, 114(2).
[9] 住友重機械工業. ジャイロ誘導方式の無人搬送車システム「3Way AGF」販売開始. 2001. 4. 18.
[10] 三菱ロジスネクストプレスリリース. PLATTERAuto(プラッターオート) を新発売. 2017. 4. 1.
[11] 松下祐也, 森宜仁, 上野俊之, 井倉浩司. サービス分野AGV. 明電時報, 2012, 335(2).
[12] 田畑克彦. 超音波センサアレイを用いた新しいナビゲーションシステム. 計測自動制御学会論文集, 2012,48(1).
[13] 日立産機システム. ICHIDAS シリーズ. http://www. hitachi-ies. co. jp/products/ubiquitous/gps/index. htm.
[14] 槇修一, 白根一登, 正木良三. 物流支援ロボットの地図とその応用. 日本ロボット学会誌, 2015, 33(2).
[15] 村田機械. 自律移動走行制御システム「It’ s Navi®(イッツナビ)」搭載のロボット床面洗浄機「Buddy」の海外販売を開始」. 2016. 5. 10.
[16] 経済産業省中国経済産業局. 研究開発成果等報告書(別冊): 平成 21 年度戦略的基盤技術高度化支援事業「画像処理と3 次元モデルを組み合わせたガイドレスロケーションシステムの開発」. 2210. 5.
[17] ステレオカメラで自己位置推定と環境地図の生成を実現する『Visual SLAM』技術の提供を開始. 2017 年9 月01 日. http://www. morphoinc. com/news/20170901-jpr-vslam_m_q.
[18] ㈱コンセプト. Visual SLAM. http://qoncept. co. jp/ja/technology. html.
[19] 大木絵利, 土井暁, 金子智弥。低床式 AGV の開発. 大林組技術研究所報, 2016, 80.
[20] NEXUS ROBOT. http://www. nexusrobot. com/.
[21] オムロン. モバイルロボット LD シリーズ. カタログ番号 SBCE-088E. 2017. 9.
[22] 日本電産シンポ. 無人搬送台車エスカート S-CART. WA-1710050 41060G. 2017. 10.
[23] ダイヘン. AI 搬送ロボット. 2016.
[24] 田辺工業. 次世代AGV、AGV-006. 2017 年10 月.
[25] アマノ. クリーンバーニー自律走行式ロボット床面洗浄機 SE-500iX Ⅱ、CAT-823804、K9905A20. 2017. 10.
[26] 日立産機システム. レーザ測位システム ICHIDAS Laser、UN-108p. 2018. 8.
[27] KKS. 自動搬送車 AGS. 2017.
[28] NEC ネッツエスアイ リーフレット、デリバリーロボット「Relay」活用サービス~企業様向け~. 2017. 9.
[29] 日立プラントメカニクス. 自律型移動ロボットHiMoveRo(ハイモベロ). HPM-M7-02. 2017. 5.
[30] KUKA. KMRiiwa. https://www. kuka. com/ja-jp/ 製品·サービス / モビリティ / 移動型ロボット /kmr-iiwa.
[31] 堀洋一, 寺谷達夫, 正木良三. 自動車用モータ技術. 日刊工業新聞社, 2003.
[32] 古田勝久, 佐野昭. 基礎システム理論. コロナ社, 1978.
[33] 阿部健一, 吉沢誠. システム制御工学. 朝倉書店, 2007.
[34] R. Tagawa. On the Compensation foRLineaRFeedback Control System. IFAC World Congress/81. 1981. 8, 24-28.
[35] 田川遼三郎. 補償限界型制御器によるディジタル制御系の設計. 計測と制御, 1983, 22-7, 620/626.
[36] 則次俊郎, 五百井清, 他. ロボット工学. 朝倉書店, 2003.
[37] Roland SiegwarTand Illah R. Nourbakhsh: Introduction to Autonomous Mobile Robots, A Bradford Book,The MITPress,Cambridge,Massachusetts,London,England. 2004.
[38] ロボット学会. ロボットテクノロジー. オーム社, 2011.

[39] 高野政晴. 詳説 ロボットの運動学. オーム社, 2004.
[40] 松元明弘, 横田和隆. ロボットメカニクス- 構造と機械要素·機構-(図解ロボット技術入門シリーズ). オーム社, 2009.
[41] 白根一登, 槙修一, 正木良三, 高橋一郎. 仮想ガイドラインを用いた自動搬送車の制御手法. 第57 回自動計測制御連合講演会. 2014, 1B09 - 6.
[42] 友納正裕. 移動ロボットのための確率的な自己位置推定と地図構築. 日本ロボット学会誌, 2011, 29(5): 423 - 426.
[43] 原祥尭. ベイズ理論に基づく移動ロボットの自己位置推定と地図生成に関する研究. 筑波大学 学位論文. 2015, 報告番号 12102 甲第 7298 号.
[44] 北陽電機. PRODUCT SELECTION GUIDE. Vol. 9, カタログ No. CZZ-0068E. 18. 07. 4H.
[45] SICK 取扱説明書. セーフティレーザスキャナmicroScan3-EtherNet/IPTM 8021123/ZQD6/2017-09-07.
[46] オムロン OS32C ユーザーズマニュアル. OSTI P/N 99863-0040 Rev. L. マニュアル番号SCHG-729L.
[47] 森雅夫, 松井知己. オペレーションズ·リサーチ. 朝倉書店, 2004.
[48] セック. 屋内自律移動ロボットソフトウェア「Rtino」. 2018.
[49] 上 海 思 嵐 科 技. IntelligenTSolution foRLaseRLocalization MappinGand Navigation. 2018.
[50] 槙修一, 松本高斉, 正木良三, 谷口素也. 位置同定コンポーネントの開発と自律移動ロボット Lapi への適用. 電子情報通信学会技術研究報告, 2011, 111、306: pp15 - 19.
[51] 槙修一, 松本高斉, 正木良三. 位置同定コンポーネントの開発と精度評価. Robomec2013.
[52] 松本高斉, 槙修一, 正木良三, 高橋一郎. 地図作成·位置同定用コンポーネントの開発と実環境での評価. 映像情報メディア学会誌, 2014, 68(8):329 - 334.
[53] 宮崎文夫, 升谷保博, 西川敦. ロボティクス入門. 共立出版, 2000.
[54] 玉木徹. [招待講演] 姿勢推定と回転行列. 信学技報 IEICE Technical Report,2009. 09,SIP2009-48, SIS2009-23.
[55] 米倉清治, 丸山栄助, 安藤司文, 川野滋祥. 光学誘導形地上搬送ロボット「ホイバーサ」の開発. 日立評論, 1975. 10, 75(10).
[56] 薮下英典, 美馬一博, 森健光, 朝原佳昭. 移動体の軌道追従制御システム及び軌道追従制御方法. 特許公報, 特許第 4297113 号.
[57] ワコー技研、アナログ出力タイプ磁気誘導センサ ME-9100W 製品仕様書. 20110613-Rev1. 1.
[58] 木村駿. 建設テック革命. 日経 BP 社, 2018.
[59] 上村弘幸, 今岡紀章, グエンジェイヒン, 他. 自動停止機能·自律移動機能を有するロボティックス電動車いす. パナソニック技報, 2018. 5, 64(1).

跋

以上，通过举例的方式对实现自主移动机器人系统的方法进行了介绍。

作为自主移动机器人，本书介绍了台车等的牵引方式，以及货架潜伏举升移动方式等。想要介绍的移动机器人控制方法有很多，包括着眼于台车移动轨迹的控制方式、在牵引台车的状态下的后退控制方法、在检测货架位置的同时配合潜伏时的控制方法等。但是，与那些多关节型机器人的三维控制相比，本书所介绍的内容是比较容易理解的，物理特性比较好考察，大概掌握这些知识后，谁都有可能构建这些控制系统。

避免碰撞控制、路径变更控制等内容，也是一些让人感兴趣的课题。作为移动机器人系统，虽然多台机器人的统一管理方式、高效率运用方式等已经实用化，但是，学术上的高水平系统的构建方法是今后重要的课题。

在本书撰写过程中，日立产机系统株式会社的槇修一技师、金子卓哉主任提出了宝贵意见；本书策划、出版过程中，承蒙日本科学情报出版株式会社松冢晃医董事长、编辑部诸位的关照，在此，深表感谢。